U0169485

Fashion and Language : A Guide to Asian Cultures

亚洲服饰与语言文化

主　编　张厚泉
副主编　王　蕾

复旦大學出版社

图1　东亚共同体研究所理事长、日本原首相鸠山由纪夫先生与课程组成员合影（2019年8月5日）

图2　欧亚财团 from Asia 理事长佐藤洋一先生与课程组成员合影（2019年8月5日）

图3-4 讲座掠影：欧亚财团 from Asia理事长佐藤洋一先生（2017年10月30日）

图5 讲座掠影：东京大学理事、常务副校长，东华大学顾问教授羽田正教授（2017年12月26日）

图6 讲座掠影：东京大学理事、常务副校长,东华大学顾问教授羽田正教授（2019年10月29日）

图7 讲座掠影：东华大学杨以雄教授（2017年10月24日）

图8 讲座掠影：东华大学刘瑜教授（2018年10月16日）

图9　讲座掠影：东华大学王依民教授（2019年11月9日）

图10　讲座掠影：东京大学藤井省三教授（2018年11月6日）

图 11-12　讲座掠影：东京大学安富步教授、设计师 blurorange 智世女士（2019
　　　　年 3 月 12 日）

图 13　讲座掠影：东京大学川岛真教授（2019 年 6 月 3 日）

图14 讲座掠影：原上海外国语大学常务副校长谭晶华教授（2018年10月30日）

图15 讲座掠影：同济大学蔡敦达教授（2017年9月19日）

图16 讲座掠影：复旦大学徐静波教授（2017年10月1日）

图 17　讲座掠影：上海大学
　　　马利中教授（2018年
　　　9月25日）

图 18　讲座掠影：武汉大学
　　　聂长顺教授（2018年
　　　12月11日）

图 19　讲座掠影：东华大学
　　　张顺爱副教授（2018年
　　　12月25日）

图20 讲座掠影：苏州大学李东军教授（2019年11月26日）

图21 讲座掠影：东华大学教师陈坚（2019年12月10日）

图22 讲座掠影：复旦大学李星明教授（2019年12月18日）

前　　言

　　21 世纪以来,高等学校教学面对不断出现的新课题,学科交叉融合成为一种探求新知识的新模式。东京大学从 2009 年起,按照规定的主题在多个学科、专业中开设讲座、研讨等教育课程,连续开发了十二个连接不同领域知识的横向教育模块,每一个都是挑战前所未有的创造性领域。笔者作为东京大学访问研究员,2014 年起有幸连续两年参加了由羽田正教授主持的东京大学全校研究科等横断教育模块"日本·亚洲学"的"世界史研究方法"课程、末广昭教授面向研究生的"亚洲经济社会"课程、川岛真教授面向本科生的"国际关系史"课程,并有幸观摩了藤井省三教授的中国文学研究课程。这些课程触发了笔者对学科交叉的思考。

　　受此访学经历的启发,笔者自 2017 年秋季起至 2021 年秋季,在东华大学"教育部高等学校特色专业(日语)建设点"平台上,面向全校本科生开设了横向的"亚洲共同体服饰语言与文化"的特色课程。五年来,获得了来自全校各学院理工文科千余名大学生的选修与好评,并连续获得 2019 年、2020 年东华大学教学成果奖一等奖,2019 年、2021 年中国纺织工业联合会教学成果奖三等奖和二等奖,上海市高教学会一类研究课题项目、上海市高等教育学会研究课题(2019—2020 年)优秀成果三等奖等多项科研与教学成果和荣誉,为日语专业的特色建设提供了一种可复制的教学模式。

　　本书由"亚洲服饰"与"语言文化"两部分组成,既有研究论文,也有根据讲座录音整理的讲义,荟萃了本课程讲座的精华。为了便于母语非汉语读者检索的需要,附有英文摘要和关键词。课题组将以本书为起点,在"一带一路"和构建人类命运共同体的视域下,加强与国内外同仁密切交流,不断加深对服饰与语言文化的探索与研究。

张厚泉

2021 年 12 月

鸣　　谢

本书为教育部人文社会科学研究规划基金项目"儒学思想在《百学连环》抽象概念译词形成过程中所起作用的研究"(21YJA740049)、上海市教育委员会科研创新项目"基于全球史观的中国现代化核心价值的研究"(15ZS019)、上海市高等教育学会 2018 年一类项目"'一带一路'视域下的服饰与语言文化的课程案例研究"(GJUL1803)、中央高校基本科研业务费专项资金"儒学与近代词研究"(19D111405)的阶段性研究成果。

本书的出版得到了欧亚财团 from Asia、上海景超工贸集团的资助,在此表示衷心的感谢!

目　　录

Ⅰ　亚 洲 服 饰

亚洲民族服饰的主流化生存

　　——以中国旗袍为例 ……………………… 刘　瑜　3

身体政治：国家权力与民国中山装的流行 ……… 陈蕴茜　18

中国元素：日本的服饰变迁与身份认同 ………… 张厚泉　43

这是西方的一部分吗？

　　——20世纪30年代日本和伊朗当地女性吸收的

　　　西式时尚 …………………………… 后藤绘美　78

从形象服饰观察唐代镇墓俑的宗教来源 ……… 李星明　99

《红楼梦》人物服饰描写及其英译研究 ……… 沈炜艳　120

藏族服饰文化 ……………………………………… 陈　坚　137

中国化学纤维的发展和思考 …………………… 王依民　153

改革开放四十周年

　　——品牌服装穿越时空 ………………… 杨以雄　185

漫谈民族服装插画 ……………………………… 竹永绘里　193

Ⅱ　语 言 文 化

日本文学翻译刍议 …………………………… 谭晶华　201

"Religion"东渐与"宗教"概念变迁 …………… 聂长顺　212

《百学连环》的译词与近代抽象概念的形成 ·········· 张厚泉 234

中日品牌命名特点比较研究

　　——以语言为中心 ··············· 王　蕾 249

中国古诗在亚洲的传播及影响 ············· 张　曦 268

文化交流为何重要？

　　——以端午习俗为例 ············· 蔡敦达 280

"东亚文化圈"是一个幻想吗？ ············ 徐静波 294

东亚地区文学与文化之交流

　　——以 20 世纪 80 年代前中期中国新时期小说在

　　　日本的译介为中心 ············· 孙若圣 300

Contents ·· 316

Abstract and Keywords ··········· 318

作者简介 ···································· 335

Ⅰ　亚　洲　服　饰

亚洲民族服饰的主流化生存
——以中国旗袍为例

【摘要】 近一百多年来,以西方文化为主导的全球时尚舞台,为各种所谓"非西方"服饰提供的空间越来越狭小,也因此,民族服饰的主流化生存成为了世界性的难题。本文以民国时期的中国女性代表性服饰——旗袍为案例,探讨其作为一种民族特色服饰的主流化生存与发展之道,并以其三个典型历史发展阶段为例,分别就旗袍在款式设计、工艺技术,以及整体形象等方面的特征,与同时期西方主流进行比较,进而详细讨论民国女性旗袍在保持民族特色的同时,紧跟主流时尚潮流的生存策略。文章最后指出,保持传统特色的"选择性西化"或许是民族服饰主流化生存的有效方法。

【关键词】 民族服饰 主流化 中国 旗袍 西化

一、民族服饰的主流化生存

自19世纪末期以来,西方服饰完成了从传统到现代的革新过程。无论男装还是女装,都逐渐摆脱了装饰过于繁复、人体过于夸张的旧时代特点,从而开始了轻松、舒适、简洁的现代化历程。由于顺应了工业革命以来的人类日常生活状态之变化,这种从繁复夸张到轻松自然的变迁,得到了广泛的接受。另一方面,由于西方政治、经济、文化等在全球范围内的强势化和主流化,其生活方式也得到了全球范围内的大力推广和认可（主动和被动并存）。也即西方服饰不再仅仅是西方人的日常装扮，而成了世界性的主流服饰，西方的装扮审美标准也成了全球范围内的主流标准。今天，无论在非洲的肯尼亚、亚洲的中国上海还是南美洲的阿根廷，绝大多数男性白领的日常服饰是西服套装，绝大多数女性的日常裙装是各种西式连衣裙。

可以说，19世纪以来的西方服饰由一种区域性服饰逐渐成为全球化的、国际化的服饰。而19世纪以来的其他区域服饰或民族服饰，穿着应用的区域性越来越小，穿着的人群越来越少，其没落之势几乎无法抵挡。就亚洲的各种民族服饰而言，无论日本女性的和服（Kimono）、印度女性的纱丽（Sari）、越南女性的奥黛（Ao Dai）、中国女性的旗袍等等均逐渐退出日常服饰之舞台，一般仅在节庆或特殊场合偶尔穿用。在西方服饰和西方审美文化占主流的当代背景下，这些民族服饰的生存空间在当代更加被挤占、被边缘化。今时今日，非西方服饰的"主流化"议题更加紧迫，"民族化"和"主流化"日益成为一对不可调和的矛盾。传统和现代的平衡关系，已然成为了民族服饰生存的最大难题。

然而在纷繁多样的亚洲民族服饰群体中，有一种服饰的产生和发展轨迹却独辟蹊径，在其民族化、传统化的过程中，一直紧跟西方时尚之潮流，这种亚洲民族服饰就是民国时期的中国女性旗袍。民国旗袍指1920年代到1940年代间中国女性所穿着的袍服，也是此二三十年间中国女性最广泛穿着的服饰品类。究其原因，乃是其在继承中国传统服饰（满族女性袍服以及汉人女性大褂）特点的同时，大胆地吸收和借鉴西方服饰的优势特点，紧紧跟随同时代的西方主流时尚之脚步，从而顺应了时代的需求，成为民国时期中国女性服饰的第一选择，甚至一度成为"国服"。无论在其发展初期(1920年代),或是全盛时期(1930、1940年代),旗袍均有着明显的西化现象。正是这种与西方主流时尚同步的"选择性西化",使得旗袍在三十多年的发展历程中,一直保持其民国中国女性第一时装的地位。这种不断创新的思想,无不反映于旗袍各个时期的"新"细节、"新"搭配、"新"风格之中。这种既传承又发展、既"旧"又"新"的生存策略,或许能够对今日亚洲其他民族服饰的主流化生存提供难得的案例素材和思路借鉴。

二、旗袍及其产生

就目前学界研究现状来看,"旗袍"一词存在多种释义。这些观点大致可划分为两类。第一类以清华大学美术学院袁杰英的观点为代表,认为旗袍为满族人的旗装,其形式世代相传,从西周时期的麻布窄形筒装延传其后,同时也受元代蒙族妇女长装的影响,且以简约的直身为基本样式。第二类以东华大学包铭新的观点为代表,认为旗袍虽然由清代旗人之袍装演变而成,但"旗袍"仅用于指称民国时期的实物,流行于近代。以上两种观点虽然均有各自依据,但是从目前大众对"旗袍"的认知来看,普遍接受第二种观点,也即将流行于近代、产生于上海的民国实物视为"旗袍"。因此,本文中所指"旗袍"为民国期间(1920年代到1940年代)中国女性普遍穿着的一种日常袍服。

关于旗袍的早期出现,目前较为公认的说法为:1920年代初期,上海的女学生率先穿起这种新奇的时装①。1921年上海出版的第11期《解放画报》中《旗袍的来历和时髦》一文也提到"近日

---

① 民国海派作家张爱玲在《张爱玲全集·更衣记》(北京十月文艺出版社,2008年)中写道:"1921年,女人穿上了长袍……"

某某公司减价期间,来来往往的妇女,都穿着五光十色的旗袍",也就是说1920年代初期,上海就已经出现旗袍。这种刚刚出现于上海街头的袍服,其款式宽大、厚重,长度及脚踝(见图1)。今天看来,其款式不免保守,也完全没有展示女性的优美身形曲线,但就是这样的一身袍服,却是中国女性服饰的革新之物。因为这种上下连属的服饰形式,完全颠覆了传统女性(汉族女性)的上衣下裳的基本穿衣模式。

自汉代以后,中国女性(汉族)的典型服饰装扮形式是:上衣下裳,即上衣下裙(或裤)。上衣下裳是中国最早的服装形制之一,且为女性的典型服饰形制。上下连属的袍服,则是与"上衣下裳"完全不同的服饰形制,为男性专属,女性不得穿用。在旗袍产生的20世纪初期,汉族女性的服饰形制也为上衣下裳的分体形式。一般上身为宽大的大褂,下面配以流行的马面裙。上下连属的旗袍,完全颠覆了大褂与马面裙的传统组合搭配。其异军突起之现象,在当时不可谓不奇异、不先锋、不震撼。可以说,当时的旗袍是传统女性服饰的革新之举,是女性服饰外观形象的大改变。

蘇蘭舫(右)與李桂芬(左)合影

Actresses Li Kuei-Fen and Su Lan-Fang.

图1 1926年第46期《北洋画报》上刊登的两位女演员合影,均身穿倒大袖冬装旗袍。此照片展示了旗袍出现之初的式样:款式为上下连属,且宽大、平直、厚重

这种巨大的服饰形式变革,其产生的原因如何?而关于旗袍式样的来源,则说法不一,目前主

要有两种。其一,民国旗袍是清代旗装袍服的延续,即汉人借鉴了满人女装袍服的形制,而发明了旗袍。19世纪后期的中国满族女性袍服,其款式特点是上下连属、平直宽大,并采用大量繁复的装饰。在17—20世纪初期的近三百年间,满人统治了整个中国,他们的传统服饰为汉人熟悉认知,并对汉人服饰有一定的影响。第二种说法是:民国旗袍是女性打破传统服饰禁忌、大胆向男性穿着方式靠拢的举动。数千年来,汉人的日常服饰传统模式为:男性穿着上下连属的袍服,女性穿着上下分体形式的褂子和裙子(或者裤子),男女之别即在于此。20世纪初期的中国男性袍服,为上下连属式,平直宽大,立领右衽,男性袍服一般没有装饰细节,风格朴素。依据服饰传统,上下连属的袍服是男性的专属服饰,而女性是不可以穿着的。20世纪初期,旗袍的出现使得男女在服饰外观上不再泾渭分明,是女性大胆挑战男尊女卑之社会传统的举动。从民国女性旗袍、满族女性袍服、汉人男性袍服这三类服饰的款式外观和细节来看,确实有很多的相似之处,可以说产生于1920年代初期的女性旗袍是受到了清代满族女性袍服以及汉人男性袍服的影响。那么,除此之外,是否还有其他的影响因素呢?这里,有必要回顾梳理一下民国旗袍产生的背景状况。

旗袍的产生城市是上海。因为远离中国的政治中心北京,上海是一个受传统观念束缚较小的城市。同时作为中国最早的开放口岸之一,上海又是最早接受西方思想文化和物质的地方。据记载,早在19世纪下半叶,全国仅有的三个介绍西学的官方机构中,有两个在上海。且上海早在19世纪末,便先后出现了十多种西文报纸。到民国时期,上海的西学之风更是盛行,西方人的审美情趣、伦理道德、价值观念等也悄然而至。从服饰品来看,早在19世纪末期,上海就出现了西方服饰。在辛亥革命前后,上海出现大量的西式男装。到了 1920 年代初期,随着永安、先施等百货公司上海分公司的相继成立,各式各样的服饰舶来品大量进入上海,思想洋派、有经济实力的上海女性开始尝试西式女洋装[①]。由此可见,在旗袍产生的 1920 年代初期,上海人对西方服饰已经非常熟悉,并且开始穿着。

旗袍的最早穿着者是女学生[②]。在大多数中国老百姓尚不识字的年代,女学生即是有学识、有思想的知识分子。女性读书本就是打破"女子无才便是德"的先锋行为,这些留洋的或是在中国本土洋教会学校中的女学生,被称为"新女性"。她们较少受到旧式法制的束缚,心理上容易接受新事物、新观念,认同西方文化的价值取向,喜欢西方的生活方式。这样的女学生群体,对西方服饰是非常熟悉和认同的,并且开始在日常生活中摒弃传统而繁复的"上衣下裙"装扮,大胆尝试时髦而简洁的西式裙装。女学生成了最新时尚的代言人,整个社会也出现了以女学生为榜样的新装扮。如果说,民国女性大胆尝试上下连属的旗袍,是因为受到了满族女性的袍服和汉人男性的袍服影响,那么,她们也很有可能受到了西方女性袍服的影响,因为上下连属的袍服也是西方女性的典型服饰。对新潮便捷的西方服饰的认同,也是民国旗袍产生的重要影响因素之一。

综上所述,1920 年代初期上海的女学生开始穿着旗袍,其可能的原因是多方面的,对西方女性裙装的借鉴则是其中的重要因素之一。也就是说,旗袍最初的产生,受到了西化的思想和西化

[①] 民国海派作家张爱玲在《张爱玲全集·更衣记》中写道:"民国初年的时装,大部分的灵感是得自西方的。"

[②] 关于旗袍最初的穿着者,民国时期有大量原始记载和研究结论表明为"上海的女学生群体"。主要原始记载可见佚名的《南京缎子谈》(上海:《申报》本埠增刊,1925 年 6 月 22 日),屠诗聘的《上海市大观》(上海:中国图书杂志公司,1948 年)。

的式样的重要影响。而在旗袍日后的演变发展中，对西方主流女装的吸收和借鉴也从未停止。

三、旗袍在民国时期的主流化生存

旗袍自 1920 年代初期产生后，在数年的时间内，从一种新颖独特的、仅为少数都市知识女性所穿着的先锋派女装，发展成为民国时期中国女性的第一日常服饰；从上海女学生的新奇袍装，发展成为全中国女性最广泛穿着的服饰品类。无论从时间上还是空间上来看，旗袍在民国时期的发展都是惊人的。在中国服饰历史上，几乎没有一种女性服饰单品，可以在如此短的时间内，达到如此高的流行顶峰（见图 2）。究其原因，乃是其在继承中国传统服饰（满族女性袍服以及汉人女性大褂）的同时，大胆地吸收和

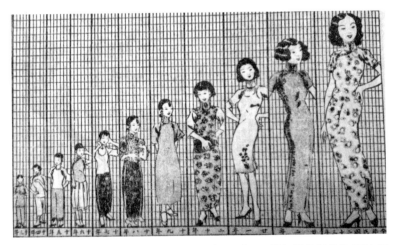

图 2　1934 年 1 月 25 日上海发行的《申报》所刊插画，详细描绘记载了 1924 年到 1934 年十年间的女性日常服饰装扮变化。从上衣下裙（或上衣下裤）的传统模式，逐渐转变为上下连属的袍服模式。同时也可看出旗袍的款式逐渐从宽大到紧小，与西方女性的主流潮流一致性越来越强

借鉴西方服饰的优势特点,紧紧跟随同时代的西方主流时尚之脚步,从而顺应了时代的需求,成为民国时期中国女性服饰的第一选择,甚至一度成为"国服"。无论在其发展初期(1920年代),或是全盛时期(1930、1940年代),旗袍均有着明显的西化现象。正是这种与西方主流时尚同步的选择性西化,使得旗袍在二十多年的发展历程中,一直处于时尚的最前端,迎合了民国都市女性的时尚需求,从而保持了其民国中国女性第一时装的地位。

图3 1926年《北洋画报》第32期上的名媛眉云女士照片,为1920年代中国都市"新女性"的典型装扮:宽大的不显现身形曲线的旗袍,面料几乎没有使用任何镶嵌滚绣等传统手工工艺装饰,并配以尖头系带皮鞋

(一)1920年代的旗袍

在西方服饰时尚史上,1920年代被称作"女男孩"时期,即女性从身体形象和服饰装扮上否定自身的女性特征,而向男性看齐。在这个崇尚平胸骨感的年代里,女性以小男孩似的身材为美。与平板式身材一致的,是平板式的忽略胸腰线的管子状造型服饰。1920年代中期,这种男性化或平胸型的女性形象似乎已经达到了顶峰,没有腰身的直线造型将女性的身体曲线掩盖,短短的头发也像极了男孩子。

中国女性数千年来有着以平胸为美的习俗(仅少数朝代比如唐代等除外),通过绑带或者紧小的内衣,将胸部紧紧地束缚,使其呈现出非自然的平面状。这种所谓的"平胸美学"

之思想,在民国初期仍然盛行,此时开始流行一种被称为"小背心"的女性内衣,这种内衣款式与马甲相似,但是极为紧小。其前片开口处缀有一排密纽,将胸乳紧紧扣住,这种紧胸的布背心将女性的胸部捆得紧紧的。巧合的是,这种平胸为美的传统,竟然与1920年代的西方时尚不谋而合。与紧小的小背心、束缚的胸部曲线一致的,是平直宽大的旗袍。这种不收胸省和腰省的直腰直线式旗袍,前衣片呈平板式,与同时期的西方女装十分相似。女性通过束胸后形成的扁平身体也与西方时髦的"女男孩"相似,构成了平胸、松腰、纤瘦,宛如男孩般的旗袍形象(见图3)。

在图案及装饰方面,旗袍一改中国传统女装重装饰的特点,摒弃了工艺考究的镶嵌滚绣等传统手工工艺。旗袍的纹样出现了色彩鲜艳的色布和新奇的抽象几何纹样,这些大胆的配色和抽象的图案纹样,表明了人们对西方服饰的直接借鉴和模仿。另外,1920年代的西方流行女装由于受俄罗斯风格的影响,经常出现毛皮的边饰、领饰等装饰细节(见图4)。无独有偶的是,这一细节也同样出现在中国旗袍中,在下摆、袖口等处以毛皮装饰。1920年代女性旗袍总体外观形象,亦呈现明显的西化现象。此时的中国女性多穿着皮鞋,而非传统的布鞋。其式样与欧美流行款式几乎一致,均为尖头系带款式,鞋跟高度中等。另外,与1920年代西方女性的流行发型几乎完全一致,短直发也是1920年代中国女性最具代表性的时髦发式。

(二) 1930 年代的旗袍

与1920年代"女男孩"时期不同,1930年代的西方女性时尚是优雅和女性化。扁平体型不再时髦,取而代之的是凹凸有致的身材,人们转而追求更加具有女性味道的时装。成熟、优雅成为1930年代西方女性的时尚潮流。此时西方女装的典型特点是突

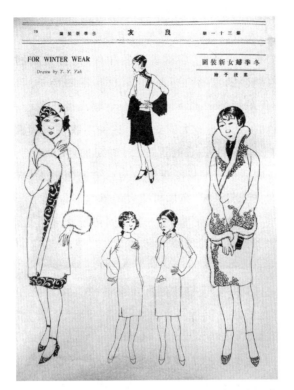

图4 1928年《良友》画报第31期上的上海著名画家
叶浅予所绘制的"冬季妇女新装图",图中所绘新式服
装在传统袍服基础上,加入灯笼袖、排褶下摆等西式
细节。两款外套大衣则均采用西方流行的毛皮边饰
等。其中西合璧之风格十分明显

出胸腰臀的身体曲线,裙子长。手套和帽子是成熟淑女的必须配
置,头发不再是短直发的式样,而是电烫而成的卷曲波浪,以体现
优雅成熟的女人味道。

　　西方女装的这些新特点也影响了中国女性的旗袍风尚。
1930年代旗袍在轮廓线型上一改以往的直腰直线式,为收腰曲线
式。从技术工艺上来讲,1930年代旗袍除了肩袖部分仍采用连身

平直结构外,身片处理则大量采用西式造型方法,出现了前后身片的省道、长袖旗袍的腋下分割(开刀)等处理余缺的结构,使旗袍更加称身合体,并突出女性身体曲线。西式裁剪技术的应用也使旗袍看起来更加立体,且与同时代的欧洲女装几乎没有大差异,比如都有圆浑的肩部造型、衣身结构为多片分割或收省等,从而迎合了女性的时尚要求,这也是中国女性服饰形象的一次重要变革。旗袍的面料也不再以传统类型为主,而是大量运用"洋布",出现了受西方艺术风格影响的纺织品,色彩艳丽、花形大而立体的花朵图案和几何条格纹样十分流行。

特别值得一提的是 1930 年代中国旗袍的流行长度,尤其从 1932 年到 1938 年,旗袍一直流行长款,旗袍的下摆甚至达到地面(见图 5)。关于及地旗袍的长度,在当时也曾颇有争议[①]。在西方女性流行长裙的 1930 年代,中国女性的旗袍也以"长"为尚。旗袍和西式服装的搭配此时成为常态,比如西式短上衣、西式长大衣、西式风衣、西式马甲等等(见图 6)。

(三) 1940 年代的旗袍

战火笼罩下的 1940 年代,西方主流女装无论在款式还是风格上都有了很大的变化。战争时期的女装,不可避免地呈现出中性化趋势,形成实用、刚毅的外形风格。主要变化包括服饰的整体线条比较硬朗、上衣加入垫肩、裙子变短等。面部化妆则着重于展示女性的妩媚和成熟气质,如高挑的弧形眉毛、轮廓分明的红唇、浓重眼线所勾勒的杏仁眼型,鲜亮的唇膏和指甲油是此时女

---

① 《东方杂志》1935 年第 31 卷第 19 号中的《关于妇女的装束》一文写道:"有些妇女的装束,的确有点不合式,旗袍太长了,几乎到地上,行走很不方便,高跟鞋子的跟太高了,有点立不稳。有一回,闻说有一个女人从电车上下来时,长袍绊住了鞋子,一跤跌倒在车旁边,虽然没有被车轮碾着,但受了伤,送到医院里去了。"

图 5 《良友》杂志 1934 年 99 期封面：
著名电影明星阮玲玉身穿长款旗袍
为典型的"扫地"旗袍

图 6 《良友》杂志 1934 年 94 期封
面：女性内穿高领旗袍，外穿西式短
款女装呢绒外套

性彩妆的必备品。

　　1940 年代中国旗袍在款式细节上也呈现出方便、实用的倾向。由于物质的匮乏，旗袍的样式也简洁实用，长度在小腿中部和膝盖之间，领子变成可拆卸的衬领，不仅更加挺括，而且方便清洗。袖子也逐渐由短袖变成无袖，形成战争时期旗袍轻便的鲜明风格。

　　无独有偶的是，中国女性旗袍第一次加入了垫肩这一稀奇的服饰辅料。依据传统中国女性审美习俗，女性肩部以窄小、下落的"溜肩"为美，平直而厚实的肩部被认为是"丑"的，因此中国传统女装从来不强调女性的肩部。"垫肩"也是中国传统女装制作中闻所未闻的"洋货"。1940 年代女性旗袍中垫肩的使用，不仅在中国服饰历史上属于首次，也是中国女性审美上的大转折。这样的观念转变,显然是受到了西方流行女装的影响(见图7)。进入到1940年代中后期,旗袍西化改良进一步加剧,结构西化的旗袍成为新的时髦款式。有省、分身、装袖的西式立体结构现代旗袍在外观形式上、技术处理上都与西式女装越来越相近。同时,旗袍在制作上还引入了很多其他的新鲜东西,比如各种铜制拉链、揿纽被运用到旗袍工艺中。这些源于西式服装的各种新材料的应用,不仅使旗袍的穿着更加舒适,同时也使其在工艺方面越来越呈现出便捷而简单的现代化趋向。

图7 1940年代初期的民国老照片。朴素的深色旗袍,肩部加入垫肩这一细节明显源于西方主流时尚。另外,高挑的弯眉、高耸的卷发、饱满的唇部,以及殷红的指甲,都与西方主流女性形象相似

四、结　语

作为中国传统服饰重要遗产的旗袍,在民国时期(1920—1940年代)得到了空前发展,从一种极少数女性穿着的先锋服饰,发展成为所有女性广泛接受的最日常服饰。在全盛时期,旗袍甚至是一种全民女性服饰。

在旗袍产生和流行的20世纪前半叶,也是中国社会最为冲突、变革和动荡的时期。在各种潮流和思想的影响和混杂下,在新旧观念的冲突和融合之下,民国旗袍一方面保持"新中装"之"中装"身份,对源于中国传统服饰的诸多设计细节始终保持不

变,如立领、斜襟、盘扣、滚边装饰,等等;另一方面坚持"新中装"
之"新"变革,在款式细节、工艺结构、面料图案等方面,不断创新,
始终保持对西方主流女装潮流的敏感性。同时在服饰形象的整
体塑造方面,更是大胆借鉴西方时尚,使得旗袍的整体形象在传
统之中突显时髦新潮,从而吸引更多更广的穿着者。这种传统与
现代、经典与时尚的平衡策略,使得这种富有民族文化特色的服
饰能够在新的社会环境下长期生存。

《易经》有名言:"穷则变,变则通,通则久。"(《周易·系辞
下》)即强调事物处于穷尽局面须变革,变革后才会通达,通达就
能长久。古人已知事物要长久,必须变革。也因此,"变则通,通
则久"。民国旗袍从 1920 年代到 1940 年代,近三十年的发展历
程中,正是这种不断求新求变的时尚化,使其始终处于潮流的前
列,并得到了长久的发展。因此,民国旗袍的西化是明智的选择
性西化,其根本是为了继承,是其在当时社会环境下的长久生存
之道,也是顺应时代发展的文化继承之路。

参考文献:

[1] 袁杰英《中国旗袍》,北京:中国纺织出版社,2000 年。

[2] 包铭新等《中国旗袍》,上海:上海文化出版社,1998 年。

[3] Antonia Finnane, *Changing clothes in China*, New York: Columbia University Press, 2008.

[4] Hazel Clark, *The Cheongsam*, Hongkong: Oxford University Press, 2000.

[5] 张爱玲《张爱玲全集》,北京:北京十月文艺出版社,2008 年。

[6] 刘瑜《中国旗袍文化史》,上海:上海人民美术出版社,2011 年。

[7] 卞向阳《论旗袍的流行起源》,《装饰》2003 年第 12 期。

[8] 屠诗聘《上海市大观》,上海:中国图书杂志公司,1948 年。

[9] 王宇清《历代妇女袍服考实》,台北:中国旗袍研究会,1975 年。

[10] 桂国强、余之《永安文丛——嚼蕊吹香录》,上海:文汇出版社,2009年。

[11] 肖进《旧闻新知张爱玲》,上海:华东师范大学出版社,2009年。

[12] [美]罗兹·墨菲《上海——现代中国的钥匙》,上海社会科学院历史研究所编译,上海:上海人民出版社,1986年。

[13] 季学源、陈万丰《红帮服装史》,宁波:宁波出版社,2003年。

[14] 郭慧娟《民初京城旗袍流变小考》,《饰》1999年第1期。

[15] 陈婷《微风玉露倾,挪步暗生香——追述民国年间旗袍的发展》,四川大学硕士学位论文,2005年。

[16] 汤新星《旗袍审美文化内涵的解读》,武汉大学硕士学位论文,2005年。

[17] 秦方《20世纪50年代以来中国服饰变迁研究》,西北大学硕士学位论文,2004年。

[18] 《良友》1928年第31期,1930年第50期,1931年第55期,1932年第72期,1928年第25期,1927年第13期,1926年第2期,1930年第52期,1941年第165期,1940年第161期,1940年第154期,1930年第43期,1927年第22期,1931年第63期,1934年第92期。

[19] 《解放画报》月刊1921年第11期。

[20] 《东方杂志》月刊1935年第19期。

[21] 《北洋画报》1932年第810期,1933年第951期,1934年第1032期,1936年第1418期,1933年第933期,1926年第40期,1932年第820期。

[22] 《永安》月刊第11期,第18期,第34期,第81期。

[23] 《申报》1925年6月22日,1948年4月24日,1928年12月12日。

[24] 《大公报》1935年6月22日。

身体政治：国家权力与
民国中山装的流行

陈蕴茜

【摘要】　服装是人类文明发展以来重要的文化产物，是一整套文化的象征系统，它所反映的历史与时代精神是服装作为符号的本质内涵。中山装因由孙中山设计并率先穿着而得名，随着国民党统一中国、推广孙中山崇拜而成为公务员制服。在国家权力的推广与影响之下，中山装在全国各地广为流行，逐渐成为代表中国形象的国服。中山装具有规训身体的重要政治功能，影响着人们的观念意识，是中国现代民族国家建构过程中出现的具有特别意义的服装，既体现出民族性，又具有现代性。从某种意义上说，中山装是时代的镜子，它折射出中华民国作为新兴民族国家力图通过推广国家服装重塑中国人的身体政治。

【关键词】　中山装　国家权力　流行　身体政治

民国时期，一种既区别于中国传统服装又区别于西服的新式服装——中山装开始流行，并成为代表中国形象的国服。中山装因由孙中山设计并率先穿着而得名，它具有象征着革命的寓意，并随着国民党统一中国、推广孙中山崇拜运动而成为正统服装，进而成为公务员制服，由此影响到全国各地。以往国内史学界关注的是中山装的诞生时间，只有澳大利亚学者费约翰在《唤醒中国：国民革命中的政治、文化与阶级》一书中对中山装的象征意义

略有提及①。笔者认为，中山装是一种特殊的政治服装，它的流行
与国民政府的推广密切相关，是国家权力渗透与人们自觉接受规
训共同造就了中山装的流行，这场服装革命对中国人影响深刻。
本文将对民国时期中山装的流行原因及过程展开全面研究，并解
剖其所具有的政治功能与国家权力在其中的推动作用，进而重估
国民党政权对中国人日常生活的影响。

一、服装社会功能与中山装的诞生

服装是自人类文明发展以来重要的文化产物，它具有遮避风
寒、保护身体、维持生命的功能。人类的服装行为受人的主体意
识主导，它所体现的是人的生存状态以及人的自我意识，它具有
满足自我表现与审美的功能。作为社会文化的产物，服装又具有
象征性与标识性，是个人身份的标志，也是人们社会身份与等级
的象征，因此，服装是一整套文化的象征系统。进一步而言，服装
现象是一种精神与文化现象，它是社会心理与社会思潮的外在物
化形式，它所反映的历史与时代精神就是服装作为符号的本质内
涵。因此，服装是身体政治文化的重要组成部分。

中国人自古就明白服装具有重要的社会政治功能，《周易·
系辞下》说："黄帝、尧、舜垂衣裳而天下治，盖取诸乾坤。"②服装在
古代礼制系统中占据重要地位，成为"辨名分，明等威"的工具，被
作为调整家庭、群体和国家中人际关系的手段，它使等级制合理
化，并促使人们认同社会价值。中国人一向重视服装，自材质、颜

---

① John Fitzgerald, *Awakening China : Politics , Culture , and Class in the Nationalist Revolution* , Stanford University Press, 1996, pp. 23-25.

② ［清］阮元校刻《十三经注疏·周易正义》卷八，中华书局，1980 年据世界书局缩印本影印，第 87 页。

色、款式到饰物均有一整套范式，历代新王朝建立都要"改正朔，易服色"①。清朝入关后，强制汉人改易清服，以致引起民众的强烈反抗，因此，对于中国人而言，关于服装的民族象征意义尤为重要。

作为反清革命的领袖，孙中山也深谙改易服装的政治象征意义，也将断发易服视为革命性标志。早在1912年，孙中山就提出制定中国自己的礼服："礼服在所必更，常服听民自便……礼服又实与国体攸关，未便轻率从事。且即以现时西式服装言之，鄙意以为尚有未尽合者……此等衣式，其要点在适于卫生，便于动作，宜于经济，壮于观瞻，同时又须丝业、农业各界力求改良，庶衣料仍不出国内产品，实有厚望焉。"②显然，孙中山认识到服制与国体之间存在密切关联，因此，亲自设计既能体现革命精神又符合中国人自身审美需求并兼具实用功能的新式服装。

孙中山感到西装穿着不便，而中国原有的服装过于陈旧、拖沓，因此，亲自致力于新服装的创制。关于中山装由孙中山创制学术界没有疑义，但第一套中山装的诞生时间、地点与过程，学术界长期流传着两种说法：一说是孙中山以日本士官服、学生装为蓝本，进行改造，创制出第一套中山装。它诞生于辛亥革命后的上海荣昌祥，由红帮裁缝王才运缝制③。另一说是孙中山1923年任广东大元帅时，主张以当时南洋华侨中流行的"企领文装"上衣为基样设计新装。他在企领加上一条反领，以代替西装衬衣的硬领；又将上衣的三个暗袋改为四个明袋，衣袋上再加上软盖，使袋内的物品不易丢失，并用洋服店老裁缝黄隆生当助手，制成世界

① 《史记·封禅书》，张大可编著《史记全书新注》，三秦出版社，1990年，第830页。
② 《复中华国货维持会函》(1912年2月4日)，《孙中山全集》第2卷，中华书局，1981年，第61—62页。
③ 叶亚廉、夏林根主编《上海的发端》，上海翻译出版公司，1992年，第336页。

上第一套中山服①。中山装的诞生时间与过程是追求历史所谓真实性的学者所要关注的，而笔者更关注中山装推广与流行的意义，以从深隐层面揭示中山装的社会功能及国家权力在背后的运作。

服装一定意义上是一种符号，而符号与其象征事物之间必须有某种共同的逻辑形式，使其能产生双向互动作用，从而使观者更容易感觉和把握符号的外在形式。中山装正是这样一种服装符号，它折射出三民主义理念与孙中山崇拜情结。中山装强调平民实用风格，而且寓意三民主义思想：前衣襟有五粒扣子，代表"五权分立"，四个口袋，象征"国之四维"，三粒袖扣，则表达"三民主义"，孙中山的建立民主共和体制的三民主义理念在服装上得到完整体现，中山装成为"革命"在身体空间中的象征符号。孙中山带头穿着中山装，中山装成为革命与时尚的象征，风靡一时，而后中山装成为南京国民政府的统一制服。中山装的诞生，结束了中国几千年来袍服制一统天下的局面，颠覆了中国人原有的关于传统服装与身体空间的观念，中山装的流行也代表着服装平等化观念的出现，是中国服装发展史上一场震撼性的革命。

随着南京国民政府统治的巩固，蕴涵三民主义理念与孙中山崇拜情结的中山装，自然成为国民政府的统一制服。制服是现代政治中科层制的产物，政府要求官员及工作人员穿着制服的目的就是通过服装的统一而达到身体空间与思想意志的统一。而统一必然带来排斥个性，因此，制服就是让在制度中的人通过服装与身体空间的整齐划一而丧失个性，从而使主体得到重塑而变得温驯，实现政府所要求的规范化。像中山装这样带有政治象征意

---

① 尚明轩主编《一个伟人和他的未竟事业》，解放军文艺出版社，1998年，第598页。

义的制服,更加体现出制服的政治功能,即统治者通过对服装的控制达到对穿着者思想上的统治。因此可以说,制服与空间、制度、时间一样,都是统治者对人们进行规训与塑造的重要载体。

服装在社会中具有重要的象征功能,由此也会引导人们对服装背后的象征意义的记忆,进而认同服装所代表的某种意识形态。康纳顿在研究记忆问题时,特别强调服装对人的记忆形成的功能。他说:"任何一件衣服都变成文本特质(textual qualities)的某种具体组合⋯⋯服装作为物化的人与场合的主要坐标,成为文化范畴及其关系的复杂图式;代码看一眼就能解码,因为它在无意识层面上发生作用,观念被嵌入视觉本身。"① 中山装比一般意义上的制服更具有政治象征意义,容易使人们将具有三民主义思想象征意义的"代码"透过穿着中山装的身体实践嵌入身体空间而化约为无意识,而这种无意识实际上对人的影响最为深入。

本来,对于泱泱大国的乡土中国而言,进入政府工作的穿制服者只是少数,中山装作为政府工作人员制服应该影响有限。但是在"崇拜革命"的火热年代,具有革命象征意义的中山装迅速为进步青年所接受与崇尚,中山装也就成为一种时尚服装。加之1925年后国民党大力提倡崇拜孙中山,中山装的流行也不仅仅是时尚流行的问题了,而是国家对民众服装引导的结果。

一向以总理信徒自居的蒋介石,一生除戎装和长袍外,主要穿着中山装。同时,在国家的正式典礼中,中山装也成为重要的象征。1928年7月6日,蒋介石将冯玉祥、阎锡山、李宗仁等请到北京香山碧云寺恭祭孙中山,在北平的国民党中央委员、市党部委员均与祭。这是正式的谒灵,主祭、襄祭均着中山装② 。整个南

① 〔美〕保罗·康纳顿《社会如何记忆》,纳日碧力戈译,上海人民出版社,2000年,第32页。
② 《蒋冯阎李恭祭总理灵记》,《中央日报》1928年7月7日。

京国民政府时期,蒋介石等政府要人出席重要仪典一般都穿中山装,甚至做总理纪念周时明确规定穿礼服或中山装①,以后在各种正式典礼也都如此,参加奉安大典的各机关公务员都身着中山装。身体在孙中山纪念仪式中已经构成一个特定的身体空间,正如吉登斯所言:"身体空间作为各种习惯性行动的聚合领域,极其复杂,意义重大。"②中山装恰恰将身体空间与对孙中山的纪念空间融为一体,又在纪念仪式中进一步彰显出这一服装的正统性。正因为如此,中山装作为国家法定的服装而具有服从统一的象征。1929 年,张学良东北易帜后,不仅严格执行总理纪念周制度,而且下令:"统一已成,政治及应划一",东北各级机关人员一律着中山装③。由此可见,中山装作为国家的象征具有正统地位,而且随着其作为公务员的制服而逐步得到推广,对人们的穿着行为起到了引导作用。

二、国家权力与中山装的流行

国民党对于中山装的推广主要是从机关、学校开始的,将中山装塑造为革命的、进步的、时尚的服装,然后进一步向民众传输,从而实现对人们身体的规训。早在 1928 年 3 月,国民党内政部就要求部员一律穿棉布中山装④,次月,首都市政府"为发扬精

① 《总理纪念周仪规》,见内政部总务司第二科编印《内政部法规汇编·礼俗》,第 1 页。
② [英]吉登斯《社会的构成——结构化理论大纲》,李康、李猛译,生活·读书·新知三联书店,1998 年,第 139 页。
③ 辽宁省档案馆编《奉系军阀档案史料汇编》第 8 册,江苏古籍出版社,1990 年,第73—76 页。
④ 《薛内长的谈话》,《中央日报》1928 年 3 月 28 日。

神起见",规定职员"一律着中山装"①。1929 年 4 月,第二十二次国务会议议决《文官制服礼服条例》:"制服用中山装",就此,中山装经国民政府明令公布而成为法定的制服②。

但是,服装行为是个体行为,在制度并不严厉的情形下,许多人并没有严格执行穿着中山装,真正在政府机关内严格推广中山装,是在 20 世纪 30 年代。广东省是国民党最早的根据地,又是孙中山的故乡,当地政府对于推广中山装不遗余力。1930 年,广东省政府提倡用国货,穿国货中山装③。1933 年 1 月,国民党中央委员会执行委员陈肇英向中央提交《重厘服制严用国货案》,指出"吾国近来男女服装"多用洋布制作,导致"利权外溢,风俗内偷,为立国之大病",因此,建议"重厘服制,以定人心,顾及本源,以崇国货……文职公务员党员须一律着用国货中山装"④。行政院批复,除党员服装须党务系统批准外,其余均穿中山装。此后,各地均将中山装定位为制服。1934 年,陈仪"入主闽政,公务人员均先后加以训练,中山装风行一时"⑤。次年,南京特别市政府规定"办公时间内一律穿着制服",严厉"取缔奇装异服",穿中山装,且质料"必须国货"⑥。随后,江西省政府颁布《江西省公务员制服办法》,中山装成为全体公务员的统一着装,而且规定"制服质料,以本省土布或国货布疋为限","春秋两季灰色冬季藏青色"⑦。

① 《地方通信・南京》,《中央日报》1928 年 4 月 9 日。
② 内政部年鉴编纂委员会《内政年鉴》第 4 册,商务印书馆,1936 年,第 F13 页。
③ 《粤提倡国货穿国货中山装》,《中央日报》1930 年 3 月 26 日。
④ 《陈委员肇英提议重厘服制严用国货案》,《国立中央大学日刊》1933 年 3 月 1 日。
⑤ 刘超然等修,郑丰稔等纂《崇安县新志》卷六《礼俗・风俗》,崇安县志委员会,1942年铅印本。
⑥ 《生活化军事化生产化艺术化推行第一期工作计划》,见首都新生活运动促进会编印《首都新生活运动概况》,1935 年,第 14 页。
⑦ 《赣省府研究整齐公务员服装拟一律中山装》,《中央日报》1935 年 9 月 9 日;新生活运动促进总会编印《民国二十四年全国新生活运动》(上),1936 年,第 317 页。

1936 年 2 月，蒋介石下令全体公务员穿统一制服，式样为中山装①。从此，中山装真正正式成为全国公务员的统一制服。

冯玉祥主豫期间，对于推广中山装最为得力，规定河南开封政界一律改服中山装，各官厅内，不准长衣人出入，即使女界亦已有剪发穿中山服者。后省政府又通令，各机关职员因薪水不发，经济困难，由各机关代做棉制服一身棉风衣一件，一律灰色，暂由公家垫付②。而且，公务人员到乡村执行公务也须着中山装，如河南省南阳县政府规定，土地丈量员必须统一着制服，夏装为白色中山装，其他为黑色中山装，帽子与衣服颜色相配，严格纪律③。公务员统一穿着制服，实际上是现代科层制在对人实行统一管理的必然结果。

1927 年后的中国是一个党治国家，在确立三民主义教育宗旨后，孙中山崇拜开始向各级学校推广，因此，中山装也开始成为各级学校师生的统一制服。1935 年，河南省政府规定，学校"男教职员，应一律着中山装"④。次年，国民政府教育部专门规定："学校教职员服中山装为原则，但颜色式样须一律。"同时，学生也必须穿中山装，学生服装式样："衣裤中山装"，"帽徽用青天白日党徽"⑤。其实，早在 1931 年中山装就出现于课本中，并被称作"最美的礼服"（见图 1），以引导学生穿着中山装⑥。

---

① 《蒋院长令饬公务员穿制服》，《中央日报》1936 年 2 月 19 日。

② 胡云生《开封之"中山"化》，元俊主编《冯玉祥在开封》，河南大学出版社，1995 年，第 177—178 页。

③ 南阳市档案馆藏，卷宗号 2，1—17，转引自李向东《辟其田畴　正其经果——简述 1930 年代河南南阳县的田赋整理》，《南阳师范学院学报》2006 年第 8 期。

④ 河南省政府行政报告处《河南省政府行政报告》（1935 年 9 月），第 17 页。

⑤ 《教育部订定的高中以上学校军事管理办法》（1936 年 1 月），《中华民国史档案资料汇编》第五辑第一编教育（二），第 1314—1316 页。

⑥ 蒋镜芙编《新中华社会课本》第五册第 11 课，中华书局，1931 年第 29 版。

图 1 《新中华社会课本》第五册所绘"最
美的礼服"中山装

　　显然,国民党通过中山装将学生进一步纳入三民主义党化规
训体系之中。于是,一般学校都开始将中山装作为学校制服,并
严格规定师生统一穿着中山装。1939 年福建德化师范学校成立
后规定,学生"不得自由穿着","男穿黑色中山装制服,佩戴布制
方形胸章、金属制三角形校徽"①。天津官立中学也规定全体师生
统一穿着灰布中山装②。公立学校规定学生穿中山装是自然之
事,但私立学校也是如此,如江苏丰县私立又平职业中学规定,学

---

① 江中卫《抗日战争时期的德化师范》,政协福建省德化县文史资料研究委员会《德
　 化文史资料》第 13 辑《民国时期教育专辑》,1992 年。
② 刘家焌、汪桂年《回忆母校天津官立中学》,政协天津市委员会文史资料研究委员
　 会编《天津文史资料选辑》第 27 辑,天津人民出版社,1984 年。

生须缴纳制服费，校服是黑色中山装①。广东省吴川县世德学校规定参加军训的学生制服为中山装②。作家秦牧1942年曾在桂林漓江桥畔一所中学任国文老师，平时均穿蓝布中山装③。

如果说中学教师和中学生穿着中山装，为的是接受三民主义规训，并体现出中学生应有的严谨、沉着气质，那么小学生穿着中山装则有点少年老成的意味，更能体现国民党推广中山装进而普及孙中山崇拜与三民主义教育的目的。国立中央大学实验学校在《为儿童卫生事致家长信》中，要求男孩子"大一些的最好穿着中山装"④。有的学校在儿童节举行儿童健美比赛，将一套中山装作为奖品奖励给获得银奖的小学生⑤。从当时的《申报》广告来看，小学生中山装也极为流行，经常刊登专门为小学生提供中山装的广告。如上海国民书局销售中山童装，称"小学生宜服中山童装，以资不忘开国元勋，又能增进革命思想"。次年，国民书局又与新华书局、久和袜厂联合销售小学生中山装，并给予特价九折优惠⑥。小学生穿着中山装并非局限于大城市，而是在全国各地均很普及。山西省娄烦县第二高等小学规定，学生须统一穿着中山装和童子军服，并对风纪扣要求甚严⑦。西康省德格县县立

---

① 县政协文史办公室《丰县私立职业中学简介》，政协江苏省丰县文史资料委员会《丰县文史资料》第8辑，1989年。

② 韦燕徽《张炎创办的世德学校》，政协广东省吴川县文史资料研究委员会《吴川文史》第4辑，1986年。

③ 紫风《爱侣·净友》，柳溪主编《女作家的情和爱》，天津人民出版社，1991年，第124页。

④ 《为儿童卫生事致家长信》，国立中央大学实验学校编印《国立中央大学实验学校校刊》第14期，1929年。

⑤ 黄一德《纪念日的日记》，上海：儿童书局，1931年，第50页。

⑥ 《申报》1928年5月23日广告；《小学生中山装》，《申报》1929年6月3日增刊广告。

⑦ 李润宇、阎门《回忆母校——娄烦第二高等小学》，政协山西省娄烦县文史资料委员会《娄烦文史资料》第2辑，1987年。

小学、白玉县省立小学、巴安县立小学的学生们都穿中山装制服，教职员工除藏族外也着中山装①。40年代初，广东省和平县岑江中心小学规定高年级学生均须穿中山装，且须系上风纪扣，因"脖子被勒住，感到憋气，特别在夏天更难受"，有的小学生忘记系风纪扣，被班会罚款二角②。可见，小学生着中山装在民国时期是较为普遍的现象。

当然，人们对于规章制度的执行总有懈怠的时候，国民政府教育部门规定教师须穿中山装，但有的教师并未严格遵守，因此，各省教育厅视察时会进行督导，如广西省政府教育视察团发现教师并未统一着中山装，而是穿洋货西装和长衣便服，这不仅"形色碍观，即对政府提倡节俭，服用土布之意旨，亦大相刺谬"，视察团批评这些教师不仅不起表率作用，反而"任意奢靡，蹧蓗政府法令"，重申学校教师须一律穿中山装③。为使教师养成穿着中山装的习惯，一些教师集训班特别规定制服为中山装。著名作家严文井的父亲就曾参加过这类集训班，制服为中山装④。总体而言，民国时期的学校教师和学生在强制之下，逐步养成穿中山装的习惯，江苏徐州西服店老板回忆时说："学校的老师和学生则喜欢穿中山装或三个口袋的学生装。"⑤

为进一步引导规范人们的服装，国民政府又规定集团结婚的

---

① 孙明经摄影、张鸣撰述《1939：走进西康》，山东画报出版社，2003年，第211、212、214页。

② 吴日扬《桃李无言　下自成蹊——缅怀政治启蒙老师黄华明同志》，政协广东省和平县文史资料研究委员会《和平文史》第13辑，1998年。

③ 广西省政府教育厅导学室编印《广西省政府教育视察团教育视察报告》，1934年，第297—298页。

④ 严文井《关于萧乾的点滴》，严文井《严文井散文》，人民文学出版社，2007年，第188页。

⑤ 吴永敏等口述、沈华甫整理《徐州西服业的发展经过——亚东服装店的前前后后》，《徐州文史资料》第4辑，1985年。

礼服为中山装。随着蒋介石倡导新生活运动，集团结婚在全国各地广泛开展，而中山装作为婚礼礼服，在社会上影响日益增强。1942年2月，湖南省新生活运动促进会制定的《湖南省新生活集团结婚办法》第五条规定："新郎穿蓝袍黑褂或中山装"①，不少地方的集团结婚也有此规定，如湖北省来凤县政府于1944年9月制定《来凤县第一届集体结婚办法》，并于"双十"节在县政府大礼堂举行第一届集体结婚仪式，"男一律着中山装"②。抗战之后集体结婚在城市依然盛行，许多地方政府"规定新郎必须穿中山服"③。1946年11月12日下午3时，"广州首届集体结婚礼"举行，有二十九对新人参加，新郎全部穿深蓝色中山装④，而这一天恰恰是孙中山诞辰八十周年庆典，新郎穿着中山装更具纪念意义。

政治服装是否具有生命力与流行能力，一方面是政府主导的结果，另一方面是与服装本身是否具有舒适便利的特性相关，更与其是否能够迎合时人的审美情趣相关。冯玉祥曾说，"中国的长袍大褂"，"使人萎靡懒怠，必须改良"，而且"糟蹋布料，妨碍行为"，而"中山先生提倡的中山服……中西兼长，至美至宜"，因此，"今日已盛行"⑤。中山装恰恰是在特定时代能够符合人们生活、审美与政治需求的服装，因此，中山装成为民国时期最为流行的服装。

早在北伐之后，中山装就成为人们认同的时尚服装而在广大城镇流行开来。据《河南新志》记载，自1927年5月"国民军入豫，凡

---

① 转引自谢世诚等《民国时期的集团结婚》，《民国档案》1996年第2期。
② 来凤县档案馆编《来凤县民国实录》，来凤1991年内部印行本，第75页，转引自徐旭阳《抗日战争时期湖北后方国统区社会风俗的改良》，《江汉论坛》2005年第7期。
③ 《双十佳节集体结婚》，《中央日报》1946年9月18日。
④ 《广州最早的集体婚礼》，叶旭明等编《中外婚俗奇谈》，广东旅游出版社，1986年，第341页。
⑤ 冯玉祥《我的生活》，黑龙江人民出版社，1981年，第560页。

有公职者,俱服中山式制服,而袍褂式之礼服,乃日见减少"①。次年,徐州社会团体工作人员、教育界人士开始穿中山装,甚至布店职员也都换穿中山装,店方先行支付服装费用,而后再在薪水中扣除,"全体同装,观感一新。同业人员为之赞赏,思想顽固者私下讥之,此举是为创新,后渐有效行之者"②。看一座城镇是否有政治新气象,只需从人们是否穿着中山装即可判断。报人董秋芳在致鲁迅的信函中谈到某城的变化时称:"尤其引人注目的是,穿中山装的人,不论有胡子的,或者光下巴的,到处可以看到了。"③中山装随着国民党北伐胜利与南京政府的建立而在全国各地逐渐普及。

　　30 年代后,中山装在公务员与学生中更为流行。1936 年出版的山东省《东平县志》记载,该县"各机关学校亦多着短衣,但衣式衣料与民众迥殊,名曰中山服,曰制服"④。广东电白县"公教人员,则多服制服"⑤。福建省明溪县"民国以来改穿服制,短者中山装、学生装或西装"⑥。在许多地方,中山装已经不局限于机关公务人员或学生穿着,而成为一般流行的服装。江西省吉安县"以便服言,时髦多作西装、中山装"⑦。据当时的旅游指南书籍记载,重庆"男子皆喜欢穿淡灰色布制中山装",一个原因是政府在公务员及学生中的推广,另一原因是"卢作孚氏提倡之影响,因民生公司制服即规定如此"⑧。其他社会团体也将中山装作为统一的制

---

①　《河南新志》上册(1929 年铅印本),河南省地方史志编纂委员会整理重印,第 124 页。

②　陈仲言《清末民国时期徐州社会大观》,政协江苏省徐州市文史资料委员会编《徐州文史资料》第 14 辑,1994 年。此文为回忆录。

③　董秋芳《灰城通信(第一封)》,《语丝》第 5 卷第 1 期,1929 年 6 月 3 日。

④　张志熙修、刘靖宇纂《东平县志》卷五"风土",1936 年铅印本。

⑤　邵桐孙等纂《电白县新志稿》第二章"人民・生活・衣服",1946 年油印本。

⑥　王维梁等修、廖立元等纂《明溪县志》卷十一"礼俗志・服饰",1943 年铅印本。

⑦　《吉安县志》(四十卷,民国三十年铅印本),《中国地方志民俗资料汇编・华东卷》(下),第 1147 页。

⑧　陆思红编《新重庆》,中华书局,1939 年,第 180 页。

服，推动了中山装的流行。中国红十字会总会职员的工作服装即为中山装①。一些商家为使自己的商店面貌一新，为员工定制中山装作为店服。福建省台江县国药行"老板还为全体店员，裁制了一套工作服，上衣系密扣中山装，下衣配上西装裤，使店员服装整齐精神饱满"②。民国时期的人们都以穿中山装为荣，中山装成为城镇中一道风景，广西省同正县"今则稍稍复兴国货，而丝绸次之。高等人物或长衫马褂，或洋装，或中山装者"③。当著名画家丰子恺1938年到桂林时，看到满街都是穿着灰色制服的人④。中山装在桂林极为普及，只是当地人不称其为中山装，而称"广西装"，它与中山装没有差别，所差者一顶帽子，"规定是布质的"，这种广西化的中山装已经"差不多深入农村，普及各界，公务员、学生，无论军、农、工、商，下至挑负贩，都是那套灰制服"⑤。较为偏远的陕西沔县、湖南怀化、云南镇雄、甘肃和政等地男子普遍穿中山装⑥。云南个旧利滇化工厂"发给各工友每人灰金龙细布中山装一套"⑦。总体而言，中山装的流行迅速且传播区域广阔，如1935年后，新疆呼图壁县男子即流行穿中山装⑧，僻居新疆、内蒙古

① 《总会职员服装一律改用中山装》，《中国红十字会月刊》1937年第25期。

② 李益清《解放前南台国药行业》，见政协福州市台江区委员会《台江文史资料》第9辑，1993年。

③ 曾瓶山修，杨北岑纂《同正县志》卷六"风俗"，1932年铅印本。

④ 《桂林初面》，《丰子恺游记》，广西师范大学出版社，2004年，第38页。

⑤ 徐祝君等《桂林市指南》，桂林前导书局，1942年，第16页。

⑥ 怀化市志编纂委员会《怀化市志》，生活·读书·新知三联书店，1994年，第798页；《镇雄县志》，丁世良、赵放主编《中国地方志民俗资料汇编·西南卷》（下），书目文献出版社，1991年，第753—754页；和政县志编纂委员会编《和政县志》，兰州大学出版社，1993年，第422页。

⑦ 《经理张大煜请求社会处调解的函件》（1946年2月15日），云南省总工会工人运动史研究组编《云南工人运动史资料汇编（1886—1949）》，云南人民出版社，1989年，第399页。

⑧ 呼图壁县志编纂委员会编《呼图壁县志》，新疆人民出版社，1992年，第590页。

与青海三地的土尔扈特人也穿中山装①。台湾光复后,中山装随着国民党势力的渗透而迅速流行。1946 年,台湾《民报》的广告中已经有台北商家可以应急制作中山装②。

从全国各地的地方志、报刊及回忆录来看,中山装已经成为民国时期最为流行的男式服装,无论是国民党政治中心区域的江苏小镇,还是国民革命发源地的广东、福建两省诸县,也无论是西北的渭南地区,或者是西南的四川、云南诸县,甚至是作为英国租界的山东威海,国人均流行穿着中山装③。中山装在国家权力的推动下成为民国时期最流行的服装。

三、中山装的政治寓意与规训功能

由于中山装是与孙中山及国民革命联系在一起,因此,在时人眼中,中山装成为革命、进步的代名词,穿着中山装就被定义为拥护革命。1927 年,上海精明的商人立即制作中山装出售,并称"青天白日旗帜下之民众,应当一律改服中山装,藉以表示尊重先总理之敬意"④。当然,中山装作为象征革命的服装,一方面成为真正拥护革命者乐意穿着的服装,但同时也会被政治投机者所利用。1928 年 7 月,周作人在致友人信中说:"两三年前反对欢迎孙

---

① 张体先《土尔扈特部落史》,当代中国出版社,1999 年,第 315 页。
② 台湾《民报》1946 年 7 月 6 日广告。
③ (川沙县)北蔡镇人民政府编印《北蔡镇志》,1993 年,第 160、344 页;长汀县地方志编纂委员会编《长汀县志》,生活·读书·新知三联书店,1993 年,第 843 页;渭南地区地方志编纂委员会编《渭南地区志》,三秦出版社,1996 年,第 769 页;南川县志编纂委员会《南川县志》,四川人民出版社,1991 年,第 660 页;云南省马关县地方志编纂委员会《马关县志》,生活·读书·新知三联书店,1996 年,第 812 页;威海市地方史志编纂委员会《威海市志》,山东人民出版社,1986 年,第 708 页。
④ 《申报》1927 年 6 月 26 日广告。

中山，要求恢复溥仪帝号的总商会（会长还是那个孙学仕）已发起铸'先总理'铜像，并命令商会会员一律均着中山服了！"①显然，政治投机者通过穿中山装来表达对国民党政权的"认同"与"忠诚"。

中山装同时成为国民党的象征。在民国时期的一些漫画中，穿着中山装者就是国民党的代言人。例如，1927年，江西南昌附近一座小城的农民协会里挂着一幅讽刺画，画上的一侧是孔庙，另一侧是世界公园，"世界公园里陈列了三个座位，中间是马克思的像，左边是列宁的像，右边的座位空着。另一面画着一个孔庙。在世界公园与孔庙的中间，一个穿着中山装的男子背了孙中山的像往孔庙中走去。旁边写着：'孙中山应陈列于革命的世界公园中，但戴××一定要把他背到孔庙里去。'"②这幅漫画明确将矛头指向戴季陶将孙中山思想儒学化，这里中山装成为国民党的代名词。在国民党官员自己看来，穿着中山装就是代表党人身份。曾任西康军队特别党部少将书记长的张练庵回忆说，为见蒋介石，他特意"在思想上作了准备，决定不穿军装，穿中山装，以党人身份去谒见"③。因此，尽管中山装成为民国时期的流行服装，但就根本而言，中山装是与国民党紧密相连的。当然也有例外，中山装一度成为革命与激进的代名词，当国民党清党时，穿中山装已经不是国民党的象征，而是更为革命与激进的共产党员的身份象征。据日本东洋文库保存下来的一份清党文件中记载，由于清党运动的扩大化，在广州一次清党行动中，军警将凡是穿西装、中山装和学生服的，以及头发向后梳的，统统予以逮捕④。事实上，共

① 周作人《知堂书信》，华夏出版社，1994年，第154页。
② 朱其华《一九二七年底回忆》，上海新新出版社，1933年，第45页。
③ 张练庵《西康政坛纪事》，全国政协文史资料委员会编《中华文史资料文库·政治军事编》第6卷，中国文史出版社，1996年，第277—278页。
④ 《国共合作清党运动及工农运动文钞》，日本东洋文库缩微胶卷，转引自王奇生《清党以后国民党的组织蜕变》，《近代史研究》2003年第5期。

产党人一直也将中山装视为革命与进步的服装,延安的共产党人均着中山装。国共合作时期,在重庆工作的红岩村工作人员也均将中山装作为工作制服①。

民国时期中山装已经成为公务员及教育界人士中最流行的服装,穿中山装的人就会自然而然被认为是教育界官员。著名报人张慧剑就曾记述,他穿着中山装去浙江金华一所村小学观光,引起"全校震惊,师生狼奔豕突,如大祸之降临",原来是因他穿着中山装,学校师生误将他当作县督学②。显然,民国时期中山装成为官员权威的象征,在一个对权力与权威极其崇拜的国度,中山装的流行受到制度化力量的支撑而逐渐演变为全社会的习俗。

孙中山是革命者与民族主义者,他发明的中山装就具有民族主义色彩,因此,必须用国货制作,这样才能真正起到纪念孙中山的作用。一般商人虽然是为推销国产布料,但也能够认识到中山装的纪念意义与民族主义象征意义:"中山装为孙总理在时,因其便利适意,故乐穿之。后总理逝世,国人欲以之纪念总理,故名之曰中山装。"但是,"日来穿中山装者,其材料大多用舶来品,如华达呢、哔叽之类,致使利权外溢","中山装既可定为吾国国民服装,其料宜以国货为之。既可提倡实业,益足见爱国之心"③。商人都知道中山装"一可以抵制外货,二可以发扬国光",因此,有的厂家还专门为"纪念总理而发明"中山装原料——中山呢,"质料坚固,鲜色齐备,极合裁制各项服装"④。毗邻上海的江苏省江阴

---

①　言扬《"红岩村"的生活标准》,重庆市文史研究馆编《陪都星云录》,上海书店出版社,1994年,第20页。

②　《衣服》,见张慧剑《辰子说林》,南京新民报社,1946年。

③　《国人欲以之纪念孙总理者请注意下文》,《申报》1927年6月29日。

④　《申报》1928年3月3日广告。

县 30 年代大量生产中山呢①，南京也是如此②。据《江苏省乡土志》记载，1936 年江苏有一百零二家棉纺织厂，产品以中山呢等为主③。中山呢主要用于制作中山装，远销全国各地。福建莆田、仙游就流行用上海运来的男女线呢制作衣服，俗称"中山布"④。与此同时，全国各地工厂也大量生产中山呢，如中山呢在河北省高阳县成为当地主要的纺织品⑤。此外，四川巴蜀、山东平度、广西桂林等地工厂也大量生产中山呢⑥，大量中山呢（布）的出品，保证了中山装采用国货制作。

　　商人从商业利益的角度推广国货中山装，知识精英则从服装的政治象征功能出发，提倡用国货中山布制作。1928 年 7 月，张恨水曾在北平《世界晚报》副刊上撰文《中山服应用中山布》⑦。由于国货运动是民国时期政府主导、广泛推广的一场社会经济运动，因此，国民党各级政府从爱国、振兴民族经济的角度来提倡穿着国货中山装。1930 年，广东"省党部令各县普照各工作人员，一律穿国货中山装制服，提倡国货"⑧。1935 年，河南省政府又规定，学校中山装的"原料均限用国货"⑨。由此，各地中山装均用国货制作。由此可见人们对于中山装的民族主义象征意义理解

①　王维屏《江阴志略》,《方志月刊》第 8 卷,第 4、5 期合刊,1935 年 4 月,第 56—57 页。
②　杨大金《现代中国实业志》上册,长沙：商务印书馆,1940 年,第 96 页。
③　王培棠编《江苏省乡土志》上册,长沙：商务印书馆,年代不详,第 92—93 页。
④　蔡麟整理《解放前涵江镇商业概况》,政协福建莆田文史资料研究委员会编《莆田文史资料》第 4 辑,1989 年；仙游地方志编纂委员会《仙游县志》,方志出版社,1995年,第 1024 页。
⑤　吴知《乡村织布工作的一个研究》,商务印书馆,1936 年,第 219 页。
⑥　剑花楼主《巴蜀鸿爪录》,中国社会科学院近代史研究所《近代史资料》总第 85 号,第 144 页；山东省平度县地方志编纂委员会编印《平度县志》,1987 年,第 307 页；钟文典《20 世纪 30 年代的广西》,广西师范大学出版社,1998 年,第 357 页。
⑦　水(即张恨水)《中山服应用中山布》,北平《世界晚报》副刊《夜光》1928 年 7 月 9 日。
⑧　《粤提倡国货穿国货中山装》,《中央日报》1930 年 3 月 26 日。
⑨　河南省政府行政报告处编《河南省政府行政报告》(1935 年 9 月),第 17 页。

之深。

　　穿中山装是与爱国相关联的,而当穿着中山装的身体进入社
会视野之中时,这个身体也应该是爱国的、革命的、进步的,如果
穿着中山装的人是背叛民族利益者,那么必然受到人们的唾弃。
江苏常熟一位清朝拔贡出身、做过江苏提学使署幕宾的蒋志范,
民国后任上海同济大学教授,抗战开始时高呼血战到底,但后来
却投靠日本人。当时上海某小报登载一幅漫画,把他绘成一个四
不像的丑角,头戴花翎顶帽,身穿中山服装,脚拖东洋木屐,淋漓
尽致地刻画出这个"三朝元老"的毕生"功业"①。本来中山装是民
族主义的化身,但如此穿中山装者只能是孙中山民族主义的叛
徒,遭到人们的鄙夷。不仅中国人视中山装为民族服装,象征着
崇尚三民主义,日本人也同样认为。1933 年 1 月,日军攻入山海
关城后,"大肆搜捕,凡着中山装者杀,着军服者杀,写反日标语者
杀……"②,在日本全面侵入华北后依旧如此,凡遇到青年男子穿
中山装、学生装者即予杀死③。1945 年日军侵入赣南,在江西省
兴国县二十多个村庄疯狂杀戮,"穿中山装制服、理平头或西装头
的青年人",成为"他们重点屠杀的对象"④。所以,在沦陷区,人们
不再穿中山装,"'长袍马褂'又卷土重来,中山装反存之箱箧"⑤。
中山装不是一般的服装,而是与孙中山及民族主义存在内在联系

---

①　《人物轶事·蒋志范》,见《常熟掌故》(《江苏文史资料》第 56 辑),江苏文史资料编
　　辑部,1992 年。

②　郭述祖《长城抗战第一枪》,全国政协文史资料委员会编《中华文史资料文库·政
　　治军事编》第 3 卷,中国文史出版社,1996 年,第 587 页。

③　南京师范大学侵华日军南京大屠杀研究中心主编《战时日本贩毒与"三光作战"研
　　究》,江苏人民出版社,1999 年,第 359 页。

④　黄健民、肖宗英《日军入侵兴国罪行录》,《党史文苑》1995 年第 10 期。

⑤　陈仲言《清末民国时期徐州社会大观》,政协江苏省徐州市文史资料委员会编《徐
　　州文史资料》第 14 辑,1994 年。

的政治服装。

罗兰·巴特曾经指出："服装总包含有叙事性因素，就像每个功能至少都有其自身的符号一样，牛仔服适于工作时穿，但它也述说着工作。一件雨衣防雨用，但也意指了雨。功能和符号之间（在现实中）的这种交换运动或许在许多文化事物中都存在着。"①中山装不仅是一种服装，更是一种象征。中山装作为服装的功能已经被弱化，而其隐含的政治意义却被强化。人们认为中山装应该是国人统一的服装，因此，出现让孔子也穿中山装的现象："浙江诸暨某校，悬挂孔子遗像，衣服作中山装，记得孔子曾经说过：'麻冕，礼也……吾从众。'现在大家都穿中山装，根据服从多数的意义，那孔子自然有改穿中山装的必要呢！"②从另一个角度去解读，则可以理解为，让孔子穿中山装是人们对国民党推广中山装的讽刺。

中山装是纪念孙中山的服装，自然纪念孙中山的仪式最好穿着中山装。1929年11月，为纪念孙中山诞辰，广州贫民教养院音乐宣传队"穿着特定的灰色中山装制服，巡行表演，场面壮观"③。参加孙中山纪念仪式不仅要穿着中山装，而且须更加庄重。郭沫若曾专门穿中山装去拜谒中山陵，由于天气炎热，"谒陵的人差不多都把外套脱了"，但他为保持他的虔敬，"连中山装的领扣都没有解开"④。在革命者的眼中，孙中山是伟大的革命先行者，面对孙中山的陵寝，中山装更加神圣而庄严。不仅像郭沫若这样的革命者如此看待中山装，即便普通人也将中山装视为非同一般的服

① ［法］罗兰·巴特《流行体系：符号学与服饰符码》，敖军译，上海人民出版社，2000年，第295页。
② 血滴《孔子穿中山装》，《中央日报》1929年5月6日。
③ 《贫教院音乐宣传队总理诞日巡行表演》，《广州民国日报》1929年11月9日。
④ 郭沫若《谒陵》，《南京印象》，群益出版社，1946年，第37页。

装,当人们提到中山装时,自然而然地联想到孙中山、总理信徒、官员、公务员和学生。苏青曾在其作品中有过这样的描述:"一个鼠目短髭、面孔蜡黄的拱背小伙子,他也穿着中山装,只是同悬在他对面的孙中山先生遗像比较起来,恐怕他就给孙先生当佣役也不要,因为他有着如此的一副不像样,惹人厌恶的神气。"①在作家眼中,穿中山装,就应该具有孙中山事业继承者应有的形象,而态度恶劣与形象猥琐的公务员穿中山装,实在是对孙中山的亵渎,与中山装的象征寓意不符。

中山装在民国服饰中的显赫地位,使不少服装店以经营中山装为主,特别是各地颇负声望的服装店。上海荣昌祥号曾因为孙中山生前在该店"定制服装,颇蒙赞许"而生意兴隆,并称"民众必备中山装衣服"。当"国民革命军抵沪"之际,荣昌祥号为提倡服装起见,低价销售中山装②。同样,南京李顺昌店"经营西服和中山装,尤以中山装颇享商誉",而且因蒋介石在该店定制中山装更加声名显赫③。中山装成为当时许多服装店的主要产品,也成为裁缝眼中的"国服",在湖南民间歌谣《裁缝工歌》中被称作"国服":"清朝末年到民国,衣服式样有变更。中山装,称国服,一般穿的是对襟。"④因此,在人们的记忆中,中山装是民国时期中国服装的代表。由于中山装是国服,民国后期一些重要的国家政治仪式中,中山装就成为指定服装。1943年8月,林森去世,为其葬礼奏哀乐的大同乐会会员按照规定一律着中山装⑤。因为林森生前

① 苏青《结婚十年》,国际文化出版公司,2005年,第47页。
② 上海《民国日报》1927年3月26日广告。
③ 王淑华(李顺昌店主之媳)《忆南京李顺昌服装店》,政协江苏省文史资料委员会编《江苏文史资料集粹》(经济卷),第224—226页。
④ 《裁缝工歌》,中国民间文学集成全国编辑委员会编《中国歌谣集成·湖南卷》,中国ISBN中心,1999年,第181—182页。
⑤ 许文霞《我的父亲许如辉与重庆"大同乐会"》,《音乐探索》2001年第4期。

是国民政府主席,奏乐者穿着中山装才能体现出国家主席葬礼的庄严与神圣。

中山装既是流行服装,又是具有进步政治象征意义的服装,人们对于穿中山装有着特殊的感情,中山装频频出现于文学作品中,有的作品将穿着中山装作为一种追求来表现。如郁达夫小说《唯命论者》的主人翁买彩票中奖后,其太太首先想到的是"这一回可好了,你久想重做过的那一套中山装好去做了"①。显然,中山装成为人们生活中一种向往的服装。由于中山装缝制相对于传统布衫而言工艺讲究,因此,中山装也成为民国时期一种相对奢侈的服装。有意思的是,中山装成为日常报刊弹词的主角,著名报人熊伯鹏写过《只偷衣服未偷人》,描写主人翁只有一件赊账制作的中山装,被偷后请"福尔摩斯"寻找的趣事②。由于中山装成为民国时期最流行的男式服装,因此,它也成为衡量薪俸的标尺。当1946年物价飞涨而薪俸降低时,人们的评价就是通过中山装来说明,连堂堂《中央日报》都说:"一月薪津,半套中山装。"③可见,中山装在人们日常生活中的普及地位与重要象征意义。

从社会功能而言,"服装系统,不仅象征了行为范畴的存在,而且造成了这些行为范畴的存在,并通过塑造体形,规范举止,成为习惯"④。穿着中山装实际上就是通过身体实践对人们进行意识形态隐性化规训,因此,有的国民党党员自觉认为,中山装是每个党员应有的着装,以便促进党员团结。北京国民党员杨某上书中央:"凡本党党员概须着中山装,佩党徽于左胸,党徽由中央党部备给,制服由各党员自向党部制服厂定制,制服厂办

① 《唯命论者》,《郁达夫选集》下册,山东文艺出版社,2003年,第597页。
② 熊伯鹏《糊涂博士弹词》,湖南人民出版社,1987年,第125—126页。
③ 《寒风处处催刀尺》,《中央日报》1946年10月24日。
④ [美]保罗·康纳顿《社会如何记忆》,纳日碧力戈译,第33页。

法另定之。"①还有的认为,穿着中山装就不能出入娱乐场所,出入者应予以惩戒。为此,新生活运动促进总会特向行政院请示,是否规定穿中山装者不得出入娱乐场所。行政院批复,因"无明文规定非公务员不准穿着"中山装,因此,对于"穿中山装西装出入娱乐场所","自无严格取缔必要"②。虽然行政院如此解释,但从中可以看出,在人们的意识中,中山装是神圣而庄严的,穿着中山装就应自觉维护其形象,这实际上是人们对中山装背后所隐含的政治要求的自觉认同,中山装的规训功能已经得到自觉呈现。中山装本身具有整齐、严肃的风格,穿着中山装者给人以威严感。由此,为对吸毒者进行规训,北平市禁烟联合办公室规定烟毒戒除所训导员一律穿中山装③。更有意思的是,有妇女上书中央政府,要求所有男子皆穿中山装,因为"三个口袋代表了孙中山的三民主义,五颗纽扣代表了五权宪法"。虽然中央拒绝这一请求④,但却表明妇女们对于中山装的政治象征意义也十分明了。总之,中山装作为具有政治寓意的服装,它对穿着者进行着三民主义的隐性规训,从而使孙中山崇拜与三民主义具有更为深远的影响。

结　　语

　　服装的流行与人们的审美需求相关,而审美又不单纯为个人

---

① 杨海帆《中国国民党暂行辅助规则》,中国第二历史档案馆藏,卷宗号2-239,《关于改进国民党党务意见》(1930年3月)。

② 《穿中山装西装出入娱乐场无取缔必要》,《中央日报》1936年8月11日。

③ 北京市档案馆藏,卷宗号J5-2-765-94,《北平市禁烟联合办公室关于烟毒戒除所训导员一律着中山装的通知》(1946年3月1日)。

④ Florence Ayscough, "Chinese Women Yesterday and Today, London," p. 127. 转引自 John Fitzgerald, *Awakening China: Politics, Culture, and Class in the Nationalist Revolution*, p. 24.

心理因素所决定,它同时也是政治因素、社会因素、商业因素共同作用的结果。中山装的流行,主要源于国家权力的推广,人们在政治因素的影响下,逐步形成中山装代表革命、进步、文明的审美认同。人们生活于社会关系之中,服装从来都是界定个人社会价值的重要符号之一,因此,一般人们都希望通过穿着服装迎合社会价值取向来强化自己的社会形象,进而体现自身价值。在民国公务人员与学生大量穿着中山装的社会氛围中,中山装的流行也就成为自然。而民国时期的商人生活于民族资本主义谋求发展的特殊时期,他们在追求利润的同时,谋求民族工业的发展,自然而然成为推行国货运动的生力军,因此,商人对于中山装的流行也起了积极的作用,而且中山装与中山呢的广告进一步宣传并强化了中山装的政治象征意义。正是在多重因素的影响之下,中山装在民国时期成为流行服装,并进而成为国服。从某种意义上说,中山装是时代的镜子,它折射出中华民国作为新兴民族国家力图通过推广国家服装重塑中国人的身体政治。

服装是人们思想观念的外在表现,中山装的流行,体现出作为国民革命领袖和民主共和制度化身的孙中山在人们心目中的地位。由于渗透着孙中山崇拜情结及三民主义寓意,中山装成为具有强烈国家色彩的政治性服装,因此,中山装作为一种统一的制服必然具有对人的身体与精神进行塑造与规训的功能。国民党一直追求将国民塑造成为忠于党国的三民主义信徒,从国旗到国歌,从中山路到中山纪念堂,再到中山公园,无不围绕三民主义党化教育展开社会文化的建设,因此,推广中山装只是其推销三民主义意识形态的又一隐性权力技术的运用。

服装具有表达人们情感、改变人的形象、满足心理需求的功能,人们通过服装符号将思想、情感演绎为身体实践,进而达到社会共识。因此,中山装对于引导人们形成共同的政治、思想、文化与情感认同起到了积极作用。中山装的推广与流行,促成中国传统袍式服装向西方短式服装的转型,改变了中国人"交领右衽,上衣下裳"的服式习惯,也改变了中国人对服装的审美习惯与实用标准。中山装不仅作为一种政治服装而流行全国,而且作为中西文化融合的服装而深受国人喜爱。中山装是爱国、进步、文明的象征,更是继承孙中山遗志的象征,满足了近代中国人意欲表达的政治情感,引起思想共鸣,这是中山装能够流行的真正社会思想基础。

　　中山装是中国现代民族国家建构过程中出现的具有特别意义的服装,它既体现出民族性,又具有现代性。它是体现群体意识的符号,具有独特的社会文化价值。正因为如此,中山装的推广与流行和近代民族国家的建构进程相同步,而其内在民族主义特性与孙中山符号一样具有持久的生命力,中山装因此一直流行于 20 世纪。

中国元素：日本的
服饰变迁与身份认同*

张厚泉

【摘要】 近代日本,"殖产兴业""富国强兵""文明开化"似乎是明治维新的特征,而明治天皇登基仪式的天皇着装,作为告别了沿袭上千年的中国朝廷服饰文化的标志性事件,则从未被学界重视。明治天皇登基礼仪的更改是日本国家意志的象征,从表象上明确表达了日本身份认同(identity)的改变。无论是天皇、公家的服饰和礼仪,还是文学、政治思想,从古至今,日本从未放弃过对身份认同的追求。

【关键词】 中国元素　日本服饰　身份认同

一、前　　言

人类为什么穿衣服？从什么时候开始穿衣服的？在汉民族的历史文化里,"服饰"一词早在《周礼·春官·典瑞》中就已经出现:"辨其名物,与其用事,设其服饰。"郑玄注:"服饰之饰,谓缫藉。"缫藉(sāo jiè)是玉的衬垫物,可见早在先秦时期汉民族就已经对穿着从"礼"的高度给予了重视。现代汉语的"服饰"一词虽然也有礼仪的含义,但对于一般民众而言,更多的是指包括服装、鞋、帽、袜、手

* 本文为教育部人文社会科学研究规划基金项目"儒学思想在《百学连环》抽象概念译词形成过程中所起作用的研究"(21YJA40049)、东华大学中央高校基金科研业务费"儒学与近代词研究基地"(20D111410)的阶段性研究成果。

套、围巾、领带、配饰、包、伞等装饰人体的物品总称。

人类为什么穿衣服？从什么时候起穿衣服的？古人用来遮羞御寒，今人服饰材质多种多样，款式五彩缤纷，用途也有一定的目的和制约。因此，服饰研究仍然是一个新的、需要开拓的学术领域。

德国 MPG 研究所[①]的拉尔夫·凯特勒（Ralf Kittler）等科学家根据对人头虱和人体虱的研究后认为，人类大约在七万两千年前左右开始穿衣服。这项研究从世界上十二个地区采集了只寄生于人类的二十六个人头虱、十四个人体虱的全球样本和黑猩猩虱子作为一个外群使用的样本中，获得了两个线粒体 mtDNA 和两个核 DNA 片段的序列。结果表明非洲虱子比非非洲虱子的多样性更大，这表明人类虱子起源于非洲。分子钟分析表明，体虱的起源不超过 $72\,000 \pm 42\,000$ 年，那时正是人类（智人）开始走出非洲的最后一个冰河期。mtDNA 序列还表明，人体虱的数量在不断增加，这与现代人走出非洲有关（见图 1）。人类如果不穿衣服，就不会有人体虱。这个研究结果表明，衣服是人类进化中令人惊讶的最新发明[②]。

大约到了三万年前，智人掌握了用动物的骨头制成缝纫针、鞣制动物的皮革、用工具制成带有帽子的衣服或鞋子的技术。在旧石器时代晚期的北京周口店山顶洞人、山西朔县峙峪人和河北阳原虎头梁人等遗穴里，曾发掘出用各种兽骨制成的骨针和骨锥，出土了不少与皮革加工有关的细石器，说明早在几万年前，人

[①] 德国学术振兴协会（Max-Planck-Gesellschaft zur Förderung der Wissenschaften e.V.）下属的研究机构。

[②] Kittler, R., Kayser, M. & Stoneking, M., "Molecular Evolution of Pediculus humanus and the Origin of Clothing," *Current Biology*, Volume 13, Issue 16, 1414-1417, 19 August 2003. https://www.ncbi.nlm.nih.gov/pubmed/12932325, 最后浏览日期：2019 年 9 月 3 日。

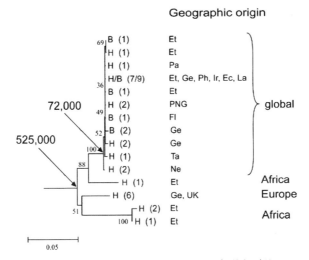

图 1　基于 40 个虱子 ND4 和 CYTB 串联序列的
kimura-2 参数距离的邻接树①

类就掌握了缝纫的原理和技术，能够用兽皮制成衣服②。最早的衣服可能只是披一张兽皮，后来在兽皮的中央穿个洞，或两张兽皮拼接，形成了贯头衣。随着生产技术的发达，衣服又有了上下之分、内外之分。在开罗南部的古埃及墓穴中发现的"达拉罕裙（Tarkhan dress）"迄今已有五千多年的历史，是现存世界上最古老的衣服。

二、服装的变迁

服装具有御寒、遮羞、礼仪、装饰、识别等功能或作用。正基

---

① https://www.cell.com/current-biology/fulltext/S0960-9822(03)00507-4，最后浏览日期：2019 年 2 月 20 日。
② 周汛、高春明《中国服饰五千年》，商务印书馆香港分馆，1984 年，第 12 页。

于此，人类因民族、时代、国家、地域、阶层、职业等不同，服装穿着也不同，甚至有很大的区别。中国有中国的汉服，日本有日本的束带，欧洲的服装和服饰进入 15 世纪后，常常冠以国名以示区别，如"德国式""意大利式""法国式""西班牙式""土耳其式"等样式。

中国是世界上最早发明养蚕和纺织丝绸的国家，在殷商时代，汉民族就已经熟练地掌握了丝织技术，后又传播到周边国家，并通过丝绸之路传播到西亚、欧洲等地。冠服制度成立于夏商时期，至周代已臻于完善。《周礼·天官·缝人》就有"女工八十人"的记载。汉郑玄注："女工，女奴晓裁缝者。"凡举行祭祀典礼，帝王百官都要穿礼服。商代时期的服装形式主要是"上衣下裳"制，对颜色也有明确的规定，即衣用青、赤、黄、白、黑等五种原色为正色，裳用正色调配而成的多次色。到了战国时期，为了适应战争的需要，赵武灵王提倡胡服，以利于行动。古代战甲多以犀牛、兽皮等缝制而成。西周时期开始出现青铜胸甲，战国时期的铁甲通常用鱼鳞或柳叶状的铁片串联而成。"秦始皇统一了中国后，创立了各种制度，其中包括衣冠服制，汉承秦后，多因其旧，大体上保存了秦代遗制。"[①]1972 年，西汉马王堆汉墓出土了各种相当完整的单衣、夹绵袍及裙、袜等丝织品和衣物，说明我国汉代纺织技术和工艺已经达到了相当高的水平。

汉民族的汉服，其由来可追溯到三皇五帝[②]。永平二年（公元59 年），东汉明帝重新制定祭祀服饰及朝服制度，冠冕、衣裳、鞋履、佩绶等，各有等序，从此确定了汉代的服制。汉朝的衣服，主要有袍、襜褕（直身的单衣）、襦（短衣）、裙等衣物，直至明末清初。

---

① 周汛、高春明《中国服饰五千年》，第 32 页。
② "黄帝之前，未有衣裳屋宇。及黄帝造屋宇，制衣服，营殡葬，万民故免存亡之难。"（《史记》卷一《五帝本纪》张守节《正义》）

但是，汉代服饰并不等于是汉服，"美人四人，其二人楚服，二人汉服"（马王堆三号墓遣册）中的"汉服"指汉朝的服饰礼仪制度。中国的服饰制度通过日本的遣隋使、遣唐使带回日本，也对日本的服饰产生了极大的影响。

三、日本服饰的变迁

日本人是从哪里来的？日本语来源于哪一种语系？日本人从什么时候开始穿衣服的？这些问题至今都没有明确的答案。

大约在五万年前左右，居住在日本列岛的人类是现代日本人的祖先，那时的气温比现在低七到八度，考虑到当时的气候，应该已经开始穿衣服了。距今一万五千年前后，随着气候变暖，形成了现在的日本列岛。绳文时代（公元前 14 世纪至公元前 4 世纪前后）相当于中石器时代，是依靠采集为生的经济，人们先用兽皮，之后用麻、草皮、树皮的纤维制成衣服。弥生时代（公元前 4 世纪至公元 3 世纪前后）开始了种植水稻的农耕经济，并学会了养蚕。神话时代至神功皇后征韩之间的服饰是日本固有的服饰。《日本书纪》载有杖、带、衣、裈、履等远古时代的服饰名称，但是并没有留下实物。从出土的土偶可知，这个时期的衣服多为左衽、右衽并存，左衽即上衣的前襟是往左掩的，而中国的汉民族的衣服是右衽的，即穿衣人的右侧的衣襟向内掩，左侧的衣襟再掩于其上。从"微管仲，吾其被发左衽矣"（《论语·宪问》）可见，远在孔子时代之前，汉民族就已经确立了右衽文化了。

日本直到飞鸟、奈良时代，随着与隋、唐的交流，中国的右衽制传入日本后，上流阶层才开始放弃左衽，转穿右衽。养老二年（718）发布养老令，制定了礼服、朝服、制服的制度。养老三年

(719)二月三日发布衣服令,"初令天下百姓右襟"①,衣服必须和唐朝服装一样采用右襟,这与日本第九次遣唐使718年带回唐朝服饰与制度不无关系。

图 2　左衽着装的西壁女子群像(壁画古坟高松冢,1972 年)②

　　根据《续日本纪》719 年正月十日的记载"己亥。入唐使等拜见。皆着唐国所授朝服"③,可知遣唐使是穿着唐朝赠送的朝服上朝谒见天皇的。自此之后,一定官位以上的"職事(shikiji)"必须持笏(hù)。五位以上为牙笏,六位以下为木笏,唐朝的服装和制度对当时的日本产生的影响由此可见一斑。

①　《国史大系》第 2 卷《続日本纪》,经济杂志社,明治三十年,第 114 页。
②　国营飞鸟历史公园: https://www.asuka-park.go.jp/area/takamatsuka/tumulus,最后浏览日期: 2019 年 2 月 16 日。
③　《国史大系》第 2 卷《続日本紀》,第 113 页。

图 3 《礼服着用图》里的文官(左)与武官(右)①

日本的服装历史,因学者观点不同而有不同的叙述。从阶层上可分为宫廷与公卿、幕府与武家、神社与社人、佛寺与僧侣、武士与普通民众等五个阶层。从时间上可以按照历史时代区分,如:

(1) 上古时代(绳文时代、弥生时代、古坟时代)

(2) 飞鸟时代(6世纪末—710)

(3) 奈良时代(710—794)

(4) 平安时代(795—1185)

(5) 镰仓、室町时代(1185—1333,1336—1573)

(6) 战国、安土桃山时代(1493—1573,1573—1603)

---

① 松冈辰方著、小杉榲邨校正、今泉定介编《故实丛书 26》第 3 辑第 6 回,吉川弘文館,明治三十六年,《礼服着用图》(无页数标识)。

（7）江户时代（1603—1868）

（8）明治时代（1868—1912）

（9）现代（大正时代、昭和时代、平成时代、令和时代）

江马务从民俗角度对日本服饰作了以下时代区分①，具有一定的合理性。

（1）神话时代至神功皇后征韩——（日本上古时代，至4世纪）

（2）神功皇后征韩至推古天皇十一年——（韩风输入时代，至603年）

（3）推古天皇十一年至宇多天皇宽平六年——（唐风模仿时代，至894年废除遣唐使）

（4）宇多天皇宽平六年至后土御门天皇文明九年——（国风发扬时代，至1477年）

（5）后土御门天皇文明九年至孝明天皇安政五年——（国风全盛时代，至1858年）

（6）孝明天皇安政五年至大战结束的昭和二十年——（和洋混合时代，至1945年）

（7）大战后的民主风俗至现代——（洋服日本化与和服洋化的和洋折中时代）

增田美子则从服装专业角度对日本服饰的发展史作了以下时代区分，并进行了研究②。

（1）绳文、弥生时代的衣服——衣服文化的诞生

（2）古坟至飞鸟时代的衣服——胡服的时代

（3）奈良、平安初期的衣服——唐风化与衣服制度的形成

（4）平安时代的衣服——国风化的时代

①　江馬務《服装の歴史》，中央公論社，1976年，第7—281页。
②　增田美子《日本衣服史》，吉川弘文館，2010年，第6—412页。

（5）镰仓、室町时代的衣服——武家的服装与百姓的衣服

（6）织丰至江户时代的衣服——武家衣服制度的形成与百姓服饰的充实

（7）近代的衣服——西洋化的时代

（8）现代的衣服——洋服的时代

如上所述，第一个时期的绳文、弥生时代是一个漫长的时代，这个时代的服饰也发展得很缓慢，一般认为只有简单的贯头衣和卷布形式的衣服，但已经出现了手链、项链、耳环等装饰品。第二个时期的古坟、飞鸟时期，飞鸟时代（592—710）与古坟时代（3 世纪中叶至 6 世纪末）末期部分重叠，以天皇为中心的中央集权国家已经形成。从中国北部至朝鲜半岛，骑马民族的紧身窄衣形上衣和裤（裤状）、裳（裙状）的胡服成为统治阶层的主要服装。这种服装与欧洲服装相似，因为同样的服装在欧洲被日耳曼人传承了下来，成为现代欧洲服装的起源，而汉字文化圈则发生了诸多变化。

古代汉族称来自西北和北方的少数民族为胡人，后来胡人的含义扩大到对大多数外国人的称呼。胡服在春秋战国时期就已经进入中国，在整个唐朝都很流行，唐代墓室壁画、莫高窟、敦煌榆林窟都有相关绘画的表象记录。后来由于唐朝发生了"安史之乱"（755—763），因为叛军将领安禄山、史思明皆为西域粟特人，所以胡服在一定程度上也受到了抵制。到了宋朝，由于北方的契丹人势力日益强大，宋徽宗三番五次下诏严厉禁止胡服。因此，服装是与政治、经济、文化有着密切关系的。如果日本没有遣唐使，中国没有发生"安史之乱"，日本、中国、欧洲的服装也就没有多大的差异，服装史也就没有今天这么丰富多彩。

奈良、平安初期的二百年，是唐风化和衣服制度形成的第三个时期。时值大唐统一天下，日本开始向大唐派出了留学生，学

图 4　隋唐时期的窄袖胡服女俑①

习并吸收了唐朝的制度、建筑、文化和服装,唐风的服装成为时尚。但是 894 年日本停止派遣遣唐使后,唐风服装也渐渐地淡出了人们的视野,进入了平安时代国风化的第四个时期。平安时代以贵族男性为中心的"束带(sokutai)"和"直衣(noushi)"在唐风服装的基础上变得更加宽大。但以女性为主的袿(uchiki/uchigi,披穿的衣服)并非来自唐风衣服的变化,而是源于贵族女性的私邸着装,即便是现代,在登基大礼、结婚等正式场合上,皇族女性还是要穿俗称十二单的唐衣裳。

平安时代中期,以官职和职能形成的特定的家系被固定化,第五个时期的武家服饰制度的形成是这个时代的重要特征。源赖朝开创了镰仓幕府(1185—1333)后,幕府及源赖朝被称为"武家(buke)",之后的室町时代(1336—1573)的足利将军家也被称为"武家",与之相对应,朝廷仕官的贵族称为"公家(kuge)"。到了江户时代,大名或旗本上层武士也被称为武家。武家政权诞生

---

① 大村西崖《獲古図録下》,だるまや書店,大正十二年,《第百六十　胡服女俑六躯》
　(无页数标识)。

图 5 《装束着用图》里的束带(左)与直衣(右)①

后,平安时代武士穿的"狩衣(kariginu)"和"水干(suikan)"成了武士正式服装。水干是比狩衣简便的装束,普通百姓和贵族都可穿,但水干是百姓的着装,平民百姓不穿狩衣。随着武家政权的稳定,"垂领(tarikubi)"式样(和服门襟)的直垂形式的服装成了武家的正式服装。平民百姓的水干正确的穿法要系好门襟的结绳,形成袍状的圆形"盘领(agekubi/marukubi)",而贵族穿水干时,为了显示不同于百姓的身份,改为垂领。

扇子是服装的重要仪礼道具,足利义满对服饰产生影响最大的是扇子(折扇)。在此之前,桧扇和蝙蝠扇是正式的服装仪礼的

① 松冈辰方著、小杉榅邨校正、今泉定介编《故实丛书26》第3辑第6回,吉川弘文馆,明治三十六年,《装束着用图》(无页数标识)。

图 6　唐衣裳(十二单)①

道具。日本扇子原来只是在一面糊纸,另一面的骨架是暴露在外的。随着日本和明朝开始贸易,扇子出口到中国后,中国将扇子的两面都糊上了纸,这样,由于纸张的厚度增加了,上端就自然而然地形成向两边张开的形状,称作"中启(chukei)"。"中"是中端,"启"是张开的意思。这种经过中国改造的扇子又被返销回日本,成为公家和武家的服饰中具有与"笏"同样作用、不可分割的组成部分,如此一来,武家也形成了独自的服装制度,并影响到宫廷服饰。宫廷贵族使用的"中启"也称"末广",能、狂言、歌舞伎、神社、寺院等也使用"中启"作为道具,但形状略有差异。

---

①　松冈辰方著、小杉榅邨校正、今泉定介编《故实丛书26》第3辑第6回,《女官装束着用次第》(无页数标识)。

图 7　《装束着用图》里的狩衣（左）与水干①

盘领和垂领（「kotobank」）

---

① 松冈辰方著、小杉榅邨校正、今泉定介编《故实丛书 26》第 3 辑第 6 回,《装束着用图》(无页数标识)。

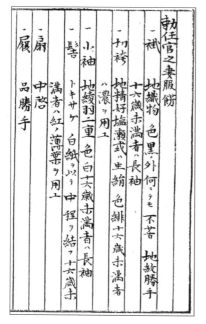

图8　《敕任官之妻服饰》对"中启"
的规定①

　　第六个时期是百姓服装丰富多彩的织丰至江户时代。织丰时代又称安土桃山时代,以织田信长的安土城和丰臣秀吉的桃山城为名。这个时代的三位主导者中,织田平定了大半个日本,秀吉继之统一了全国,后德川取代丰臣,建立了德川江户幕府。织丰(1573—1603)至江户(1603—1868)时代的三百年,社会趋于安定,城镇居民的经济能力增强,甚至出现了具有经济实力、服饰豪华程度凌驾于武家之上的百姓人家。由于封建统治之下的日本对服饰、颜色都有严格的规定,幕府发出了各种禁令,但也无济于事。到了江户中期,城镇居民的服饰成为了服装的主流。普通百姓和武家都开始穿一种称作"小袖(kosode)"的服装。"小袖"是一种袖口狭窄的衣服,后来被称为"着物(kimono)"。"小袖"自古以来是作为实用的衣服穿在里面的,平安后期的贵族们常常作为御寒的衣服穿在"大袖(osode)"(袖口宽大的衣服)里面。战国时代,随着武家着装的件数减少的缘故,"小袖"逐渐变成了穿在外面的衣服,并出现了各种漂亮的图案。到了江户时代,无论武家还是城镇居

①　《敕任官之妻服饰》,アジア歴史資料センター(日本亚洲历史资料中心):Ref.
　　C08052684400。

民都开始流行穿这种"小袖"的"着物"，"着物"的腰带也是这个时期的产物。

图9　武家女性的小袖、打掛(礼服)①

江户时代初期，用于"西阵(nishijin)"(京都附近)生产的高级丝绸的原材料生丝主要来自中国，但是到了17世纪末，随着幕府的贸易政策的限制，中国生丝的进口大幅减少了。进入18世纪后，日本为增加国内的生丝产量而鼓励养蚕，日本皇室(皇后)自明治四年昭宪皇太后开始养蚕后，至今仍然保留着养蚕的传统。

在麻布和木棉普及之前，平民百姓的衣服布料是用苎麻的纤维织成的。随着纺织品的生产和流通的扩大，"吴服(gofuku)"和"太物(futomono)"的贸易业有了很大发展。15世纪后从朝鲜半岛开始进口木棉，日本关西一带也开始种植木棉。江户时期，幕府虽然限制海外交流，但染料、丝绸、棉纺织品等许多海外的商品，

----

①　东京国立博物馆，2019年11月19日，笔者摄。

图 10　美智子皇后(当时)养蚕①

通过设在长崎的贸易窗口的荷兰船和唐船(中国船)而进入日本国内。印度产的棉纺织品正是这一时期进入日本并流行的。充满了异国魅力的蓝色和茶色的条纹图案给当时的日本人带来了极大的新鲜感。由于木棉比麻容易栽培,生产效率高,起初是专供幕府、富裕商人、赶时尚的艺伎穿的,后来也在普通百姓之间普及了。

　　明治维新之后,日本进入了服装西欧化的新时期,在明治政府的主导下,作为文明开化的象征,日本男子废除了盘在头上一千二百多年的"髻(mage/huán)",开始改穿洋服。于是,政府职员、军人、警察、法官、学生等相继出现了各种式样的洋式制服。《帝国大学学生ノ服制ヲ定ム》规定学生无论校内外都必须穿校服、戴校帽②。

著名的《伊豆舞女》里出现
的一高学生穿着制服的银
幕形象就是这种时代背景
的真实写照，现在有制服的
学校（初中、高中）则普遍要
求学生只在与学校有关的
场合穿校服。社会工作和
学校普遍采用了制服，但在
工作以外时间，人们还是喜
欢穿和服。所谓"和服"，并
不包括所有的传统服装，只
是指上一个时代流传下
来的"小袖"式样的才叫"着
物"②，而"吴服"原本只是
销售布料的，明治之后，由

图 11　大願成就有ヶ滝縞　梅屋①

于百货店的出现，才逐渐专营用于缝制和服的绸缎衣料③。

　　髷是日本的传统发型。尽管其形状因时代不同而有所不同，
但在日本人的心目中，视其为民族象征。1871 年明治政府颁发
"散发脱刀令"，号召日本人剃髷留短发。但是，剃髷并没有得到
全体日本人的响应，特别是公家、贵族对剃髷仍然持抵触心理⑤，

①　（大願成就有ヶ滝縞）/一勇斎国芳（伊場仙）　收載资料名：東錦絵（日本国立国
　　会图书馆数据馆藏）。
②　永岛信子《日本衣服史》，芸草堂，1933 年，第 563 页。
③　永岛信子《日本衣服史》，第 622 页。
④　東京大学百年史编集委员会编《東京大学百年史　资料一》，東京大学，1984 年，第
　　845—846 页。

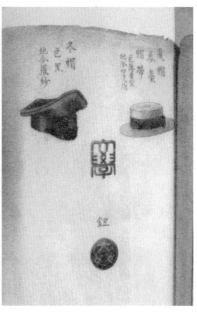

图 12　东京大学明治时期的校服、校帽[1]

就连率领岩仓访欧使节团出访的岩仓具视虽然最后在芝加哥剃掉了视为灵魂的髷，但出国时却是脚穿皮鞋、头盘发髷的。当日本的贵族们听说身居要职的岩仓具视在美国剪断了髷的消息后，众多的公家，甚至明治天皇也都剃髷剪发了。一般男性直到明治二十年后才普及短发，而此时的中国还处在"华官洋服可羞"的阶段。刘锡鸿曾在《英轺日记》中写道："日本国政令改用西法，并仿其衣冠礼俗，西人皆鄙之，谓摹仿求合，太自失其本来也。扬武船带兵官蔡国祥言：宴会洋人，应自用中国器具。彼免冠，我应拱手答之。若舍我而效彼，且反为笑。容闳华官洋服，马格理以为羞。

① 刘锡鸿《英轺日记》(节选)，载于朱维铮、王立诚编校《郭嵩焘等使西记六种》，生活·读书·新知三联书店，1998 年，第 232 页。此书初刻于光绪四年(1878)。

图 13　岩仓具视(中)遣欧使节团(1871 年,左)与剃髷后的岩仓(右)①

中国之士有事于邦交者,当鉴此。"②

　　与男性"洋服"的盛行相比,女性"洋服"的普及较晚,这与女性参与社会工作较晚且少不无关系。明治初期,日本虽然模仿西欧开设了鹿鸣馆(1883 年),鼓励妇女参加舞会,东京女子师范学校也为女学生制定了校服。但鹿鸣馆是上流社会的社交场所,仅限于上流社会的女性或拉来充数的艺伎,东京女子师范学校也只有为数不多的女子精英,女性洋服并未普及。明治政府的欧化政策由于遭到国粹主义者的批判,鹿鸣馆的舞会也遭到了"骄奢""淫逸""颓废"的指责,没几年就不得已停止了活动。除了部分上层社会妇女之外,一般女性仍然穿着传统的民族服装。但是,女学生为了方便运动,已有人开始穿"袴(hakama)"了。袴原本是汉服的一种,上服褶下缚袴,为汉末军中之服。唐末渐废,宋代仅仅

①　刘锡鸿《英轺日记》(节选),载于朱维铮、王立诚编校《郭嵩焘等使西记六种》,导言注,第 47 页。
②　アジア歴史資料センター(日本亚洲历史资料中心):《公文書に見る戦時と戦後 —統治機構の変転—》,yahoo.co.jp,https://www.jacar.go.jp/glossary/tochikiko-henten/,最后浏览日期:2019 年 11 月 20 日。

卫中尚服之。《三国志》《晋书》《隋书》《宋史》等均有记载。王国维在《观堂集林·胡服考》(中华书局,1994 年)中也曾指出,"袴"传到日本后成为日本男性穿的宽体裤子。

图 14　穿男袴骑自行车的女学生①

　　日本文部省于 1941 年制定了《礼法要项》,对男女各种场合的服装、礼仪作了详细的规定,形成了现代日本人的服装观念和基本框架,在此不再赘言。

　　战争从另一个侧面对日本人的服装产生了极大的影响。

　　1914 年第一次世界大战爆发,这次大战使用了毒气、飞机等前所未有的新兵器,科学知识成了普通人关心的内容。另一方面,由于战争带来物资供应紧张和物价上涨,政府也号召民众生活节俭。在通货膨胀与科学知识需求的环境下,1918 年召开了"家事科学展览会"。展览会对和服与洋服进行对比后发现,无论是用料、制作、洗涤,洋服都更为经济,小学生的服装渐渐地转向

①　《新版引札見本帖　第 1》,明治三十六年(1903),http://rnavi.ndl.go.jp/kaleido/entry/jousetsu148.php♯d,最后浏览日期:2019 年 11 月 15 日。

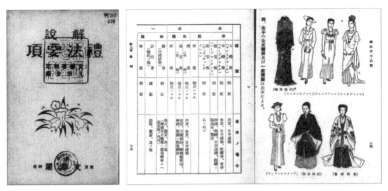

图 15　《解说　礼法要项》(左)与《礼法要项详解：文部省制定》(右)

洋服。1923 年关东大地震后,和服妨碍了避难,造成了众多人员的死亡,和服的致命弱点暴露无遗。于是学生制服,男职员的西服,女护士、女教师、女服务员、女店员的职业服都在这个时期应运而生。

　　第二次世界大战后期,战争波及日本国内,日本的物资供应极度匮乏,和服不利于清洗和保持卫生,且不利于活动的缺点成了战时活动的障碍。1939 年 11 月,陆军被服协会设立了新日本服制定委员会,从国防角度将被服资源作为军民两用的常备物资。这样可以避免因款式多样的洋服而造成不必要的布料浪费。吸取洋服优点的国民服,战时可以立即作为准军服,因此,国民服的形式是按照军服的规格设计的,颜色也统一使用褐色的国防色①。1940 年 11 月 1 日,日本裕仁天皇发布了《国民服令》敕令,号召全国穿黄褐色的国民服。国民服分甲类和乙类、礼装三种款式,另有中衣、长裤和外套。《国民服令》不仅对衣裤,还对帽子、手套、皮鞋、颜色、布料等作了明确的规定。虽是敕令,但因为不

① 　增田美子《日本衣服史》,第 350—351 页。

图 16　　1871 年、1915 年、1941 年日本邮递员制服的变迁①

是强制性的,加之战时资源紧缺,所以这种服装并没有立刻得到推广。随着战争的激化,美军对日本轰炸的破坏力的增强,为了穿戴方便,这种便于行动的衣服才得以普及。

　　相对于男子"国民服"的普及,女子也出现了"妇人标准服"。1941 年 3 月,厚生省组织成立了女性标准服装研究会,1942 年 2月公布了经过筛选过的"妇人标准服"。"妇人标准服"分为甲、乙

---

① 日本邮政博物馆:《博物馆ノート:制服の移り変わり～郵便を配達する人～郵便事業の変遷》(2013 年 12 月 1 日)https://www.postalmuseum.jp/column/transition/postman.html,yahoo.co.jp,最后浏览日期:2019 年 11 月 20 日。

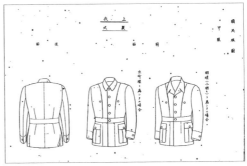

图 17　昭和裕仁天皇发布的《国民服令》①

洋服款式与和服两种款式，各有上下连体式和上下分体式两种，
此外还有一种方便行动的"活动衣"。"活动衣"的裤子，分为洋式
的"裤子"和对日本东北田间劳动时穿的劳动服"モンペ(monpe)"
进行改良的两种款式。因为战时年代物资供应紧缺，厚生省原则
上要求有效地利用自家的旧衣服进行改制。

　　起初，妇女对穿劳动服"モンペ"是抵触的。但是，随着战争
扩大的影响，妇女也需要穿着灵活，以便活动。特别是大正翼正
会的动员号召，为了准备日本本土的最后抵抗，妇女穿"モンペ"
也成了义务。这种上下分开的女式国民服，为习惯于和服的日本
妇女适应战后洋服的普及做好了铺垫。由此可见，战争对日本服
装的近现代化起到了决定性的影响②。

　　国民服还有一个重要目的，就是与洋服分庭抗礼。从一开始
就参与制定国民服的厚生省代表武岛一义曾经指出："像现在这
样穿着外国的衣服，有一种白人殖民地的感觉，但是，和服又那么

①　内阁《御署名原本·昭和十五年·敕令第七二五号·国民服令》，アジア歴史資料
　　センター(日本亚洲历史资料中心)，Ref.A03022512500。
②　增田美子《日本衣服史》，第 355 页。

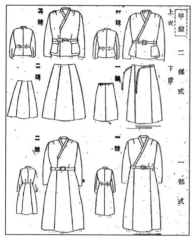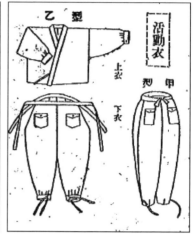

图 18　日本厚生省公布的"妇女标准服"①

图 19　上自村长、下至村政府职员一色的国民服②

---

①　内阁情报部《週報》第 287 号,1942 年 4 月 28 日,アジア歴史資料センター(日本亚洲历史资料中心),Ref.A06031044900。

②　情報局编修辑《写真週報》,第 150 号,1941 年 1 月 8 日,アジア歴史資料センター(日本亚洲历史资料中心),Ref.A06031074500。

没有效率，而且妨碍活动"，因此，他主张应该向"新日本服"方向引导，"新日本服至少是要超过现今各文明国家服装水平的"[1]。武岛的观点反映出了政府人员寄希望于日本服的国家意志和思想理念，"国民服""小国民"也被赋予了特殊的战争含义。另外，战争后期由于物资极度紧缺，1942 年至 1950 年之间不得不实行了布票供给制。

第二次世界大战后的日本，由于遭受过以美军为主的盟军的猛烈轰炸，东京几乎变成了一片废墟。但因为朝鲜战争爆发而产生的特需，日本很快恢复了经济，并很快进入了高速经济增长时期，人民生活得到了前所未有的改善。随着迪奥品牌的进入、甲壳虫乐队的来访，日本人对洋服的观念也产生了翻天覆地的变化。超短裙、长筒丝袜、奇装异服等已经完全融入人们的日常生活中，和服渐渐地淡出了人们的视野，成为节假日的装饰。特别

图 20　美智子与明仁皇太子夫妇（共同通信社）

---

① 井上雅人《洋服と日本人—国民服というモード》，広済堂，2001 年，第 92 页。

是明仁皇太子成婚时，皇太子妃美智子（现在的上皇后）是一位受过良好教育、来自平民家庭的女性。美智子在网球赛事中穿的白底的 V 领毛衣或白色网球衣、头发箍、浮雕宝石的胸针、披肩、白色长手套等一系列服饰，被称为美智子风格，头发箍被称为美智子发箍。她的服装与服饰被青年女子竞相模仿，一时美智子风格的时装风靡日本的大街小巷。

四、明治天皇的新装

明治维新是日本近代转折期的一场革命，一直以来，"文明开化""殖产兴业""富国强兵"被视为这场革命的标志性特征。但是，这些特征并不是明治维新独有的，先于日本进入近代的土耳其、中国等其他国家近代化也明显具备这些特征。明治维新有一个不被人关注的重要举措，那就是明治天皇的登基仪式（即位新礼），天皇的登基大礼的服装从唐制的礼服变成日式的束带，以服装的形式从国家意志上告别了对中国千年的依附，发生了历史性的根本转变。

日本天皇登基前需要经过元服、立太子、践祚①、大尝祭等一系列的人生礼仪，正史记载登基仪式始于第一代神武天皇。天皇以前只是即位而已，但是第五十一代天皇平城天皇在即位前举行了践祚仪式。明治天皇之前，日本的登基仪式均采用唐朝的礼制。但是从明治元年八月二十三日太政官颁布的布告可知，明治天皇②的登基仪式废除了延续千年的唐朝礼制，无论是衣服、服

---

① 古代庙寝堂前两阶，主阶在东，称阼阶。阼阶上为主位，践祚即登基、即位。从第五十一代天皇平城天皇起，践祚成为天皇登基前继承三神器的仪式。

② 明治天皇于庆应三年一月九日（1867 年 2 月 13 日）十四周岁时举行践祚仪式，庆应四年一月十五日（1868 年 2 月 8 日）举行元服礼仪，并于同年八月二十七日（10月 12 日）在京都御所举行了即位（登基）大礼，未经立太子礼。

饰、庄严摆设，还是音乐、列席人员的资格都做了重大改革，从而突出了"日本身份"的要素：

> 此度御即位之大礼其式古礼二基キ<u>大旆</u>始製作被为改九等官を以是迄之参役二令並立都而大政之规模相立候様被□仰出中古ヨリ被为用<u>唐製之礼服</u>被止候事。[①]

所谓"大旆"，是指铜鸟、日像、月像的宝幢和四神像（东为青龙，南为朱雀，西为白虎，北为玄武）的旗帜，是中国式的摆设。2019 年 1 月 30 日至 3 月 10 日京都国立博物馆首次公开展示了狩野永纳画的"灵元天皇即位后西天皇让位图屏风"，还原了三百多年前灵元天皇即位的场面。

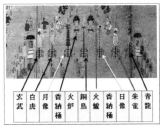

玄武	白虎	香纳桶	火炉	铜鸟	火鐅	香纳桶	日像	朱雀	青龍

图 21　狩野永納筆"霊元天皇即位"屏风（左），中间的宝幢部分放大图（右）[②]

　　然而，在明治天皇的即位仪式上，这些唐朝式样的摆设均被日本式的旗帜所替代。根据津和野町史的记载，新式的即位仪式中"在装饰宫廷庭院的竿柱上放了长长的白色丝绸，在细长的竹竿顶端放上榊（杨桐）的树枝，然后把该绸缎放进旗杆的框架里"[③]。

---

① 関根正直《即位礼大嘗祭　大典講話》，東京宝文館蔵版，1915 年，第 89 页。福井県文書館：www.archives.pref.fukui.jp/，最后浏览日期：2019 年 11 月 20 日。下划线为笔者所加。
② 京都国立博物馆《天皇の即位図》（海报，笔者注）。
③ 松島弘《津和野町史》第四卷，文藝春秋，2005 年，第 435 页。

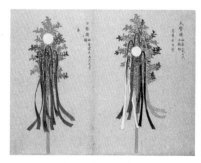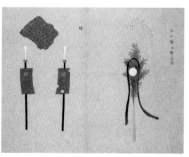

图 22 "大礼調度図会"(宫内公文书馆藏 识别番号：38509)

被废除的"唐制之礼服"是参考唐朝律令而导入日本朝廷的正装，据《续日本纪》养老三年(719)正月十日记载："己亥。入唐使等拜见。皆服唐国所授朝服。"天平四年(732)正月乙巳朔，"御大極殿受朝。天皇始服冕服。左京职献白雀"[①]。从中可知，日本天皇是遣唐使回国之后开始穿中国皇帝式样的衮衣的。"衮(gǔn)"借指天子，"衮，天子享先王，卷龙绣于下幅，一龙蟠阿上乡"(《说文解字·衣部》)。龙是中国皇帝的象征，因此，衮衣在中国也称为龙衣。在日本，直至孝明天皇(1846—1867 年在位)，天皇一直沿袭穿这种绣了十二种章纹的仿制唐式衮衣。

中国的龙袍十二章纹包括：日、月、星辰、山、龙、华虫(雉子)、宗彝、藻、火、粉米、黼(fǔ)、黻(fú)。日、月、星辰代表三光照耀，象征着帝王皇恩浩荡，普照四方。山，代表着稳重性格，象征帝王能治理四方水土。龙，象征帝王善于审时度势地处理国家大事和对人民加以教诲。华虫即雉鸡，象征王者文采昭著。宗彝，是祭祀的一种器物，通常是一对，绣虎纹和蜼(一种长尾猿)纹，象征帝王忠、孝的美德。藻，象征皇帝的品行冰清玉洁。火，象征帝王处理

---

① 《国史大系》第 2 卷《続日本紀》，経済雑誌社，明治三十年，第 113、186 页。

政务光明磊落。粉米，就是白米，象征着皇帝安邦治国，重视农桑。黼，为斧头形状，象征皇帝做事干练果敢。黻，为两个已字相背，象征帝王能明辨是非、知错就改的美德。另外，天子的衮衣左肩附近的袖子上绣有北斗七星，右肩附近的袖子上绣有织女星。两个星座合称为星辰，与日月相同，是一种组合。

中国的章服同时又是一种以纹饰为等级标志的礼服。十二章为章服之始，根据等级高低又衍生出九章、七章、五章等不同等级的章服。明代服制规定，天子十二章，皇太子、亲王九章。因为朝鲜、日本与中国是朝贡体制的关系，所以中国馈赠的都是九章以下的章服。

日本天皇十二章纹的衮衣并非中国所赠，其配置与中国皇帝

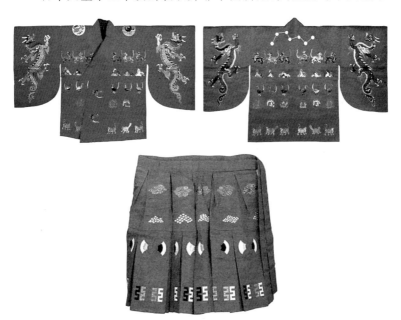

图 23　孝明天皇的衮衣正面、背面(上)，裳(下)①

①　八条忠基《有職装束大全》，平凡社，2018 年，第 41 页。

图24　自左至右为身着束带服的明治天皇、昭和天皇、明仁天皇(平成)

龙袍的不同之处分别是左肩绣日,日中绣鸟;右肩绣月,月中绣有兔和蟾蜍;身体前后为小龙、山、雉子、火焰、虎猿,袖口绣卷龙,共计八件刺绣;下半身的裳部分绣着织藻、粉米、黼、黻四件,北斗七星是绣在衮衣背面的,以示天降。相比之下,朝鲜李氏王朝在册封体制下,对中国有强烈的从属意识。朝鲜直到1910年被日本吞并之前,一直使用没有"日月"的"九衮旒冠九章服"。

但是,明治天皇登基时,用日本古装代替了唐式的礼服,上至天皇、下至皇族均采用了自平安时代以来仅次于礼服的束带。束带是律令制之后,公家在朝廷仕官时穿的正装。自此,天皇的登基典礼,从衣着上摒弃了沿用上千年的中国唐朝的礼服,用日本传统的束带服确立了日本天皇和朝廷公家的着装礼仪。

五、日本服饰变迁与身份认同的形成

一般认为,明治维新是日本进行的近代化改革,政治上建立了君主立宪制，经济上推行殖产兴业，军事上实施富国强兵的政策，文化上提倡文明开化，并大力发展教育，服饰开始欧化，是日本从江户的封建时代迈入近代的转折点。但是，明治天皇登基时的服饰、仪式的装饰等变化并没有引起学术界的足够重视。从全球史的角度观察，无论是土耳其还是清朝的中国，都先于日本步入近代。换言之，在政治改革、经济政策、富国强兵、文明开化等方面都先于日本实施过类似的近代化改革。因此，"殖产兴业""富国强兵""文明开化"并非是明治维新独有的特征，而至今仍未被世人重视的明治天皇登基仪式的天皇着装，则是告别了沿袭上千年的中国朝廷服饰文化的标志性事件，是日本国家意志的象征，从表象上明确地显示了日本的身份认同（identity）趋于成熟。

值得注意的是，日本天皇登基的服饰及礼仪虽然在很大程度上吸收了中国文化，但日本自始至终都没有放弃对身份认同的追求。

成书于 1212 年至 1215 年之间的《古事谈》有一段记载："南殿桜樹者本是梅樹也。桓武天皇遷都之時所被植。而及承和年中枯失。仍仁明天皇被改植也。"①众所周知，梅是中国特有的花种，早在汉初的《西京杂记》、西汉末的《蜀都赋》中均有关于梅的分类和作为园林树木的记载。到了隋唐五代，李白、杜甫、柳宗元、白居易等诗人都有咏梅诗作。《古事谈》中的这段记载表明，日本的仁明天皇（833—850 年在位）在梅树枯萎后并没有重植梅树，而是改植了樱树，这是纯属偶然，还是别有用心？《古事谈》没有作出结论，给后人留下了一个难解的历史悬念。

在文学（当时视为"文章学问"更为合适）领域里，《万叶集》

---

① 黑川真道编《古事谈（全）》，国史研究会，1914 年，第 166 页。

(717—785)之后，日本的和歌逐渐衰退，至嵯峨天皇与淳和天皇时代（809—832 年），出现了《凌云集》(814)、《文华秀丽集》(818)、《经国集》(827)等敕撰三部集，日本的汉诗文学进入了空前的鼎盛时期。文德天皇(850—857 年在位)之后，宫廷贵族开始流行将模拟汉诗制成和歌进行"歌合"的咏歌游戏，出现了著名的《古今和歌集》。

　　《古今和歌集》是纪友则、纪贯之奉醍醐天皇之命于延喜五年(905)编撰的日本第一部敕撰和歌集。但是这部和歌集有两个序文，分别是纪贯之撰写的假名序和纪淑望撰写的真名序（汉文）。真名序的"化人伦，和夫妇"虽然使用了"化"与"和"，但无法抹去参考了《毛诗大序》的"经夫妇，成孝敬，厚人伦，移风俗"，遵从儒教思想的浓厚烙印。相比之下，同样章节之处的假名序则为"男女之情和和睦睦，慰藉勇猛武士之心，谓和歌（をとこをむなのなかをもやはらげ、たけきもののふの心をもなぐさむるは、うたなり）"，儒教的价值观荡然无存。从流传至今、日本宫廷仍每年举行的"平成御会（歌会）"主题可见，"晴""森""风""空""光"等均为吟咏自然的题目。

　　与文学作品相对比，日本前近代（江户时代）的徂徕学对德川幕府推崇的程朱理学从正面提出了质疑和挑战。徂徕的知识面非常广泛，但他倾注了最大精力的是对《论语》和以六经为中心的秦汉之前的古典研究。通过这些研究，探明儒教主要范畴的意义和相互关联，复原"古道"，是其作为学者追求的最大目标。但是徂徕以古文辞学为武器，开始着手重新构建这些经典注释时，至少有三个强有力的解释体系耸立在他面前。即(1)以"古注"的汉代儒学为中心的训读注释的成果；(2)以宋代儒者特别是北宋的程明道、程伊川兄弟和南宋的朱子（晦庵）为中心的性理学立场的解释体系（即新注）；(3)被称为"古义学"的日本伊藤仁

图25　上图自左至右为荷兰报刊报道的西周[2]；下图右为西周与
　　　弟子合影(右为西周)，左为晚年的西周[3]

斋的儒学[1]。丸山真男认为，江户时代的徂徕学为日本的近代合
理主义的展开做好了准备。即为使近代合理主义被明治时期的

---

①　平石直昭《荻生徂徕と先行儒学——孔子像を中心に》，载于源了圆、严绍璗编《日中文化交流丛书》3"思想"，大修馆书店，1995年，第220—255页。
②　《津田真道関係文書》，日本国立国会図書館藏。
③　《西周関係文書》，日本国立国会図書館藏。

日本所理解并接受,首先需要由徂徕学和宣长的非合理主义推翻宋学合理主义的体系,宋学体系崩溃的前提是当时的日本知识分子先要从宋学的自然观(阴阳五行的天人相关说)中自我解放出来,这样才能将自然作为真正的自然去客观地理解,而幕府末期的启蒙思想家西周正是继承了这一思想,在日本近代转折期吸收西方近代学术思想,在批判儒学"性理合一""天人相关说"的基础上,用儒学概念的汉字创造了近代的"物理"和"心理"的概念,在思想上基本形成了有别于中国儒学的日本身份认同。

西周和津田真道是日本最早留学西欧(荷兰)的日本知识分子,西周在留学荷兰之前,是典型的日本武士装扮,留学荷兰后西装革履,而与家庭成员及晚年的照片则显示是和服式样,很具有日本近代知识分子的身份认同特征。但和服无论怎样变迁,始终未能摒弃右衽这一中国服饰文明的元素特征。

参考文献:

[1] 経済雑誌社编《国史大系》第 2 卷《続日本紀》,経済雑誌社,1897—1901 年。

[2] 松岡辰方著、小杉榲邨校正、今泉定介编《故実叢書 26》第 3 辑第 6 回,"近代女房装束抄　女官装束着用次第　礼服着用図",吉川弘文館,1903 年。

[3] 松岡辰方著、小杉榲邨校正、今泉定介编《故実叢書 26》第 3 辑第 10 回,"装束着用図",吉川弘文館,1904 年。

[4] 黒川真道编《古事談(全)》,国史研究会,1914 年。

[5] 永島信子《日本衣服史》,芸草堂,1933 年。

[6] 文化庁《西壁女子群像》,《壁画古墳　高松塚》,昭和四十七年刊行,http://www.bunka.go.jp/seisaku/bunkazai,最后浏览日期:2019 年 2 月 20 日。

[7] 江馬務《服装の歴史》,中央公論社,1976 年。

［8］上海市戏曲学校中国服装史研究组编《中国服饰五千年》,商务印书馆香港分馆,1984 年。

［9］平石直昭《荻生徂徕と先行儒学——孔子像を中心に》,载源了圆、严绍璗编《日中文化交流丛书》3"思想",大修館書店,1995 年,第 220—255 页。

［10］井上雅人《洋服と日本人——国民服というモード》,広済堂,2001 年。

［11］増田美子《日本衣服史》,吉川弘文館,2010 年。

［12］九華会编《文部省制定　解説礼法要項》,文淵閣,昭和十六年。

［13］嘉悦孝子编《礼法要項詳解》,文部省制定,昭和出版協会,昭和十七年。

［14］八條忠基《有職装束大全》,平凡社,2018 年。

［15］内阁《御署名原本·昭和十五年·勅令第七二五号·国民服令》,アジア歴史資料センター,Ref.A03022512500。

［16］情報局編修輯《写真週報》第 150 号,1941 年 1 月 8 日,アジア歴史資料センター,Ref.A06031074500。

［17］内閣情報部《週報》第 287 号,1942 年 4 月 28 日,アジア歴史資料センター,Ref.A06031044900。

这是西化的一部分吗？
——20世纪30年代日本和伊朗当地女性吸收的西式时尚[*]

后藤绘美

【摘要】 本文介绍了19世纪和20世纪亚洲地区吸收西式时装款式的一些实例。早期男性精英选择西式服装的一个主要动机是向先进的"西方"人民和民族看齐,并构建民族共同体意识。对他们而言,接受西方时尚是推进国家西化的一部分。但是,如果研究一下当地女性进行的非官方的西化运动案例,我们发现,很难去回答"这是否真的属于西化"这个问题。本土女性表现出来的个人动机和其他行为与男性精英有很大不同。在日本,地震不断、火灾频发,公共舆论越来越要求改善女性生活条件,在此背景下,设计了一款西式与日式融合的服装"阿帕帕"。当然,日本异常炎热的夏天是其颇具人气的另一个原因。另外,以伊朗为例,尽管政府希望妇女接受西式服装,但一些女性并不情愿,只好无奈地接受一顶西式帽作为妥协。通过这两个案例,我们可以看到本土女性吸收了西式服饰的元素,然而她们并不喜欢跟风,或者加入西化运动,而是为了满足自己在日益西化社会中的日常需求。

【关键词】 西化 西式风格 日本 伊朗 当地人

---

* Miki Sugiura ed., "Linking Cloth/Clothing Globally：The Transformations of Use and Value，c. 1700－2000," *Institute of Comparative Economic Studies*，Hosei University Publishing, 2019.

一、引　言

19 世纪到 20 世纪，许多亚洲人穿戴所谓的"西式"服装或配饰。然而，由于这些时尚产品的创作及采用方式存在许多不同，各地的西式服装也存在差异。不同的人在使用的时间、地点、社会阶层、性别或个人品位上，他们的风格细节和使用动机都各式各样。

早在 19 世纪 20 年代，奥斯曼帝国的苏丹马哈茂德二世（1785—1839，统治时间：1808—1839）就正式地将礼服大衣、长裤以及带有流苏的红色毡帽定为其文武官员的制服。外界认为这一措施是为应对"西方"国家的威胁，这些国家拥有强大的军事力量、先进的技术实力。这也是维持并巩固衰落帝国政治体系的战术计划，通过法律规定人们采用完全相同的着装方式——这些人以前的穿着各不相同，且都来自不同的社会、政治、文化和宗教背景——苏丹旨在创造一种新的公民意识，以及一种平等对待穆斯林和非穆斯林的新体系。许多在此新兴体系中求职的上层和中上层人士接受了这项法律。这对非穆斯林尤其有利，他们曾被视为少数民族或"二等公民"，有了这个法律，他们便不再受到歧视性对待（Quataert 1997：412-414）[①]。

半个世纪后，明治维新的官员们抱着相似的目的，向贵族们颁布诏书，鼓励他们穿戴古代官员服饰。相对于象征职位和阶级的传统宫廷服饰，这些服饰可能更加西化。官员们认为，封建日本赋予的视觉差异不利于明治时期基于所有阶层公民平等的新政治制度。明治天皇于 1872 年才改穿军礼服，剪掉顶髻发型，而

[①] 对于奥斯曼帝国的服装改革，参见 Norton（1997）和 Kreiser（2005）。Dunn（2011）介绍了奥斯曼帝国埃及领地的实例，Esenbel（1994）对比研究了奥斯曼帝国和日本的现代化实例。

早在此举之前,官员们就已穿上了在港口城市售卖的欧洲制造的
西装,剪掉了顶髻发型(刑部 2010:42-67)。

图 1　穿着传统宫廷服饰　　　图 2　穿着军礼服的
　　　 的明治天皇(1872)　　　　　　 明治天皇(1873)

(图1、图2俱为内田九一摄,《天皇四代的肖像——明治・大正・昭和・平成》,每
日新闻社,1999)

图 3　岩仓使节团成员,照片摄于旧金山(1872)

(德富猪一郎《岩仓具视公》,民友社,1932)

关于日本早期的情况,岩仓具视(1825—1883)的实例是值得注意的。他是一名宫廷贵族出身的官员,担任岩仓使节团的特命全权大使,使节团的职责是与西方国家重新谈判不平等条约。1871年,岩仓和四名士族出身的官员的副特使〔来自长州藩的木户孝允(1833—1877)、来自萨摩藩的大久保利通(1830—1878)、来自长州藩的伊藤博文(1841—1909),以及来自佐贺藩的山口尚芳(1839—1894)〕携约一百位随行人员,搭乘一艘美国船只驶向旧金山。

四名副特使从踏上航程开始就穿着欧洲西装,只有岩仓仍然保持着日本风格的穿搭,因为尽管已经颁布了上文提到的诏令,但官员的着装规定还没有改变。在会见美国总统格兰特时,大使和副特使穿着正式的传统宫廷礼服。岩仓看上去"光彩照人",武士们则穿着贵族的礼服和帽子,但因为不习惯此种装束而内心厌烦。然而在美国待了两个月后,岩仓开始穿西式服装。刑部认为,岩仓的此种变化是因为儿子们的劝说,以及他原本的装束容易引起关注,造成麻烦(刑部 2010:48-52)。岩仓和其他人的第一件礼服来自法国。据报道,欧洲人对这身礼服交口称赞,这使官员们认为"日本的威望犹存"(刑部 2010:74-75)。

奥斯曼帝国晚期和日本明治早期的许多精英都欣然接受了西式服装,这类服装同时也受到欧美精英人士的欢迎。对于印度的精英阶层来说,这种接受过程较为复杂。英国当局禁止印度人穿着西式服装,因为他们认为殖民者和被殖民者之间应该存在视觉差别(Tarlo 1996:39-42)。对印度人来说,穿着西式服装可能会"与自己人疏远,而且通常会受到他们的批判"(Tarlo 1996:45)。此外,这种服装不适合印度当地气候,与现有的种姓分类不匹配,而且连接着不同的价值观。尽管如此,许多印度精英还是喜欢穿着西式服装,毕竟这种服装"代表了英国人吹嘘的所有价值观：优越、进步、体面、优雅、阳刚和文明"(Tarlo 1996：45)。

　　1888 年,年轻的圣雄甘地(1869—1948)——一个来自古吉拉特邦海岸的体面的中产阶级家庭的小伙子——前往伦敦学习法律时,为自己准备了一整套欧洲西服,在离家前夕,他甚至剪掉了自己的印度教 *shika*(出生以来一直未剪的一缕头发)。他认为这种新形象会使自己成为一个英国绅士,但一抵达英国海岸,他就意识到事实并非如此(Gandhi 1959;Tarlo 1996：64-66)。

　　因此,根据时间、地点、社会阶层、性别或个人品位,穿着西式服装的背景和动机存在差异。迄今为止,在西欧和美国政治和技术力量冲击下,男性精英们对西式服装的初期接受情况吸引了大多数学者的关注。他们研究的中心论点在于采用西式服装是国家西化计划的一部分(刑部 2010;Tarlo 1996;Ross 2008)。本篇论文的目的是增加一些西式服装采用模式的例子,强调当地妇女非正式采用西式服装的情况。

　　一些西式服装,比如阿帕帕[①],并不是起源于西方或欧洲,而是在某些背景下根据当地需要形成的。1923 年关东大地震之后,阿帕帕从一款为下层阶级女性设计的朴素、宽松连衣裙逐渐风靡全日本。对于其他产品,相较于西方风格,本土式样更受欢迎,如伊朗巴列维女式帽子所示,是因为 1936 年伊朗当局禁止妇女戴面纱。

　　通过对这些例子及其历史背景的考察,本文认为,20 世纪 30 年代日本和伊朗当地妇女之所以穿戴西式时尚产品,并不总是因为她们想要像"西方人",而是为了满足她们在社会"西化"中的日常需求。

---

① 大正初期至昭和初期流行的一种棉质的、连衣裙式样的女性服装,也被称为简易服或清凉服。日语用片假名アッパッパ表示,发阿帕帕音,关西方言的俗称,一说源于 up a parts。——译者注

二、"阿帕帕"从何而来？

1. 日本采用西式服装简史

官员和军队采用西式制服之后,明治政府为警察、邮递员、铁路官员和男学生设计了制服。西式的男式服装在城市中很普遍,尽管对于一些人来说,难以适应这种西式服装。有些人因为制服紧,尤其是鞋子不舒服而抱怨重重。还有一些人分不清不同季节的衣服,在盛夏穿着冬衣,或者将内衣外穿。尽管如此,西式服装还是逐渐在日本的男性中流行起来,一些女性也对其产生了兴趣。初期穿着西式服装的女性包括与岩仓使节团一起去美国的五名女学生,陪同丈夫出国的贵族和外交官员的夫人们同样穿着欧洲进口的服装①。

然而,西方女式服装的接受速度却很慢。原因之一是女式服装比男性的更奢华、更昂贵。除此之外,采用西式服装和佩戴饰品还有许多规则和礼仪。1883 年,鹿鸣馆为接待各国外交官和政要举行了开幕式,期间大多数出席的男士都穿戴全套礼服和丝绸帽子,而大多数的女性则穿着日本风格的服装。那次舞会之后,主办方规定来宾们穿着西式服装,更多的女性贵族开始接受这种服饰。彼时,裙撑样式正在欧洲和日本风行。在这段时间里,一些学校为女生们定制了类似样式的制服。1886 年,宫廷中的女性换上了西式的礼服,皇后的着装风格变化比明治天皇晚了十四年。

女性接受西式服装的过程也不一致,鹿鸣馆于 1890 年关闭。从那时起,特别是在甲午战争(1894—1895)和日俄战争(1904—1905)期间,爱国主义盛行,女性穿着西式服装受到了公众的反对

① 撰写此部分时,本人参考了以下研究:中山(2002),刑部(2010)和 Masuda(2010)。

图 4　鹿鸣馆舞厅浮世绘——杨州周延(1888)(私人藏品)

图 5　东京高等师范学校的女学生(1890)(御茶水女子大学藏)

(尽管男性服装没有受到影响)。学校为女学生重新定制了日本风格的服装。除了宫廷成员和贵族之外,许多曾经穿着西式服装的女性又重拾了日本风格服装。

一战后,西式服装因短裙变得更加简单,涌现了鼓励女性穿着西式服装的风潮。在民主思想和女性解放思想的传播以及在战后物价上涨的压力下,日本发起了一场改善生活条件的运动。运动期间,在教育部的助力下,成立了生活改善联盟。联盟的任务是调查当前住房、食品、服装、社会礼仪等方面的情况,并提出改革措施。由大学教授、学校校长、政府官员和其他知识分子组成的委员会出版了一本题为"服装改进政策"的手册。这本手册鼓励男性和女性,并要求孩子们必须穿着简单的西式服装。手册中提到,现代日本处于"一个效率至上的新时代",面对着"激烈的国际竞争"和"严重的经济威胁",对于日本国民来说,西式服装比日本传统服装具有更多功能,更加经济,因此也更加实用(生活改善联盟 1920)[①]。尽管有这样的鼓励浪潮,20 世纪 20 年代早期穿着西式服装的女性比例一直较低。但是,一些女校的学生、教师、护士、公共汽车售票员和其他职业女性都穿着西式服装。

2. 阿帕帕的外观

1923 年 9 月,日本发生了一场强烈的地震,后来被称为"关东大地震"。这场地震造成超过十四万人失踪和死亡,是近代日本遭受的最灾难性的事件。大多数死亡事件是由火灾引起的,因为地震发生在中午,正值人们生火做饭。地震过后,和服倍受谴责,因为许多女性穿着和服无法逃命。相反,西方服饰因其简约而积极的风格拯救了许多人的生命。

妇女之友社[②]是一个极力主张简单的西式服装的组织,该社团开始在东京出售一款低价服装。这是"一件方格花布连衣裙,领口和袖口采用绒面呢,裙子由十二片布料织成",是当时"最便宜

---

① 关于改善生活条件的运动,同样参见:中山 2002:359-378;小桧山 2010:178-182。
② 由一位基督徒羽仁もと子(Hani Motoko,1873—1957)创立,她毕业于女性自主的教会学校——明治女学校。

的西式服装"之一,最终,销量也相当可观(中山 2002:378—379)。

这条连衣裙引起了大阪地区成衣制造商的注意,一家服装制造商开始以阿帕帕①之名出售这款连衣裙。阿帕帕旨在成为为普通民众打造的夏季服装,比任何日本式服装——如系上"带"(obi,和服的宽腰带)的"浴衣"(yukata,一种简约的夏季棉质和服)——都更容易穿着,也更加凉快。制造商使用当年剩余的方格花布,在冬天制造衣服,第二年夏天出售,这使得阿帕帕的价格比之前在东京售卖的连衣裙式服装还要便宜②。这款连衣裙的风格十分简单,就连对日本制衣一无所知的女性都可以很容易地在家里缝制。

1932 年夏天,在气温创纪录的那几天,阿帕帕卖得非常好。在此期间,《朝日画报》(Asahi Graph)杂志刊登了一篇文章,题目是"遂にアッパッパ軍大阪を占拠す(阿帕帕军终于占领大阪)"③。文章用照片和下面的评论嘲讽了当时的阿帕帕风潮〔1932 年 8 月24 日(昭和七年)〕。

〔(图 6)照片上三个女人在街上一边逗孩子,一边聊天〕
周围居民区的"太太们"也钟情于"居家服",或"阿帕帕"……她们绑着彩饰腰带的腰围几乎掩盖了其作为知识女性的虚弱自尊…不过,她们穿的决不是"阿帕帕",对此,画家伊东深水④深感遗憾道:"(那些穿阿帕帕的人)丢弃了美丽。"
〔(图 7)照片上两个穿着阿帕帕的女人带着一个孩子站在剧院的售票柜台前〕当西方人穿着晚礼服去歌剧院的时候,我们的日本女人会穿着这样的服装去看电影。

---

① 名字来源不详。有人说它是大阪方言中的一种表述,形容裙子的扩边,而另一些人认为它与英语词汇有关,比如"上部"或"围裙"。
② 用制造一件"浴衣"所用布料的价格可以买两件成品的阿帕帕。
③ 《朝日画报》是 1923 年创办的周刊画报。
④ 伊东深水以画美女肖像闻名。

〔(图 8)百货公司的人体模特照片〕人体模型是用来模仿巴黎女人的。她现在身着阿帕帕，为自己的处境哭泣……

图 6

图 7

图 8

〔三图来自 *Asahi Graph*，1932 年 8 月 24 日(昭和七年)号〕

　　大多数穿阿帕帕的女性都不穿鞋子或西式内衣。相反,她们穿的是日式木屐与和服式内衣(中山 2002：382)。尽管阿帕帕受到了人们的嘲笑,尤其在刚开始的时候,但它越来越成为普通民众居家、上街、工作时的选择。后来,阿帕帕得到改良,成为一款适合所有季节的便装。在普通女性中推行西式服装方面,阿帕帕扮演了重要角色(增田 2010：340,中文商业新报 1932 年 9 月 21 日)[①]。

　　3. "美代儿(Miyo-ya)"[②]与阿帕帕

　　大阪土生土长的日本小说家、散文家佐藤爱子(b. 1928)在大阪度过了 1930 年代,她在散文《忆往事》中回顾了她第一次偶然看到阿帕帕的印象：

> 　　那是女仆被称为"姐儿"(Nee-ya)的时代,所有的成年女性——包括富裕家庭的年轻太太和老妇、大家闺秀、女仆、蔬果店的老板娘、幼儿园和学校的教师们,都身穿和服,腰系宽腰带,老师们穿着宽松的袴裤,只有孩子们穿西式服装。
>
> 　　虽然当时没有仔细想过,但现在回想起这些日子,我不得不对女仆穿戴着和服和腰带辛勤工作感到钦佩……她们手拿湿布、四肢爬行着擦洗走廊。用一条布带挽起袖子,将和服的底边卷至腰部……她们一年四季穿着这样的衣服工作。现在,我可以想象她们的夏天一定过得很糟糕……
>
> 　　一个炎热的夏日,一名叫美代儿的女仆……正从井里抽水,她穿着一件我从未见过的奇怪的衣服。那就是阿帕帕……

佐藤爱子回忆说：美代儿抽水时喜欢唱歌,摆脱了紧身衣服

---

① 　相似但更受追从的风格"摩嘎"(modern girl,摩登女郎)的出现为代表,后来又诞生了为男性而打造的阿帕帕。

② 　人名,原文为日语平假名"みよや",发 Miyo-ya 音,Miyo 同"美代","美代儿"为音译。

束缚的美代儿显得那么自由而又快乐[1]。她写道："阿帕帕给我们的厨房带来了前所未有的活力。"(佐藤 2011：25-26)佐藤家还有一名叫春儿[2]的女仆,她是"大管家",当美代儿在厨房工作时,春儿是一丝不苟地身着和服照顾客人。她从不穿阿帕帕,尽管她听说阿帕帕穿起来更加凉快,也更加舒适。佐藤认为这是因为春儿觉得穿阿帕帕不体面,是低级文化。

　　虽然在 20 世纪 30 年代,日本人认为阿帕帕是一种西式服装,但它并不是起源于"西方",也不是用于追随西方文明,而是源于社会底层的本土需求。

二、戴帽子的原因

1. 近现代伊朗帽子简史

　　与明治时期日本的情况类似,伊朗卡加王朝采用西式服装也始于文武官员。两者之间的主要区别在于,后者保留了独创(虽然不总是"传统的")[3]风格的男性头饰和女性遮挡物,而前者则立即接受了欧洲的发型和帽子,至少在男性中是这样。

　　阿巴斯·米尔扎(1789—1833)是一位在阿塞拜疆担任省长的皇储。据称,他是在波斯军队中采用欧洲体系、技术和制服的领军人物。虽然直到去世他都没能登上王位,但他的意向传递给了穆罕默德-汗(1808—1848,统治时间：1834—1848)和纳瑟尔-

---

① 　佐藤春夫(1892—1964),日本小说家,他在《阿帕帕论》(1931)的文章中提到其流行的主要原因一定是基于它的实用价值。因为它没有"带"和"袂"(大袖子),所以更容易清洗,且穿起来比"浴衣"更凉快(佐藤 1985：122-124)。

② 　人名,原文为日语平假名"はるや",发 Haru-ya 音,Haru 有"春"之意,"春儿"为音译。

③ 　波斯卡加王朝时期,在采用西式服装之前,头巾(无边便帽和缠布)是男性的主要头饰。

阿丁-汗(1831—1896,统治时间：1848—1896)。前者头戴圆顶窄边礼帽,偶尔还镶有钻石。而在后者的统治期间,男性头饰变得更短(Panāhī 1993：104-105)。

图 9 穆罕默德-汗(ol-Molk 画,1841)　图 10 纳瑟尔-阿丁-汗(Nadar 摄,n.d)　图 11 礼萨-汗和带有小帽檐的"巴列维帽"(摄影者不详,1930)

纳瑟尔-阿丁-汗曾三次访问欧洲,带回了各种各样的商品。在他统治期间,欧洲和伊朗文化交流促成了独特的混合产物。其中之一就是皇宫中的女式服装。在访问欧洲之前,后宫里的女性都穿着宽松的绣花长裤。从欧洲回来之后,她们便开始穿短裙,配白袜。据说,这种穿着是模仿芭蕾舞者。在欧洲时,国王就被这些舞者所吸引(Sykes 1910：198)。尽管这种服装越来越受到后宫内外女性的欢迎,但大多数女人在出门的时候还是会遮住全身。

直到 20 世纪初,在伊朗,受过西方教育的知识分子们还戴着"伊朗式"的黑色毡帽,穿着西式的夹克、裤子,打领带(Balslev 2014：551)。这一趋势一直持续到礼萨国王(1878—1944,统治时间：1925—1941)登上王位,建立巴列维王朝①。他的国家现代化

---

① 在他统治期间,国名从波斯变成了伊朗(1935 年)。

图 12　卡加王朝后宫的女人(伊朗当代历史研究
收藏研究所,编号: 1261A85)

图 13　卡加王朝女人外出穿搭风格(伊朗当代历史
收藏研究所,编号: 1261A99)

计划包括军事、法律和教育系统的全面改革。这些系统的成员制
服统一是这一系列改革的一个重要步骤。因此,1928 年 12 月,政
府颁布了"伊朗国民着装统一法",要求所有七岁以上的男性戴欧

式巴列维帽,穿欧式短外套、衬衫和长裤,除宗教人士以外,不允许穿长衣,戴头巾(Ja'farī et al. 1992:44-47;Baker 1997:181),违反此法规将被罚款并拘留。此项法规于第二年生效。

　　伊朗国王统一全国着装的意图与奥斯曼帝国苏丹马哈茂德二世和明治维新的官员们的意图相似:向先进的人民和国家看齐,同时统一民族意识①。之后,在 1935 年 6 月,巴列维帽被废除,欧洲帽子取而代之,并引进了黑色大礼帽(适用于所有正式场合)、草帽(适用于夏季),以及各种其他帽子。在当地服装企业和社会底层的宗教人士、商人和工人中,统一服装的法律和法规并不受欢迎,他们几次在伊朗的各个地方举行抗议②。

　　2. 禁止女性戴面纱

　　20 世纪 30 年代,伊朗国王同样开始改革女性的服装③。自卡加王朝没落以来,一些富裕家庭的女性穿戴上了欧洲服饰。尽管如此,她们和其他阶级的大多数女性都戴着一种叫作“查多”(chador,穆斯林妇女用以遮盖头部和上身,只露出面部的罩袍)的黑色大面纱和一种叫作“露半”(ruband)的面罩。只有少数城市女性才会露脸。为了改变这种状况,1934 年,国家鼓励女教师和学生在学校里摘下“查多”和“露半”。从 1935 年开始,政府官员携夫人出席公开会议时,要求他们鼓励夫人们摘除面纱。

　　1936 年 1 月,在王后和两位公主的陪同下,国王前往德黑兰的一所学校参加颁奖仪式,这也是王后和两位公主首次在公众面前摘下面纱,这些新的尝试鼓励了女性在公共场合摘除面纱。

_____

① 据报道,伊朗国王说他“决定让所有伊朗人都穿同样的衣服,因为当设拉子人、大不里士人和其他人都穿着相同的服装时,他们之间就没有差别了”〔Wilber 1975:232-233 在 Baker(1997:182)中引用〕。同样参见 Panāhi(1993:269)。
② 根据礼萨-沙阿的男士衣着法规,同样参见 Keshavarzian(2003)和 Balslev(2014)。
③ 对于礼萨-沙阿的面纱摘除的计划,主要参考了〔Panāhi 1993, Milani(1992)和 Baker(1997)〕。Ja'fari et al.(1992)是礼萨-沙阿的服装法律文件集。

1936年，官方宣布禁止面纱，这项禁令涉及所有年龄、宗教和社会地位的女性。礼萨-沙阿为摘除面纱举行了盛大的庆祝活动，因为他认为这是女性解放的重要一步，也是伊朗现代化的重要一步。活动受邀女性穿着西式服装、长外套或长衬衫，许多人头上戴着一种有帽檐的帽子。有人回忆道："这是重要而辉煌的一天，我亲眼看见了'女性解放'，对此感到很高兴，但是我心底也感到不安。那一天，女人的衣服和帽子都值得一看……她们的衬衫都很长，都超过脚踝了；大多数女人妆化得都不熟练。对她们来说，揭开面纱太新鲜了，女人们头上戴着帽子。伊朗女人第一次用帽子取代了查多头巾和围巾，这值得一看，但是，最有趣的是，客人们——包括牧师——第一次看到了别人妻子的脸，尽管他们已经是朋友了，而且是老熟人了……"（Makki 1357sh：vol.6，264-266）。

这项法律实施后，若是戴面纱上街，不论任何人，她的查多头巾都会被撕破，头巾被扯掉；如果病人戴着面纱，医生是不能对其进行检查的；公共汽车和出租车的司机不能接载戴面纱的乘客，否则会被罚款。一些女人认为面纱是"尊重、美德、保护和骄傲的源泉"（Milani 1992：35），如果不戴面纱便不想出门，她们只得待

图14　伊朗武装部队的军官、政府官员和他们的夫人纪念废除面纱（1936）
　　　（摄影者不详）

在家里。一些不愿参加庆祝活动的政府官员夫人鼓励她们的丈夫登记注册临时婚姻，还有一些人宁愿离婚，也不愿意露着脸外出。

3. 围巾和欧洲女帽

伊朗小说家 Bozorg' Alavi(1907—1997)见证了摘除面纱运动，后来撰写了小说《她的眼睛》(1952)。这篇著作描述了主人公在博物馆的墙上发现了一幅女人肖像油画。画中的女人大约四十岁，形销骨立，满脸愁容：

> 她用一条黑围巾遮住了自己的头发，并在下巴下打了个结。在围巾之上，她还戴着一个黑色欧洲女式草帽（kolāh farangī zanāne az ḥaṣīr-e siyāh）。围巾和帽子的结合使她看起来很滑稽。只看到这部分画像的人可能会开始笑起来……然而，这个女人的脸上却没有笑意，也没有一丝嘲笑的痕迹。她看上去好像是蜡做的一样……画框上写着这幅画的名字"面纱摘除庆典"。一旦看到这里，他/她的笑容就消失了；然后他/她陷入了沉思。这种庆祝活动有什么重要意义？……这个女人的面部表情明显是悲伤和困惑的。她知道人们会嘲笑她；然而，她能做什么呢？她必须参加，这是政府的命令，每个人都必须参加"面纱摘除庆典"，男人必须陪着他们的妻子去。每个人都知道这一点，谁能反对吗？所以，女人是如此悲惨！（Alavi 1952：44）

对于这个画像中的女人，可以说她戴着帽子的原因是为了掩盖她那被禁止的面纱盖住的头。在这里，戴"欧洲女式帽"不是采用西式风格，其真正的作用恰恰相反：抵制西式风格。

宗教人士和其他社会人士批评了摘除面纱的企图，认为其"违反了伊斯兰古兰经"。这条法律于1941年被废除，在其颁布的五年之后,伊朗国王的统治结束了。

三、结　　论

本文介绍了 19 世纪和 20 世纪亚洲采用西式服装的例子。男性精英初期采用西式服装的主要动机之一是想向"西方"的精英和先进民族看齐,并统一民族意识。对他们来说,采用西式服装是"国家西方化规划的一部分"。

另一方面,如果我们看一下当地女性"非官方"采用西式服装的例子,会发现我们很难回答"这是西化的一部分吗?"这个问题。个人的动机和相关背景与之前的例子有很大的不同。在日本,因为地震、灾难性的火灾等原因,以及公众对改善女性生活条件产生越来越多的意见创造出了一种既西式又本土的服饰——阿帕帕,而阿帕帕得以广泛采用的另一个原因在于日本的夏季异常炎热。在伊朗,尽管政府希望西化女性服装风格,但一些女性对此并不满意,并无奈地采用了一种西式"帽子",算是对这种情况的一种妥协。这两个实例都可以当作吸收西式时尚服饰的模式范例。这并不是人们想要像西方人那样,或者参与到西方化的运动中,而是为了满足他们在社会西化中的日常需求。

采用西式服装的背景和动机可能会有更多的不同,我们在评价 19 世纪和 20 世纪的亚洲时尚时,只有一个疑问——"这是西化的一部分吗?"

参考文献:

[1] Alavi, Bozorg. *Cheshm-ha-yash*(*Her Eyes*). n.p., 1952 (in Persian).

[2] *Asahi Graph* 1932/8/24 (in Japanese)『アサヒグラフ』1932 年 8 月 24 日(昭和七年)号.

［ 3 ］Baker, Patricia L. "Politics of Dress: The Dress Reform Laws of 1920-
1930s Iran," in Nancy Lindisfarne-Tapper and Bruce Ingham eds.
Languages of Dress in the Middle East. Surrey: Curzon, 1997,
pp.178-192.

［ 4 ］Balslev, Sivan. "Dressed for Success: Hegemonic Masculinity, Elite
Men and Westernization in Iran, c. 1900-40," *Gender & History* 26
(3), pp.545-564.

［ 5 ］Beynon, John and David Dunkerley eds. *Globalization: The Reader*.
NY: Routlege, 2000.

［ 6 ］*Chugaishogyo-shinpo* 1932/9/21 (in Japanese)『中外商業新報』1932
年 9 月 21 日(昭和七年)号.

［ 7 ］Dunn, John P. "Clothes to Kill For: Uniforms and Politics in Ottoman
Armies," *Journal of the Middle East and Africa* 2, 2011, pp.85-107.

［ 8 ］Esenbel, Selçuk. "The Anguish of Civilized Behavior: The Use of
Western Cultural Forms in the Everyday Lives of the Meiji Japanese
and the Ottoman Turks during the Nineteenth Century," *Japan
Review* 5, 1994, pp.145-185.

［ 9 ］Gandhi, Mohandas Karamchand. *An Autobiography or the Story of
My Experiments with Truth*. Translated from the original in Gujarati
by Mahadev Desai. Ahmedabad: Navajivan Publishing House, 1959.

［10］Ja'farī, Morteẓā et al. *Vāqe'e Kashf-e Hejāb* (*Truth on Unveiling*).
Tehran: Sāzemān-e Madārek-e Farhangī Enqelāb-e Eslāmī, 1992
(1371sh) (in Persian).

［11］Keshavarzian, Arang. "Turban or Hat, Seminarian or Soldier: State
Building and Clergy Building in Reza Shah's Iran," *Journal of Church
and State* 45(1), 2003, pp.81-112.

［12］Kohiyama, Rui. "Women's Friends' Movement of Western-style
Clothing and the Modern Girl," in Ito Ruri, Sakamoto Hiroko, and
Tani E. Barlow (eds.) *Modern Girl and Colonial Modernity: Empire*,

Capital and Gender in East Asia. Tokyo：Iwanami Shoten，2010，pp. 175-202 (in Japanese). 小檜山ルイ「『婦人之友』における洋装化運動とモダンガール」伊藤るり，坂元ひろ子，タニ・E・バーロウ編『モダンガールと植民地的近代——東アジアにおける帝国・資本・ジェンダー』岩波書店,2010,pp.175-202.

[13] Kreiser，Klaus. "Turban and türban：'Divider between belief and unbelief' A political history of modern Turkish costume," *European Review* 13，2005，pp 447-458.

[14] Life Improvement Union（ed）. *Policy for Improving Clothing*. Tokyo：1920.

[15] Makki，Ḥosein. *Tārīkh-e bīst sale-ye Īrān（Twenty years history of Iran）*. Tehran：Amīr Kabīr，1978（1357sh）(in Persian).

[16] Mainichi Shinbun-sha. *Tenno Yondai No Shozo：Meiji，Taisho，Showa，Heisei*. Tokyo：Mainichi Shinbun-sha，1999 (in Japanese). 毎日新聞社『天皇四代の肖像—明治　大正　昭和　平成』毎日新聞社，1999.

[17] Masuda，Yoshiko. *A History of Clothing in Japan*. Tokyo：Yoshikawa-Kobunkan，2010 (in Japanese). 増田美子編『日本衣服史』吉川弘文館,2010.

[18] Milani，Farzaneh. *Veils and Words*. New York：Syracuse University Press，1992.

[19] 中山,Chiyo. *A History of Western Costume for Japanese Women*. Yoshikawa-Kobunkan，2010 (in Japanese). 中山千代『日本婦人洋装史』吉川弘文館,2010(新装版)[初版1987].

[20] Norton，John. "Faith and Fashion in Turkey," in Nancy Lindisfarne-Tapper and Bruce Ingham eds. *Languages of Dress in the Middle East*. Surrey：Curzon，1997，pp.149-177.

[21] Osakabe，Yoshinori. *Western Clothes，Haircut，Removing Sword: The Meiji Restoration in Dress Regulation*. Tokyo：Kodansha，2010

(in Japanese). 刑部芳則『洋服・散髪・脱刀—服制　の明治維新』講
談社,2010.

[22] Panāhī, Seiyed Ḥoṣām al-Dīn Sharī'at, *Orūpāyī-hā va Lebās-e
Īrāniyān* (*Europeans and Clothing of Iranian People*). Tehran:
Nashr-e Qoums, 1993 (1372sh, in Persian).

[23] Quataert, Donald. "Clothing Laws, State, and Society in the Ottoman
Empire, 1720-1829," *International Journal of Middle East Studies*
29(03), 1997, pp.403-425.

[24] Ross, Robert. *Clothing: A Global History*. Cambridge: Polity, 2008.

[25] Sato, Aiko. *Things, Once upon a Time*. Tokyo: Bungei-shunju, 2011
(in Japanese). 佐藤愛子『今は昔のこんなこと』文藝春秋,2011.

[26] Sato, Haruo. "On Appappa" in Ineko Sata, *A Collection of Great
Essays in Japan 38 Dressing*.Tokyo: Sakuhin-sha, 1985 (in Japanese).
佐藤春夫「アッパッパ論」佐多稲子編『日本の名随筆 38　装』作品社,
1985.

[27] Sykes, Ella C. *Persia and Its People*. NY: The Macmillan Company,
1910.

[28] Tarlo, Emma. *Clothing Matters: Dress and Identity in India*.
London: The University of Chicago Press, 1996.

[29] Tokutomi Inoichiro, *Iwakura Tomomi ko*, Tokyo: Minyu-sha, 1932
(in Japanese). 德富猪一郎『岩倉具視公』民友社,1932.

[30] Wilber, D. N. *Riza Shah Pahlavi: the Resurrection & Reconstruction
of Iran*. NY: Exposition Press, 1975.

从形象服饰观察唐代
镇墓俑的宗教来源

李星明

【摘要】 本文对唐代墓葬镇墓神煞俑组合中成对镇墓武士俑的变化及其宗教因素进行探索。从北魏平城时期开始,具有中亚和印度宗教文化特点的守护神形象出现在北方一些鲜卑、汉族贵族墓葬和入华粟特人、罽宾人墓葬甬道两侧壁画和石质葬具假门两侧线刻之中。到唐代高宗时期,墓葬中镇墓武士俑也呈现为当时佛教艺术中流行的护法神形象,在表现材媒和方式亦不同于北朝后期、隋代及唐初墓葬中的守护神或护法神图像,这是一种值得注意的文化现象。本文还试图分析唐代佛教护法神式镇墓武士俑形象的来源,旨在观察佛教文化因素向中国本土化丧葬文化的渗透和世俗化的具体状况。

【关键词】 唐代 墓葬 镇墓俑 佛教护法神

我今天讲的这个题目,可能对各位来讲是比较偏僻的一个题目。我个人主要研究唐代的艺术史与艺术考古,对唐代墓葬比较关注。今天我讲的是唐代墓葬镇墓俑的宗教来源。要判断镇墓俑的宗教来源,要从它的形象和服饰来观察。

我大概介绍一下背景。在北魏平城时期到唐代唐太宗时期,就有中亚和印度文化特点的佛教护法神形象开始出现在北方鲜卑和汉族贵族墓葬里,也包括一些入华粟特人和罽宾人的墓葬。罽宾就在现在的克什米尔一带。当时这些图像一般都以壁画形式和石葬具的雕刻形式出现在墓葬里面。但是,到了唐高宗时期以后,唐墓中本来从北魏传承下来的镇墓武士俑开始发生变化,变得更接近于当时佛教石窟里面流行的那种护法神形象。从文化的角度来看,应该说是佛教图像对本土的以儒家思想为主导的丧葬文化的一种渗透,从而在一定程度上改变了中国丧葬文化的特点。一般来讲,我们到博物馆看到唐代镇墓武士俑,很像龙门石窟的那些天王像,所以说,很多人包括考古界的大部分人,都认为唐代镇墓俑模仿了佛教护法神中的天王形象,所以称其为"天王俑"。这样一来,"天王俑"这个名称,现在就普遍用来指唐代镇墓武士俑。但是我觉得,这种称呼太笼统了,是有点问题的,因为有些镇墓武士俑的服饰和冠饰各有不同,是有区别的。我认为,它们可能来自佛教护法部众里面不同的护法神形象,不光来自天王形象。我们知道,佛教的护法部众称为天龙八部,包括天、龙、夜叉、乾闼婆、阿修罗、摩睺罗伽、迦楼罗和紧那罗。我今天就来给大家讲这个问题,把这个问题弄清楚了之后,我们就知道唐代墓葬里面的镇墓武士俑的形象不但来自佛教,而且来自佛教不同的护法神形象。让我们看看到底来自哪些护法神形象,从而进一步深入认识唐代镇墓武士俑的佛教因素。

我们先看一看关于唐代镇墓兽和镇墓武士俑的名称。我们可以看到这里展示了一对镇墓武士俑(图 1)和一对镇墓兽(图2、图 3),这是唐代墓葬镇墓俑的通常组合。一对镇墓俑是穿铠甲的武士形象,脚底踏着岩石。一对镇墓兽,其中一个是人面镇墓兽,一个是兽面镇墓兽。这四个镇墓神煞一般组合在一起,放在墓葬里面。关于这一对镇墓兽和这对镇墓武士俑,实际上之前有学者已经加以研究,而且在一定程度上已经弄清楚了它们的名目。

图 1 镇墓武士俑

图 2 兽面镇墓兽 　　图 3 人面镇墓兽

　　王去非先生根据《唐六典》《通典》《唐会要》，还有金元时期成书的《大汉原陵秘葬经》这些文献，考证这一对武士装扮的镇墓俑，认为是这些文献中记载的"当圹"和"当野"。到底哪个是"当圹"，哪个是"当野"呢？没办法区别，因为它们的形象都大同小异，差不多一样。可以说它们两个当中，一个是"当圹"，一个是"当野"。关于这对镇墓兽，兽面镇墓兽叫"祖明"，人面镇墓兽叫"地轴"。后来徐苹芳也是根据《大汉原陵秘葬经》判断，认为"当圹"和"当野"应该是指人形的镇墓神祇。那么人形的神祇肯定是一对镇墓武士俑而不是镇墓兽。这样一来，就能够认定一对镇墓武士俑与文献中记载的"当圹"和"当野"相吻合。关于"祖明"和"地轴"，文献中是有记载，但是文献记载中还有个名叫"祖司"的神祇。根据《唐六典》等文献记载，一对镇墓武士俑和一对镇墓兽又被统称为"四神"，与"十二辰"组合在一起。"十二辰"就是我们通常讲的十二生肖。在唐代墓葬里面，十二生肖本身是表示时序和时间的，是时序轮回的一种象征，也具有镇墓的作用。1986年，河南巩义市康店镇砖厂唐墓出土一件背后有墨书"祖明"的兽面镇墓兽；1998年，巩义市第二造纸厂基建工地1号唐墓也出土一件背后有墨书"祖明"的镇墓兽，证实了王去非关于兽面镇墓兽是"祖明"的推测。另外，在西安醴泉坊唐代三彩窑遗址，发现了一块陶片，上面刻画着"天宝四载……祖明"铭文。说明这里曾烧造这种镇墓兽。兽面镇墓兽就是"祖明"无疑。那么，人面镇墓兽叫什么呢？是如王去非所说的叫"地轴"吗？但是，在广东海康县元代墓葬里面出土一组砖刻，上面刻有各种神祇的形象，其中有一个是蛇身、两端是人头，上面刻有铭文"地轴"。可见，这种双人头蛇身的神祇才叫"地轴"，那么这样就不能将人面镇墓兽称为"地轴"了。但是有个问题，这个"地轴"出自元代墓葬，元代墓葬和唐代墓葬里面的镇墓神煞的名称会一致吗？在朝鲜德兴里一座高句丽壁画墓的前室,穹顶北面北斗星之下有个双人头蛇身的神祇,其旁边还有榜题"地轴一身两头",此墓壁画中这种神祇的形象与广东海康县元墓砖刻"地轴"刚好一样。朝鲜德兴里墓有纪年,是高句丽广开土王永乐十八年,也就是公元408年,即十六国晚期,早于唐代建立二百多年。这样有比唐代早的墓葬,也有比唐代晚的墓葬,都出土同样一种神祇图像,且均自名为"地轴"。我们可以判断,唐代墓葬里面出现的双人头蛇身的神祇,应该就是"地轴"没问题。唐代墓葬出土了很多双人头蛇身的神煞俑,都可以断定为"地轴"。人面镇兽俑就不可能如王去非所说的是"地轴"了,它有可能就是文献记载里的"祖司",因为"祖明"与"祖司"从名称上看,是相对应的。唐代墓葬里发现的双人头蛇身神祇,既有在山西长治、襄垣等地发现的,也有在陕西、河北发现的,在湖南长沙也发现有这种神祇,这些应该也都是"地轴",分布地域较为广大。

日本学者室山留美子曾撰文论述唐代墓葬中的"祖明"和"魌头",也涉及了这个问题。她找到了一则文献,《太平广记》三百七十二卷"蔡四"条,记载一个说鬼的故事,讲到墓葬里面有一个最大的人形的明器,名为"当圹"。唐代墓葬里面最大的人形明器就是这种镇墓武士俑,应该就是"当圹"。还有一个证据,在唐代天宝四载苏思勖墓志里有"列当圹之器"这句话,表明在送葬的时候要在墓葬里面摆放明器和随葬品,其中就有"当圹"。这两个证据,一出自传世文献,一出自出土文献,更加确定了唐墓中的一对镇墓武士俑就是"当圹"和"当野"。还有个叫Janet Baker的美国学者,写了一篇关于镇墓武士俑的文章。他把"当圹"和"当野"分别翻译成"protector of the burial vault"和"protector of the burial ground"。什么意思呢?她说"圹"指的是墓圹,"野"指的是墓地。也就是说这两个镇墓武士俑就是墓葬的守护神,守护地下的墓室,也守护地上的墓地。"当圹"和"当野"的含义应该是这样的,因为汉文"当"本身就有"抵挡防御"的意思。

唐代文献中所谓的"当圹""当野",即墓葬中的一对镇墓武士俑的形象,最初是源于北魏时期墓葬里面的一对世俗将军形象的镇墓武士俑,只是有一些的面部表情略为夸张。在北魏中后期和唐代早期的墓葬里面,就出现了类似佛教护法神模样的镇墓神煞。这种镇墓神煞,有很浓厚的印度风格。比如大同文瀛路北魏墓葬,墓葬甬道东西两壁各绘有一个这样的护法神,其形象看起来就不像中国本土的图像,明显是来自印度的图像(图4)。

图4　大同文瀛路北魏壁画墓甬道东壁护法神

　　此神祇有三只眼睛,第三只眼在额头中间。裸露的上身披着飘动的帔帛,下身穿着裙子,跣足,手里拿着三叉戟,这完全是来自印度的神祇形象。而这种形象跟佛教一起传入中国来,是佛教空间中特有的图像,我们在大同云冈石窟中可以看到类似的护法神形象。北魏平城墓葬就已经把这种来自印度的护法神形象借用过来,作为保护墓葬的一种神祇。镇墓和保护墓葬的观念在中国有着古老的一脉相承的传统。这时候由于从印度传入的佛教影响日益广泛,墓葬也会引入佛教护法神的形象用来镇墓驱邪。山西怀仁县一座北魏墓葬,墓葬甬道两边有同样风格的佛教护法神形象,三面四臂,手里持金刚杵和三叉戟,一个脚下踏着地神,另一个脚下踏着卧牛。这种形象来自印度婆罗门教的神祇,被佛教纳入护法部众,通过佛教传入中土,又被墓葬加以借用。陕西靖边统万城附近发现的一座大约北魏到西魏期间的墓葬,此墓整个是模仿佛教石窟建造的,墓室中有大量与佛教有关的图像,其中南壁甬道门两侧各有一个脚踏莲花座的护法神祇,上身披帔帛,也是来自印度的形象。

　　还有一些石葬具,例如,西安市北郊发现的北周史君墓中的石椁或石堂(图5),石椁门外两侧各刻一个神祇,四臂,裸上身,穿戴璎珞和帔帛,明显是印度样式的神祇。又如,西安南郊北周李诞墓石棺前档假门两侧也是印度婆罗门装扮的护卫,手中执戟。这个假门也值得注意,上面是尖拱形的,像石窟上面的那种尖拱形,这种尖拱门实际上也是来自印度。再如,陕西三原县隋代李和墓石棺前档假门两侧也有类似的守护神祇,脚下踏兽,假门也是尖拱形,与李诞墓石棺前档假门设计样式差不多。陕西靖边统万城北朝后期至隋代墓葬出土的石门两扇门扉上面各刻有一个守护神,应该也是来自佛教的护法神,但是服饰有所不同,身着很厚重的衣服,穿着靴子,头上戴日月冠饰,显示具有中亚和西亚的因素。根据这些例证,我们可以看到当时墓葬守护神的形象,来自印度和中亚的成分比较多。

图5　北周史君墓石椁

到了隋代和唐代初期,一些墓葬中的石门上面还会刻护法神形象,例如,陕西三原县开皇二年(582)李和墓石门、陕西杨陵区杨村乡张家岗村万岁登封元年(696)李无亏墓石门等。在唐代前期的石葬具上也发现有护法神的形象,例如,陕西三原唐贞观五年(631)李寿墓石椁和长安南里王村韦氏墓石椁门两侧的护法神。它们与同时期佛教护法神形象完全一样。我们应该注意到,壁画和石葬具上出现的来自佛教护法神形象与墓葬明器系统中出现的佛教护法神式武士镇墓俑并不同步,前者是先出现的,在北魏时期就出现了,而后者是到了唐高宗时代才出现。从北魏到唐太宗时期,墓葬门口、石墓门、石葬具门两边出现的守护神是直接模仿佛教石窟门两边的护法神的做法,唐高宗以后,镇墓武士俑逐渐呈现为佛教护法神的形象。仔细观察这两种情况,存在一个重要变化,刚开始是对石窟护法神的直接模仿,后来就干脆把佛教护法神当作镇墓俑,放在明器系统里面,这就意味着外来的佛教因素进入明器系统。我们知道中国古代墓葬是被儒家文化所笼罩的领域,自成系统,佛教护法神的形象被纳入明器系统里面,应该说是中国丧葬文化一个很大的变化。我们看看镇墓俑有怎样的变化。镇墓俑的形象原本很像世俗的将军或者武士的形象,例如河北磁县湾漳北朝大墓(图6)、陕西三原隋代开皇二年李和墓、山东嘉祥县满硐乡杨楼村开皇四年(584)徐之范墓中的镇墓武士俑的形象都像是世俗中人物,并不像某种神祇,只不过比其他的俑体量大一些。同样是在李和墓,石棺前档假门两侧是来自佛教石窟的护法神形象,墓室中的镇墓俑却跟现实中的武士形象差不多。这说明,佛教护法神形象刻在石葬具上比进入俑群要早。现在的考古发现证实了这一点。到了唐高宗时代,镇墓武士俑也发生了很大变化,脸部

图6　河北磁县湾漳北朝大墓镇墓武士俑

开始变得更夸张了,底座变成了岩石状座,很多镇墓武士俑脚下出现了卧牛或夜叉,身躯姿态、手臂动作以及服装也与同期佛教石窟中的护法神相同。我们知道,唐墓中的镇墓俑形象来源于佛教造像,一般认为是借用了天王的形象。但是,唐墓中的镇墓武士俑的形象和服饰是有变化的,表明不都是来自天王形象,还有可能来自佛教护法部众中的其他神祇,情况比较复杂。

我们看看这些头戴凤鸟冠饰的镇墓武士俑(图7),还能称它

们是天王俑吗？虽然它们的身躯很相似，与唐代天王形象相比，只是头上的冠饰发生了变化。这种冠饰是什么呢？是唐代流行的凤鸟形象。这种俑的出现大约是在武周晚期，比天王形象的俑出现晚一些。还有一种戴狮头帽或者虎头帽的镇墓武士俑，也能称为天王俑吗？这就产生了问题。我们再看一下佛教石窟壁画中的天王和天龙八部中的其他护法神有什么区别。例如，敦煌莫高窟初唐第 331 窟东壁门上方壁画中的四天王、莫高窟初唐第 373 窟东壁壁画中的四天王、敦煌榆林窟中唐第 25 窟弥勒变壁画护法部众中的四天王，等等，这些天王形象或头戴兜鍪，或梳宝髻，但是均无戴鸟形冠饰的。

图 7　头戴凤鸟冠饰的　　　　图 8　莫高窟东方药师经变
　　　镇墓武士俑　　　　　　　　　壁画中的护法部众

　　我们再看看有贞观十六年（642）题记的莫高窟第 220 窟西壁东方药师经变壁画中的护法部众（图 8），这里的护法部众的冠饰非常丰富,不同的冠饰象征不同的护法神祇。头上发髻缠着一条蟒蛇的武士,是摩睺罗伽(蟒神)。其旁边的一位,肤色较深,头上戴着凤鸟冠饰,表明其为金翅鸟。其他的护法神祇诸如龙王、摩羯、乾闼婆等,也靠冠饰来区别。佛教石窟中戴鸟形冠饰的武士形象就是天龙八部里面的金翅鸟,梵文为 Garuda,佛经中常见音译为"迦楼罗"。实际上,从文献所记载的"当圹""当野"来看,镇墓武士俑在墓葬中的功用是墓葬的守护神,本身和佛教没有直接关系,但是镇墓武士俑却借用了佛教护法神的形象。前面讲到莫高窟第 220 窟护法部众中头戴金翅鸟冠饰的武士形象,此窟有贞观十六年的题记,表明在初唐已经出现了用武士加鸟形冠饰的形象来表示金翅鸟或迦楼罗(Garuda)的图像。

　　到了武则天后期和中宗、睿宗时期,便在墓葬中出现这种头戴鸟形冠饰的迦楼罗样式的镇墓武士俑。例如,陕西醴泉县昭陵陪葬墓开元六年(718)李贞墓镇墓武士俑(图 9),完全是佛教护法神的形象,其颇具特点的鸟形冠与敦煌壁画里面戴鸟形冠的迦楼罗完全一致,可以断定这种俑取自同时期佛教护法神中迦楼罗(金翅鸟)的形象。

　　金翅鸟起源于印度的婆罗门教,原来是印度婆罗门教三大主神之一的毗湿奴的坐骑,是婆罗门教中一个次等神祇,有

图 9　唐李贞墓镇墓武士俑

很大的神通,其特点就是吃毒龙或毒蛇。在印度很早的时候,金翅鸟(Garuda)就被佛教吸收过来作为自己的护法神。举一个例子,印度西部马哈拉施特拉邦蒲恩专区简那附近布德列那窟群中

图 10　印度布德列那窟群第 39 窟窟
门上方金翅鸟雕刻

的第 39 窟（图 10），是个未完成的石窟，但是它的正立面基本上雕造完成，因为横梁部分开裂就被废弃了，窟里边的石柱雕出了一部分。

此窟外立面是支提窟的样式，模仿印度地面建筑雕凿的。这座支提窟外立面上面雕刻有两个神祇，都是人的形象，一个肩膀长了一对翅膀，是人形有翼的金翅鸟形象；另一个肩后和头部后面伸出来五条蛇的头颈部，这是印度造像里面常见的龙王形象，在此则是佛教护法部众中的龙王形象。可见，在印度早期佛教石窟里面，金翅鸟和龙王就已经被纳入佛教护法神祇系统里面去了。他们本来是婆罗门教的神祇，然后被佛教吸收过来。其实，除了佛、菩萨和弟子等形象之外，佛教里面很多神祇，都来自婆罗门教。在印度，婆罗门教是非常普及的宗教，从社会上层到下层，从核心地带到边远地区，都信奉这种宗教，是一种具有广大社会基础的宗教。佛教就是在婆罗门教的文化基础上产生出来的另外一种宗教。在印度的历史中，佛教只不过是一个插曲而已，而婆罗门教（后来演化为印度教）自古至今都是印度普遍信奉的宗教，当然存在许多不同宗派。佛教在 13 世纪初，由于伊斯兰教的入侵，在印度被消灭了，直到 19 世纪晚期才开始恢复一些。

关于印度的金翅鸟形象，除了人形带翅膀的形象，还有鹰形、双头鹰形等样式。例如，印度南部阿玛拉瓦蒂大塔石围栏上面雕刻的金翅鸟(图11),是一只鸟的形象,如同鹰,站在盘卷的蛇身上,嘴叼住多头蛇的颈部,表现金翅鸟战胜了毒蛇或毒龙。

图 11   印度阿玛拉瓦蒂大塔石围栏上的金翅鸟

这种形象的金翅鸟在印度的造像里面很常见。在古印度的西北部,现在的巴基斯坦和阿富汗一带,发现了一些贵霜时期的舍利函,其中公元前 1 世纪晚期的比马兰舍利函(Bimaran casket)表面装饰着拱形小龛,里面有佛像和菩萨像,拱门之间上方有鹰形的鸟,这实际上也是佛教护法神金翅鸟,是完全以鸟的形象来表现金翅鸟。印度笈多王朝的统治者是扶持婆罗门教的,笈多钱币上国王像前面有一根柱子,柱子上面站了一只鸟,这只鸟就是金翅鸟,是毗湿奴信仰的标志,一般称为金翅鸟柱。在犍陀罗的塔克西拉(Taxila),公元前 1 世纪晚期的锡尔卡普(Sirkap)佛塔基立面的小龛里,有双头鹰样式的金翅鸟,这种样式可能受到西亚文化的影响。在古印度,还有人头鸟喙样式的金翅鸟,也可以看到人首鸟身样式的金翅鸟。上述这些,是金翅鸟形象在古印度常见的几种样式。

金翅鸟作为佛教护法部众的一员传入中国后，在佛教石窟里频繁出现，先后也有几种样式，既有印度的样式，也有本土化的样式。新疆克孜尔石窟中所见的金翅鸟比较早，存有更多的印度因素。例如第 171 窟主室券顶中央的金翅鸟，是鸟身人面鸟喙，头戴宝冠，嘴里叼着蛇，头顶上也盘着几条蛇。这种鸟身人面鸟喙样式的金翅鸟，在云冈石窟第二期窟中的一些小龛顶部也能看到。敦煌莫高窟第 360 窟壁画里有一个三头六臂神祇，在印度它应该是毗湿奴大神，到了中国之后，它的神格也发生了变化，成为护法神之一，其所乘金翅鸟，跟云冈石窟的鸟身人头鸟喙样式的金翅鸟相类似。上面所言为中国所见第一种金翅鸟样式。

第二种是双头鹰样式，目前仅见于龟兹石窟，例如克孜尔石窟第 8 窟、第 38 窟主室券顶的双头鹰样式的金翅鸟。

第三种是完全的鹰形样式，不是人面，例如龟兹库木吐喇石窟第 23 窟主室券顶鹰形金翅鸟，嘴噙大蛇，展翅飞翔。河北南响堂山第 7 窟立面顶部覆钵正中展翅而立的金翅鸟，也属于这种样式。

第四种是人形有翼的样式，应该是源自印度笈多时期的样式。例如，首都博物馆藏北魏太和二十三年（499）造像碑背屏上方中央的金翅鸟就是人形有翼样式的。另外，五台山南禅寺佛殿中主尊背光上面中央的金翅鸟也是这种样式，但是可以清晰地看到是人面鸟喙，脚为鸟爪。

第五种是凤鸟样式的金翅鸟，是一种完全中国化的金翅鸟样式，与唐代经常见的那种凤鸟或鸾鸟相同。例如，敦煌莫高窟第 9 窟南壁劳度叉经变中的斗恶龙的金翅鸟就是凤鸟样式的。凤鸟形象在唐代十分流行，在不同的图像程序中，可能具有不同的性质。如果装饰在器物上面，在很多情况下是具有吉祥寓意的凤鸟。如果与青龙、白虎和玄武结合在一起，那肯定是象征南方的朱雀。如果是在佛教图像程序中，一般就是作为护法神之一的金翅鸟。此窟劳度叉经变中与恶龙争斗的凤鸟形象一定是金翅鸟。法国国家图书馆收藏着一件伯希和从莫高窟带走的唐代《降魔变图卷》(P. 4524)，上面的图像表现的也是舍利弗与劳度叉斗法场景，其中与恶龙争斗的金翅鸟也是凤鸟形象。图卷的另一面写着相关的变文。

第六种样式，是武士形象头顶或肩部带有凤鸟形象的样式，这种样式在古印度的范围内并未发现，应该是中国本土形成的样式，出现较晚。在敦煌石窟壁画中，可以看到较多的这种样式的金翅鸟。较早的是莫高窟第 220 窟北壁东方药师经变中护法部众里面有头上加凤鸟的武士，此窟有贞观十六年(642)的纪年，可知这种样式的金翅鸟在初唐已经出现。其他唐代的石窟如莫高窟第 31 窟(图 12)、第 148 窟、第 158 窟和第 361 窟以及榆林窟第 25 窟等均具有这种武士加凤鸟的金翅鸟样式。这些石窟壁画护法部众中，除了头上带有凤鸟的武士，象征金翅鸟之外，还有武士或头戴狮头帽，或头顶鱼头，或发髻盘蟒蛇，或头后昂立一条龙，

图 12　敦煌莫高窟第 31 窟壁画中头顶凤鸟的武士

图 13　敦煌榆林窟第 25 窟弥勒经变壁画中的护法部众

同样都是一种标志，表示他们是何种护法神。例如，榆林窟第25窟弥勒经变主尊两边的护法部众（图13），肩膀上站了一只凤鸟的武士是金翅鸟，发髻盘了一条蟒蛇的就是蟒神摩睺罗伽，头顶鱼头的就是摩羯，头后昂立一条龙的则是龙王，等等。

　　前面提到六种样式的金翅鸟，前四种在古印度已经出现，并传到中国来，虽有一些变化，但基本保持印度的大致样式，只有第五种和第六种是中国特有的样式，其中第六种到初唐才出现。第六种样式出现不久之后，就被纳入墓葬明器镇墓俑系列之中。也许有人会问，头上带鸟的武士图像，在欧亚大陆很多，不光是象征金翅鸟，别的神祇也有类似的形象。我们要断定它是不是佛教天龙八部中的金翅鸟，首先要在特定的文化环境之中来认定。的确，头上有鸟形冠饰的武士形象不仅仅是中国唐代的金翅鸟一种样式，其他宗教图像中也会出现类似形象，代表特定的神祇。只要我们注意唐代佛教图像中这种头上或肩上有凤鸟的武士形象流行的时间和范围，就可以将墓葬中头戴凤鸟的镇墓武士俑的形象来源与其联系起来。墓葬里面头戴凤鸟冠饰的镇墓武士俑，无论是时间还是区域均与中国佛教图像中武士加凤鸟的金翅鸟样式相符合。这种镇墓武士俑除了头戴凤鸟冠饰外，有些脚下还踩踏着一头卧牛，这一点也是来自印度的因素。在云冈石窟和敦煌石窟中，可以看到骑牛的摩醯首罗形象，这其实就是印度婆罗门教大神湿婆被当作佛教护法神的例证。镇墓武士俑脚下踏牛就是来自摩醯首罗的图像因素。

　　唐墓中还有一种头戴狮头帽的镇墓武士俑，也是来自佛教八部天龙之一的神祇形象，在河南、陕西、山西、河北都有发现，是一种比较普遍的存在。关于这种俑，有人已经讨论得比较充分，台湾的学者邢义田和谢明良两位已经把这个问题说得很清楚了。按照他们的说法，这种戴狮头帽武士俑与希腊神话中的大力神赫拉克勒斯是有关系的。赫拉克勒斯形象在整个西亚和中亚希腊化时期广泛流行,在古印度的西北部也就是现在的巴基斯坦和阿富汗一带,当时的佛教艺术把赫拉克勒斯形象纳入护法神系统中去,原本是古希腊文化中的形象,到了古印度文化圈被佛教吸收为护法部众中的一员,这个形象又通过佛教传入中国来。关于赫拉克勒斯的英雄事迹,其中有一个是说他把一只为害的狮子杀死,把狮子皮剥下来作为自己的衣服,狮头皮作为帽子,此外还加上神赐的武器橄榄棒,这就是我们在古希腊图像中常见的赫拉克勒斯的形象。在北朝至唐代的佛教图像中,我们常可以看到头戴狮头帽、手持棒子的武士,就是传到中国的赫拉克勒斯形象。在敦煌石窟壁画中,戴狮头帽的护法武士较为常见,但是墓葬中这种武士形象往往戴的是虎头帽,这是赫拉克勒斯形象传入中国之后本土化的结果。而这种源自古希腊赫拉克勒斯的形象,在中国佛教图像中又与护法八部中的乾闼婆发生了联系。根据在日本留存的佛教文献《觉禅抄》,这种戴狮头帽或虎头帽的武士往往跟天王在一起,成为天王的一种随从。例如,敦煌榆林窟第15窟前室北壁壁画中,天王的旁边,一边有一个类似菩萨的形象,另一边有一个头戴狮头帽的神祇,就是乾闼婆,他的形象借用了希腊的赫拉克勒斯的形象。榆林窟第25窟前室东壁北侧壁画中的托塔天王身边也有一个戴狮头帽的乾闼婆形象,主室弥勒变中护法部众中亦有戴狮头帽的乾闼婆。莫高窟第158窟涅槃经变举哀的护法部众中,我们看到有头顶有凤鸟的武士形象,即金翅鸟,有三头四臂手托日月的阿修罗,有夜叉、摩羯、龙王等等,也有头戴狮头帽的乾闼婆(图14、图15)。

在唐代,长安和洛阳两京地区是全国政治、文化中心,也是佛教中心。当时长安和洛阳有很多佛寺,佛寺里面有大量的雕塑和壁画,很多本土化的经变画都在这里产生和流行,并且向西回传到

图 14　莫高窟涅槃经变壁画中的护法部众　　图 15　莫高窟涅槃经变壁画
中的护法部众

河西走廊和新疆。前述敦煌壁画中的各种护法部众形象,都是从
两京地区回传过去的,它们的源头在长安和洛阳。唐代长安和洛
阳的寺院早已不存在了,唐武宗发动的灭佛运动毁掉了很多寺
院,可是晚唐的张彦远在《历代名画记》中仍然记载了大量的经变
画,例如长安光宅寺东菩提院尹琳所绘《西方变》、净土院小殿吴
道子所绘《西方变》、云花寺小佛殿赵武端所绘《净土变》、西塔院
吴道子所绘《弥勒下生变》,洛阳敬爱寺西禅院王韶应和董忠所绘
《西方弥勒变》、大云寺佛殿尉迟乙僧所绘《净土经变》、昭成寺程
逊所绘《净土变》,等等。相信这些经变图中护法神图像是重要的
组成部分,它们对两京地区墓葬中出现护法神式镇墓武士俑具有
直接的作用。

　　西安碑林博物馆藏有颜真卿书《大唐西京千福寺多宝佛塔感
应碑》(图 16),这通著名唐碑是唐代长安千福寺的遗物。同学们
中间可能有学习书法的,如果学颜体,一定会临摹此碑。正是这
通碑文记录了当时千福寺中的壁画情况,有段文字直接描述了各
种护法神的形象:"天祇俨雅而翊户,或复肩掔挚(鸷)鸟,肘擐修

图 16　颜真卿书《大唐西京千福寺多宝佛塔感应碑》

蛇,冠盘巨龙,帽抱猛兽,勃如战色,有奭其容,穷绘事之笔精。"所
言天祇,就是护法神,我们一般称之为天龙八部。"天祇俨雅而翊
户",就是说威武庄严的护法神守卫在两边,这些护法神或肩膀上
架着一只鹰,或肘臂缠着一条长蛇,或头冠上盘着一条龙,或戴着
猛兽形的帽子。他们其实就是护法部众的武士形象的金翅鸟、摩

睺罗伽、龙王和乾闼婆。从《多宝佛塔感应碑》的记载中,可以非常清楚地了解到当时长安寺院佛教经变画中护法部众各种神祇的具体形象,唐墓中头戴凤鸟形冠饰和狮虎帽的镇墓武士俑,正是借用了寺院佛教壁画中的金翅鸟和乾闼婆的形象。

　　另外,盛唐时期的镇墓武士俑脚下踏小夜叉的情况也十分常见,其实夜叉也是护法天龙八部中的一类。镇墓武士俑脚下的夜叉,在此应该是一种附属成员,是眷属,并不能被理解为被镇压的对象。西安中堡村一座盛唐墓出土的镇墓武士俑(图17),现藏于陕西历史博物馆,此俑头顶上站立一只展翅飞翔的凤鸟,脚下踏着一个小夜叉,是唐墓中借用佛教金翅鸟和夜叉形象的代表之作。夜叉有时还会在墓葬中作为镇墓俑独立出现,例如西安市东郊韩森寨唐墓出土的夜叉俑。

图17　西安中堡村唐墓出土的镇墓武士俑

　　综上所述,我们发现唐代墓葬出土的镇墓武士俑,借用了佛教护法神的形象,实际上不能用“天王俑”这个词来概括。那些头戴兜鍪或梳宝髻的武士俑应该是借用了天王的形象,可称为天王俑,但是还有一部分借用了天王以外的护法神形象,比如金翅鸟、乾闼婆和夜叉。

　　那么,这些仿造不同佛教护法神形象的镇墓武士俑,放在墓葬里面到底有什么作用? 这是很关键的问题,我们没有发现直接的传世文献对之说明。我们推测,因为这些护法神在佛教的空间中具有护法作用,放在墓葬中就具有镇邪保护墓主的作用,唐代文献之所以称其为“当圹”和“当野”,正是此意。其实,我们可以找一些比较间接的文献来作旁证,敦煌遗书中有一类叫作愿文,其中编号为 S. 2144 的卷子,即《结坛散食迴向发愿文》,可以帮助我们理解护法神式镇墓武士俑的作用。此愿文言:"奉请四天王众、二十八部、药叉大将、乾闼婆神、丘槃陀鬼及富单那鬼、毗胁多鬼、夜叉罗刹等一切鬼神族累并诸眷属来降道场,受我太傅所请净食、香灯、钱财、五谷、花果、六时供养。卫护我敦煌一境及我太傅一族,永离刀兵,永离贼施之难,永离非灾之难,永离弊毒之难,永离侵毒之难,永离水灾之难,永离火灾之难,永离毒蛇之难,永离蛊毒之难,永离厌祷之难,永离毒龙之难,所有一切不祥之乱等,不占我身,不及我们,诸鬼神等愿当卫护。"这段话的意思是,发愿人奉请各种佛教护法神,包括天王、夜叉、乾闼婆等,来接受主人太傅的各种供养,保卫敦煌一境及太傅一族平安,永离刀兵、毒蛇、毒龙、蛊毒之难。愿文虽然没有直接提到金翅鸟,但所言二十八部中其实包括金翅鸟在内,而毒蛇、毒龙之难正是需要金翅鸟来解除的。据此,我们就可以理解各种护法神式镇墓俑诸如天王俑、金翅鸟俑、乾闼婆俑和夜叉俑等,为什么会出现在墓葬里面了。

最后总结一下,十六国和北朝时期,中国北方佛教盛行,朝廷和民间轰轰烈烈地开凿佛教石窟,佛教的一些信仰和图像也渗透到中国传统墓葬习俗之中,一些胡汉贵族墓葬的墓室门口、石棺石椁的假门,或者墓门会直接模仿佛教窟龛门的样式,也将护法神的形象绘制在这里。到了唐代,干脆就把这些护法神形象抽离出来,作为镇墓俑放在随葬器皿系统中,更进一步跟中国本土丧葬文化结合在一起。而这些镇墓俑形象不仅有天王的形象,也有金翅鸟(迦楼罗)、乾闼婆和夜叉的形象。所以,我在这个报告里不将唐代镇墓武士俑统称为"天王俑",而称为"佛教护法神式镇墓俑",也就是表示唐代镇墓武士俑形象借用了多种佛教护法神的形象,我们对唐代镇墓武士俑与佛教护法神之间的关系有了更全面的认识。

《红楼梦》人物服饰描写及其英译研究

沈炜艳

【摘要】 翻译是一种跨语言的,更是一种跨文化的交际活动。《红楼梦》中曹雪芹高超的服饰描写手法和服饰对人物角色塑造以及小说情节铺陈的作用,决定了服饰是《红楼梦》中体现中华传统文化的重要部分,也决定了对服饰英译的研究是《红楼梦》文化翻译研究的重要部分。本文选取《红楼梦》中几位主要人物的服饰描写,分析其与人物角色塑造及小说情节铺陈的重要关系,进而探讨这些服饰的英译,希望对文化翻译的研究有所启迪。

【关键词】 《红楼梦》 人物服饰 英译研究

一、引　　言

在《红楼梦》中,曹雪芹以自己独特的艺术视角和对中国服饰文化的深刻理解,利用小说为载体,精心地描绘了小说人物特别是那些禀山川灵秀之气的女性人物的服饰,向读者展示了中国服饰所固有的东方神韵和审美风采。

细检曹雪芹所著之八十回《红楼梦》,有四十四回或多或少地写到服或者饰,写到服或饰的词语共 173 条,其中有 26 次较完整地描写服饰,尤以第三回(20 条)、第六回(6 条)、第八回(9 条)、第四十九回(22 条)、第五十一回(6 条)、第五十二回(12 条)、第六十三回(9 条)和第七十回(6 条)写到的服饰的数量为多,且有意义。

　　启功先生在《读〈红楼梦〉需要注意的八个问题》一文中指出，读《红楼梦》特别要注意的几个问题，也正是注《红楼梦》所要解决的问题，即俗语、服装、器物、官制、诗词、习俗、社会关系、虚实辨别[1]。服装赫然列为需要特别注意和所要解决的这八个问题的第二位，可见服装的研究在《红楼梦》研究中所占的重要地位。要研究《红楼梦》中中国传统文化的翻译，服饰的翻译研究应该是一个重要的、不可或缺的方面。

　　近三十年来，对《红楼梦》及其英译本的研究的热点集中在语言文字、诗词、文化、翻译标准和理论等四个方面。虽然对《红楼梦》文化翻译的研究越来越热，但是对其中服饰文化翻译的研究却很少。纵观近三十年发表在中文核心期刊上的关于《红楼梦》英译的研究文章，没有一篇是探讨《红楼梦》服饰文化翻译的。根据笔者的统计，只有零星几篇文章谈到《红楼梦》中几个主要人物的服饰翻译、服饰词语的翻译以及颜色词的翻译，也都是发表在非核心期刊上。可见，对《红楼梦》服饰文化翻译的研究还没有引起众多研究翻译理论与实践的学者的注意，因此，这一方面的研究还大有可为。

　　本文选取《红楼梦》中几位主要人物的服饰描写，分析人物服饰描写与角色塑造及小说情节铺陈的重要关系，进而探讨这些服饰的英译，希望对文化翻译的研究有所启迪。所选译例来自杨宪益先生和其妻子戴乃迭女士合译的三卷本 *A Dream of Red Mansions*（以下简称杨译）以及霍克斯与其女婿闵福德合译的五卷本 *The Story of Stones*（以下简称霍译）。

二、《红楼梦》人物服饰描写的作用及其英译

　　胡文彬指出："不论是现实生活中的人还是文学作品中的人

物,他(她)们的外表美主要是容貌美、形体美和服饰美。所谓服饰美是由服饰的色彩、服饰的质料和服饰的款式构成的。"[2]《红楼梦》中的服饰是小说人物身份和地位的象征,是人物心理和性格的体现,是与整体艺术氛围和小说情节结构息息相关的。"在《红楼梦》所塑造的形形色色的鲜明人物形象中,服饰对于表现一个人的个性,地位以及精神风貌都起着举足轻重的作用。"[3]

1. 服饰印证人物社会地位

服饰是记录人类文明的历史文化符号,在古代,人的社会地位和阶级等级的确认部分地需要依靠服饰来完成。所以,小说中人物的服饰印证了人物在社会和家庭中的地位。其中,贾宝玉的服饰描写最能彰显其在贾府中的身份地位。

为了表现贾宝玉在荣宁两府集万千宠爱于一身的特殊地位,曹雪芹对其服饰进行了浓墨重彩的描述,在许多章回中多次进行了重点刻画,写得最为详尽。其中穿冠服的场合有三次,穿便服的场合有四次,还有其他特殊场合的打扮,折射出其中心人物的地位。

第三回,宝玉出场,在同一回中,作者就对宝玉的服饰进行了两次描写。第一次是外出穿的冠服,即"礼服";第二次是回家后换的便服,即"常服"。在丫鬟的通报声中,贾宝玉第一次走进人们的视线中——

　　头上带着束发嵌宝紫金冠,齐眉勒着二龙抢珠金抹额,穿一件二色金百蝶穿花大红箭袖袍,束着五彩丝攒花结长穗宫绦,外罩石青起花八团倭缎排穗褂,登着青缎粉底小朝靴。(曹雪芹:31)[4]

一时回来,再看,已换了冠带:

　　头上周围一转的短发都结成了小辫,红丝结束,共攒至顶中胎发,总编一根大辫,黑亮如漆。从顶至梢,一串四颗大珠,用金八宝坠角。上穿着银红撒花半旧大袄,仍旧带着项圈、宝玉、寄名锁、护身符等物。下面半露松花绿撒花绫裤腿,锦厢边弹墨袜,厚底大红鞋。(曹雪芹:31)[4]

同一场合中,对贾宝玉服饰不厌其烦的描写,其中冠服极显其贵族气派,而常服富丽的打扮,更显其娇生惯养,被众人作"凤凰"般地捧着,也印证了他在贾府中集万千宠爱于一身的特殊身份。本文就以宝玉初次出场中的礼服描写的英译为例,分析、探讨服饰的英译。

杨译:

He had on a golden coronet studded with jewels and a golden chaplet in the form of two dragons fighting for a pearl. His red archer's jacket, embroidered with golden butterflies and flowers, was tied with a coloured tasselled palace sash. Over this he wore a turquoise fringed coat of Japanese satin with a raised pattern of flowers in eight bunches. His court boots were of black satin with white soles. (Yang, Volume I: 46)[5]

霍译:

The young gentleman who entered in answer to her unspoken question had a small jewel-encrusted gold coronet on the top of his head and a golden headband low down over his brow in the form of two dragons playing with a large pearl.

He was wearing a narrow-sleeved, full-skirted robe of dark red material with a pattern of flowers and butterflies in two shades of gold. It was confined at the waist with a court girdle of coloured silks braided at regular intervals into elaborate clusters of knotwork and terminating in long tassels.

Over the upper part of his robe he wore a jacket of slate-blue Japanese silk damask with a raised pattern of eight large medallions on the front and with tasseled borders.

On his feet he had half-length dress boots of black satin with thick white soles. (Hawkes, Volume I: 100-101)[6]

在这一段短短的对贾宝玉礼服的描写中,涉及诸如冠、抹额、箭袖、袍、褂以及朝靴等满清服饰的描写,本文试图结合满清服饰文化一一详析,并探讨这些服饰的英译。

1.1 冠

冠是我国古代的一种束发用具,又是头上的装饰品。古代男子到了二十岁,就要束发加冠,举行"冠礼",因此,戴冠又成为男子成年的标志。宝玉第三回中所戴的是嵌有珠宝的金冠,这是宜于当时儿童们使用的,也是相当华贵和奢侈的发饰,符合《清稗类钞·服饰》中提到的"顺治四年,复诏定官民服饰之制,幼童亦如冠于首,不必逾二十岁而始冠也"之例。

杨宪益夫妇把宝玉的"束发嵌宝紫金冠"译成"a golden coronet studded with jewels"。在《朗文当代英语词典》中,对"coronet"的解释是"a small crown worn by princes or members of noble families",即"王子或贵族所戴的小冠冕",很能体现出宝玉作为荣国府的掌上明珠、作为有钱官宦人家的公子哥的身份。"束发冠"和"coronet"所表达的意思基本相同,都是指贵族或名门望族所佩戴的发冠,因此,"coronet"的翻译,基本译出了原文的意思,对于不同文化背景的中英读者而言,已经近乎取得了文化的对等。

而霍克斯在此处的翻译与杨宪益异曲同工,"a small jewel-encrusted gold coronet on the top of his head",也是使用了

"coronet"这个译文,可见"coronet"对译"冠"是为大多数人所接受的。

1.2 抹额

抹额是满清服饰的一种,也称额带、额子、头箍、发箍、眉勒、脑包,为束在额前的巾饰,一般多饰以刺绣或珠玉。周岭在《红楼梦中人——红楼小百科》中解释:"抹额:亦称额子。覆于前额的金饰,与束发冠配套使用。"[7]

杨宪益夫妇把贾宝玉所戴之"二龙抢珠金抹额"译成"a golden chaplet in the form of two dragons fighting for a pearl"。《朗文当代英语词典》中将"chaplet"解释为"a decorative band of flowers worn on the head",即"戴在头上装饰用的花带",似乎与"抹额"的用途相似,都是用以头部装饰的,但"chaplet"即便加了"golden"来修饰,也表达不出"抹额"的镶金嵌银、珠光宝气。在英文中极为平常的"chaplet"用在此处在很大程度上抹杀了中国文化的独特性,未能诠释出中国特有的服饰文化,这是由于思维方式、表达方式和文化背景的差异,英汉两种语言在此语境中缺乏完全的对等词,一种语言的语言材料的全部意义和全部信息无法充分地、完全地转移入另一种语言的语言材料,体现了不同语言之间的"不可译性"。

霍克斯把"二龙抢珠金抹额"译为"a golden headband low down over his brow in the form of two dragons playing with a large pearl"。《朗文当代英语词典》中"headband"的解释为"a band worn around the head,usu. to keep the hair back from the face",英语读者应该是比较容易理解和接受他们经常使用的"headband"的,这是很明显的归化翻译方法。然而,"headband"在英语读者心中产生的意象能否与原文中"二龙抢珠金抹额"的华贵富丽气派相等就不得而知了。

1.3 箭袖

满族的箭袖,满语叫"哇哈",是满族袍褂中很有特点的一种衣袖。最初,在满族男子所着袍、褂的袖口上,多半都带有这种"箭袖",就是在本来就比较窄的袖口前边,再接出一个半圆形的"袖头",一般最长径为半尺,因为它形状像"马蹄",所以又称为"马蹄袖"。入关以后,由于满族生活环境的变化,骑射之风已逐渐衰微,袍褂上的箭袖,也出现了"退化"和减少的趋势。如一般日常穿用的袍褂上,就不必镶嵌箭袖而是用平袖即可。但是遇到郑重场合,则必须换上箭袖袍,以示庄重、守礼。因此,宝玉在第一次出场时穿着的"大红箭袖袍",既体现了满族的衣着传统,又体现了宝玉当时穿的是外出所穿的礼服,含义非常深刻。

杨宪益译本中用了"archer"这个词来表达"箭袖"之意。"archer"在《朗文当代英语词典》中的解释是:"a person who shoots arrows from a bow, either as a sport or (formerly) in war",即"弓箭手",这样的直译容易让人误解为弓箭手所穿的袍子。

而霍克斯则把"箭袖"译为"narrow-sleeved",意义与原文也有出入。"narrow-sleeved"意为"窄袖的",而不是满族服饰中在本来就比较窄的袖口前边,再接出一个半圆形的似"马蹄形"的"袖头"。

相信这两种译文在读者心中所产生的关于"箭袖"的意象,与原文有很大的差别,都没有很好地翻译出原文。笔者认为,"箭袖"在英文中没有对应的词语,只能采取意译法,可将其译为"projecting U-shaped cuff"。

1.4 袍

袍是一种纳有絮棉的内衣,它是在深衣的基础上演变而成的,最初多被穿在里面,作为一种内衣,凡穿袍服,外面都要加上罩衣。到了汉代,妇女在家居时也可将袍穿露在外。因为在外面不加罩衣,所以其形制日渐讲究,袍上的装饰也更加精美,可以绣上各种美丽的花纹。久而久之,袍服便成了一种礼服。

此处宝玉所穿的"二色金百蝶穿花大红箭袖袍"是典型的礼袍。杨宪益先生在此处将"袍"译成了"jacket",与原文差别太大。查阅《朗文当代英语词典》,对"jacket"的释义为"a short coat with sleeves",这与原文中"袍"的概念完全相左。"袍"应该是长的上下连接在一起的服装,而不是"jacket","短的有袖夹克"。可见,杨译在此处有错译之嫌。

而霍克斯译本在此处采用了"full-skirted robe"这个短语,笔者认为基本传递了原文的信息。首先,"full-skirted"表达出了长袍上下一体的概念,其次,"robe"这个词的含义为"a long loose garment worn for official or ceremonial occasions",基本表达出了此处袍服是正式场合穿着的礼服之意。因此,此处霍译是可取的。

1.5 褂

褂是清代特有的一种礼服,通常做成圆领、对襟,袖端平齐。有两种形制:一为长褂,下长至膝,着之以备行礼,故又称"礼褂";一为短褂,长至胯部,专用于出行,故称"行褂",又称"马褂"。长褂所用的颜色以石青(又称绀色)为主,那是一种黑中透红的颜色,也有用元青(即黑色)为之者。

此处,贾宝玉"外罩石青起花八团倭缎排穗褂",其褂应为长褂,也即"礼褂",所用的颜色也是长褂常用的颜色:石青色。杨宪益将"褂"译为"coat",而霍克斯译为"jacket"。"coat"意为"an outer garment with long sleeves, often fastened at the front with buttons and usu. covering the body down to the knees, worn esp. to keep warm or for protection",似乎与"褂"有所相似,而且

表达出了长至过膝的长褂的概念,但是西方读者意象中的"coat"
毕竟与中式的"褂"还是有所不同的,应该说,"coat"更接近于"长
外衣"的意思。而霍克斯的"jacket"差得更远了,因为正如我们前
面解释过的,"jacket"是短夹克,而这里贾宝玉穿的是长至过膝的
"礼褂",所以概念完全不同。笔者认为,可以不妨沿用杨宪益先
生所用的"coat",但因为"褂"是中国特有的服装,所以可以在
"coat"之前加上"Chinese-styled",译成"a Chinese-styled coat",
把"褂"的意思表达完整、准确。

1.6　朝靴

清代的靴常在公服中出现,平民百姓很少穿着。这个时期的
靴子式样可分为二式:平常所穿者通用尖头,以皮革制作;朝会所
穿者则用方头,以黑缎制作。《清稗类钞·服饰》中是这样记载
的:"凡鞋头皆尖,惟着以入朝则方。或曰:沿明制也。"据此我们
可知,朝靴是方头靴之别称,不必真正入朝。

此处,杨译和霍译在"朝靴"的翻译上略有不同:杨译是
"court boots",而霍译是"dress boots"。"court boots"比较容易
理解,指的是在宫廷中所穿的靴子。而"dress"在《朗文当代英语
词典》中有"(of clothing) suitable for a formal occasion"之意,连
起来我们可以把"dress boots"理解为"在正式场合所穿的靴子"。
可见此处霍译更恰当,因为贾宝玉那天是到庙里还愿,是参加一
个正式场合的活动,而不是真正入朝。

从以上几种典型服饰的译例分析中,我们不难看出杨译和霍
译在翻译风格和方法上的鲜明差异:杨译简洁,霍译翔实;杨译以
直译和异化策略为主,霍译以意译和归化策略为主。虽然风格迥
异,但是这两个译本在学术界和普通读者中都得到了广泛认可。
但是就是这样两位语言大家,在翻译短短的一段服饰描写中也出
现了不少不恰当的或者是错误的译文,可见服饰的翻译是文化翻

译中的难点,因为它承载了一个民族和国家太多的传统文化,由此增加了译者理解原文和找到恰当译文的难度。也正因为如此,研究《红楼梦》中服饰的翻译具有很强的现实意义。

2. 服饰体现人物个性特征

《红楼梦》中人物着装的风格完全与人物个性特征相符,给读者留下深刻印象的有豪爽宽宏的史湘云、娇艳刚烈的尤三姐和泼辣干练的王熙凤等。此处我们仅以史湘云为例来看曹雪芹以服饰衬人的写作功底。对史湘云的服装描写集中在第四十九回芦雪庵赏雪时的打扮:

> 一时史湘云来了,穿着贾母与他的一件貂鼠脑袋面子、大毛黑灰鼠里子里外发烧大褂子,头上带着一顶挖云鹅黄片金里大红猩猩毡昭君套,大貂鼠的风领围着。……一面说,一面脱了褂子。只见他里头穿着一件半旧的靠色三镶领袖、秋香色盘金、五彩绣龙窄褙小袖掩襟银鼠短袄。里面短短的一件水红粧缎狐肷褶子,腰里紧紧束着一条蝴蝶结子长穗五色宫绦,脚下也穿着鹿皮小靴,越显得蜂腰猿背,鹤势螂形。(曹雪芹:492—493)[4]

史湘云独树一帜的打扮,"蜂腰猿背,鹤势螂形",突出表现了她与众不同的个性美。湘云爱穿男装,是因为她相信自己在这个男人的世界里可以做出一番事业,以为"裙钗一二可治国",因此她有意识地把自己的着装男性化。

湘云是个纯洁自然、绝不矫揉造作的女孩,在这个独具特色的艺术形象的塑造中,服饰起到了很大的体现人物个性特征的作用。

来看两个译本对这一段的翻译。

杨译:

Presently Xiangyun arrived wearing an ermine coat lined with grey squirrel given her by the Lady Dowager, a scarlet woollen hood with a gosling-yellow applique of cloud designs and a golden lining, and a big sable collar.

    ...

Taking off the coat she revealed a narrow-sleeved, none too new greenish yellow satin tunic lined with white squirrel, with fur-lined cuffs and collar, which was embroidered with dragons in gold thread and coloured silks. Her pink satin breeches were lined with fox fur. A long-tasselled coloured butterfly belt was fastened tightly round her waist. Her boots were of green leather. With her slender build she looked thoroughly neat and dashing. (Yang, Volume II: 133)[5]

霍译:

Presently Xiang-yun arrived. She was wearing an enormous fur coat that Grandmother Jia had given her. The outside was made up of sables' heads and the inside lined with long-haired black squirrel. On her head was a dark-red camlet 'Princess' hood lined with yellow figured velvet, whose cut-out cloud shapes were bordered with gold, and round her neck, muffling her up to the nose, was a large sable tippet.

...and opened out the fur coat to show them.

She had on a short, narrow-sleeved, ermine-lined tunic jacket of russet green, edge-fastened down the centre front, purfled at neck and cuffs with a triple band of braiding in contrasting colours, and patterned all over with dragon-roundels embroidered in gold thread and coloured silks. Under this she was wearing a short riding-skirt of pale-red satin damask lined with white fox belly-fur. A court girdle of different-coloured silks braided into butterfly knots and ending in long silken tassels was tied tightly round her waist. Her boots were of deerskin. The whole ensemble greatly enhanced the somewhat masculine appearance of her figure with its graceful, athletic bearing. (Hawkes, Volume II: 479-480)[6]

这两段译文字数上的差距很明显,杨译用了 109 个字,而霍译有 183 个字,短短一段译文的字数差距就达到了 74 字,再一次证实了前文提到的杨译简洁、霍译翔实的风格差异。霍译详细地由里到外把湘云的装扮一一展示出来,尤其突出了湘云外面这身衣服的"furry apparition",以证实林黛玉笑她打扮得像孙猴子一样,像个"小骚达子",真是译出了原文的神韵。

至于湘云里面穿的"水红粧缎狐肷褶子",两个译文也很有趣。杨宪益先生的译文"Her pink satin breeches were lined with fox fur",把"褶子"译成了"breeches",意思是"short trousers fastened at or below the knee",即"马裤";而霍克斯的译文是"Under this she was wearing a short riding-skirt of pale-red satin damask lined with white fox belly-fur","褶子"被译成"riding-skirt",即"骑马穿的裙子"。无论哪一种译文,这里都强调的是湘云穿着短短的、像男孩子穿的、利于骑马运动的装束,突出湘云威武的"戎装"打扮。因此,笔者认为两种译文都是可取的。当然,查阅中国古代的服饰资料发现,"褶"是一种宽松的裤子,可在膝部系带,便于活动。应该还是杨宪益先生的译文更准确些,但译者在允许的范围里做出一些自主的选择,只要不曲解原文,达到原文神韵上忠实的传递,还是可以接受的。

之后"鹿皮小靴"的翻译,杨宪益先生好像有点误译,"Her

boots were of green leather",没有译出"鹿皮"之意,霍克斯的译文"Her boots were of deerskin"符合原意。

3. 服饰传达人物审美意象

服饰成为文学的一部分,有着悠远的民族传统,主要功用就是营造文学的审美意象。在《红楼梦》中,曹雪芹精于意象的营造,为我们塑造了几十个栩栩如生的人物形象,其中温柔稳重的宝钗、纯洁孤傲的黛玉和理想完美的宝琴,深深地烙在了万千读者的心中。本文仅以林黛玉的服饰描写为例来看服饰在人物形象塑造上的作用。

于黛玉,可见作者的神来之笔。略其貌而取其神,突出她的内在美质。第三回,王熙凤、贾宝玉、林黛玉均正式出场,前二人衣饰描写色色精细,独黛玉的穿戴无一字提及。曹雪芹用点睛之笔,弃服饰不写,却突出黛玉的神采。曹雪芹刻画林黛玉时用的是简笔手法,抓住了她的气韵神情,而把次要笔墨全部舍弃。

前八十回中,描写到林黛玉服饰的只有两处。

第八回:

> 宝玉因见他外面罩着大红羽缎对衿褂子,因问:"下雪了么?"地下婆娘们道:"下了这半日雪珠儿了。"宝玉道:"取了我的斗篷来了不曾?"黛玉便道:"是不是我来了,他就该去了。"宝玉笑道:"我多早晚说要去了? 不过是拿来预备着。"(曹雪芹:84)[4]

《红楼梦》中有许多围绕服饰展开的小情节,这一回"探宝钗黛玉半含酸",对黛玉含酸带妒的心理描写,就是以服饰作为叙事的突破口的。这种围绕服饰展开的小情节,一方面推动了大情节的发展,另一方面也能够在细微处刻画出人物的性格特征。服饰的作用,在这里上升到了文学的功能层面,营造出了文学的审美意象。因此,在翻译中,译者绝对不能忽视。来看两个译本对"大红羽缎对衿褂子"的翻译。

杨译:a crimson camlet cloak which buttoned in front (Yang,Volume I:123)[5]。

霍译:a greatcoat of red camlet (Hawkes,Volume I:191)[6]。

这一段中天有点下雪,黛玉披着"大红羽缎对衿褂子"来探望宝钗。很显然,这里的"褂子"是指穿在袄外面的长风衣之类的,因为它是对襟的,所以跟披风或斗篷还有所不同。因此,杨译的"cloak"好像不是太准确。霍译中用了"greatcoat",在《朗文当代英语词典》中,"greatcoat"的释义是"a heavy usu. military overcoat",也就是比较沉重的类似于军大衣一样的服装。想象一下:黛玉这样弱不禁风的妙龄女子穿着比较沉重的类似于军大衣一样的外套,意象绝对不美。所以,实际上不如用"coat"替代"greatcoat"更好些。

另外,"对衿"这个概念霍译漏译了,杨译用的"which buttoned in front",基本译出了中式服装中"对襟"的概念,即中缝开叉,盘扣于中缝汇合。

第四十九回:

> 黛玉换上掐金挖云红香羊皮小靴,罩了一件大红羽纱面白狐皮里鹤氅,束一条青金闪绿双环四合如意绦,头上罩了雪帽,二人一起踏雪行来。(曹雪芹:492)[4]

这一回是前八十回中对黛玉服饰最集中描写的一回,依然是下雪天的打扮,以红色调为主,写黛玉的服饰偏偏选在让人感觉寒冷的冬天,可见作者的独具匠心。红香羊皮小靴、大红羽纱鹤氅,鲜艳的红色在白雪的辉映下,令她显得明艳鲜美,光彩照人,加上那条"青金闪绿双环四合如意绦",更使她显得生气勃勃、神采飞扬。

杨译:

Having put on red boots lined with lambskin and with a gold-thread cloud-design applique, a crimson silk cape lined with white fox-fur, a green and gold plaited belt with double rings, and a snow-hat, she walked with him through the snow to Li Wan's apartments. (Yang, Volume II: 133)[5]

霍译:

…and waited while she put on a pair of little red-leather boots which had a gilded cloud pattern cut into their surface, a pelisse of heavy, dark-red bombasine lined with white fox-fur, a complicated woven belt made out of silvery green shot silk, and a snow-hat. The two of them then set off together through the snow. (Hawkes, Volume II: 478-479)[6]

这一段中主要是"鹤氅"的翻译值得探讨。"鹤氅"二字,在古代典籍中是有记载的。徐灏在《〈说文解字〉注笺》中对"鹤氅"作了解释:"以鸷毛为衣,谓之鹤氅者,美其名耳。""鸷"指凶猛的鸟,如鹰、雕等。从这一描述中可以清楚地了解到鹤氅是以鸟毛为原料的,其外形就如刘若愚在《明宫史》中所描写的:"有如道袍袖者,近年陋制也。旧制原不缝袖,故名之曰氅也。彩、素不拘。"可见,鹤氅是以相当珍贵的鸟毛制成的无袖披风,彩色和素色都有。这里无论是杨译中用普通的"cape",还是霍译中用"pelisse"(轻便女大衣)来表达,都没有译出原文中鹤氅的珍贵,在很大程度上抹杀了中国文化中原有的独特性。虽然无论是"cape"还是"pelisse",外观都与"鹤氅"相近,但它们都没有能充分体现"鹤氅"的奢华和罕见,没能表达出它是用相当珍贵的鸟毛制成的,而仿佛只是寻常百姓家也可拥有的那种普通的披肩或斗篷。虽然两个译本后面都有"lined with white fox-fur"来修饰,那只是表达出了"白狐皮里"的概念,对鹤氅的解释还是远远不够的。我们建议通过加注解释的方式,完成对"鹤氅"这个概念的完整表达。

必须无奈地认识到文化有时不可译,每一种语言都是各有所长,具有不同的文化底蕴。在很多情况下,目的语无法准确地表达出原语的文化色彩,译者只能尊重语言各自的特征。对"鹤氅"这一服饰词语翻译的不完整性在一定程度上说明了文化的不可译性。

三、结　　语

《红楼梦》中作者高超的服饰描写手法和服饰对人物角色塑造以及小说情节铺陈的作用决定了服饰是《红楼梦》中体现中华传统文化的重要部分,因此,服饰翻译是《红楼梦》翻译中译者不应忽视和遗漏的部分,对服饰翻译的研究是《红楼梦》文化翻译研究的重要组成部分。通过这样的研究,可以探讨文化的可译性和不可译性、译者翻译策略的选择以及如何做到最大程度上的文化传真等问题。

本文对《红楼梦》中几位主要人物的服饰描写及其英译做了对比分析,提出自己的译文建议。同时对不同译者的译文风格进行了阐述,对中华传统文化中独有的服饰的不可译性进行了探讨。笔者认为,无论译者采取何种翻译方法和翻译策略,要做好文化因素的翻译,最重要的是把原文的意象和内涵准确地传达给译文读者,避免错译和漏译。

参考文献:

[1] Gong Qi, *On Hong Lou Meng by Gong Qi*, Beijing:Zhonghua Book

Company, 2007, pp. 48-49.启功《启功给你讲红楼》,北京：中华书局,
2007 年,第 48-49 页。

[2] Wenbin Hu, *Reviews on Hong Lou Meng*, Beijing：Jinghua Publishing
House, 2007, p. 69.胡文彬《入迷出悟品红楼》,北京：京华出版社,
2007 年,第 69 页。

[3] Qinghua Feng, *On the Translation of Hong Lou Meng*, Shanghai：
Shanghai Foreign Language Education Press, 2006, p. 471.冯庆华主编
《红译艺坛——〈红楼梦〉翻译艺术研究》,上海：上海外语教育出版社,
2006 年,第 471 页。

[4] Xueqin Cao, *The Story of the Stone*, Beijing：People Press, 2006.曹雪
芹《红楼梦》(八十回石头记),周汝昌汇校,北京：人民出版社,2006 年。

[5] Xueqin Cao and E Gao, translated by Yang Hsien-Yi and Gladys Yang.
A Dream of Red Mansions, Beijing：Foreign Languages Press, 1978.

[6] Xueqin Cao and E Gao, translated by David Hawkes. *The Story of the
Stone*, London：Penguin Books, 1973.

[7] Ling Zhou, *Characters in Hong Lou Meng — Encyclopedia of Hong
Lou Meng*, Beijing：Zuojia Publishing House, 2006, p. 188.周岭《红楼
梦中人——红楼小百科》,北京：作家出版社,2006 年,第 188 页。

藏族服饰文化

陈　坚

【摘要】　藏族服饰文化源远流长，独具魅力。据统计，已发现的藏族服饰类型有二百多种，居中国少数民族之首。其地域性特征明显，形制与质地较大程度取决于藏族人民所处生态环境以及在此基础上所形成的生产、生活方式。

【关键词】　藏族　服饰文化　地域性特征

藏族服饰文化源远流长，独具魅力。据统计，已发现的藏族服饰类型有二百多种，居中国少数民族之首。种类繁多的藏族服饰已被列入国家级非物质文化遗产。

首先，我们了解一下藏族服饰文化的一些背景知识。藏族是中国五十六个民族之一，也是青藏高原的主要原住民。我们先来看看藏区有多大。西藏自治区的面积约为一百二十三万平方公里，而藏族的居住区域却不止于此，而是包括西藏自治区、青海省、四川省西部、云南迪庆、甘肃甘南等地区的更为广阔的领域，总面积约为二百四十万平方公里。

藏族和汉族一样，并非单一民族。在历史的长河中，有更多的民族、更多的部落汇入其中，比如，象雄、苏毗、吐蕃三大部落及吐谷浑等部落，其中吐谷浑部落是从东北辗转迁徙到青藏高原上的鲜卑族的一支。如此一来，诸多部落最终融合成为我们今天广义上所讲的藏族。藏族有着自己的语言和文字。藏语属于汉藏语系藏缅语族藏语支。

1979年，在西藏昌都地区昌都县城东南约十二公里的卡若村，出土了约五十件古代装饰品。经考证这里是新石器时代的文化遗址，年代为距今四千到五千年，被称作卡若遗址或卡若文化。从出土的骨饰品可以看出先民精湛的加工技艺。并且从它们的装饰、美化功能也可以看出，当时的人们已开始有了精神、文化层面的需求。

藏文的发明者是吞弥·桑布扎，他是公元7世纪三十三代藏王松赞干布的七大贤臣之一。十五岁时奉藏王松赞干布之命，前往天竺求学，七年后回到拉萨，在原有象雄文化的基础上，借鉴古印度等国的文化之优点，完善和创造了藏文。藏族居住地区分为三大方言区，在安多地区，当地人多讲安多藏语。安多藏语的发音和卫藏的发音有所不同。如，同一个藏文字母，它的安多发音为"哇"，康区发音为"拔"，而卫藏发音为"扒"。同字母发音都不一样，再通过上加字、下加字、前加字、后加字、后后加字的拼音方式发音后，则导致三大方言区之间语言交流的困难，最终只能通过书写方式实现交流。而由于"安多""卫藏"这两个区是完全隔开的，所以通常情况下他们之间的交流使用普通话。这三个地区各具特色：安多被称为"马域"，盛产牛羊，草场特别多、特别大，是个出产宝马良驹的地方；康区则被称为"人域"，人杰地灵，康巴人很有特点，男子特别帅，女子特别漂亮，四川的丹巴地区也出美女；而卫藏地区则被称为"法域"，是政教、经济、文化的中心。

藏族是一个崇尚白色的民族，白色涵盖了他们的物质世界和精神世界。藏族认为白色象征着纯洁、吉祥、善良和正义。每年藏历九月，布达拉宫都会涂染白色，且必须要在藏历九月二十二日之前完工。原因在于，一方面，拉萨地区的降水量比较大；另一方面，日光照射又特别强烈。因此，为了保护建筑本体，需要每年进行维护。藏民会用羊八井的石灰、白糖、蜂蜜、红糖,还有藏红花来调和涂料。白糖不但能增加石灰的黏度,还会在阳光的照射下闪闪发亮,煞是好看。当然比例也很重要,如果比例不正确的话,反而会影响牢度。所以,布达拉宫的墙常被称作"甜的墙""糖做的墙"。

青藏高原素有"亚洲水塔"之称。长江、黄河、澜沧江、怒江、森格藏布河、雅鲁藏布江都发源于此。坐在飞机上从西藏顶空向下望去,映入眼帘的是延绵不断的雪山,许多山顶上的积雪甚至终年不化。藏族人在日常生活中向周围远眺时,看到的也都是环绕四方的、与蓝天白云相互映衬的雪山,因此,白色对藏族的影响特别大,而由白色又衍生出一种礼仪文化——献哈达。

献哈达是一种崇高而又普遍的礼仪。它是长辈之间、同辈之间、晚辈之间在重要会面时的隆重仪式。据说献哈达这种礼仪是1265年由萨迦派的第五祖——八思巴第一次返藏时带到藏地的。还有一种说法是7世纪时,由文成公主进藏的时候带过去的,它来源于唐朝的丝绸文化。

藏族服饰现在已经是国家级非物质文化遗产,其品类繁多,官方数据是二百多种。西藏艺术研究所所长努木老师说,藏族服饰有三千多种,藏族著名学者多识仁波切认为藏族服饰有八百多种。藏族是多部落、多地域、多文化的融合,这也决定了其服饰纹样格外丰富,服饰文化的多样性。

我们曾经在那曲等地拍摄虫草,那里平均海拔四千八百米。这样的自然条件就决定了其服饰样式必须具备某些功能,即必须能适应高海拔地区,挡风御寒,具有自如调节的功能。高原上一天当中有时会出现一年四季不同的天气——下雨、下雪、刮风、艳阳天。一片云彩飘了过来,天就凉了,就得把衣服穿上。一片云彩飘走了,阳光便立刻直射下来,令人燥热,便可以把右侧袖子褪下,再热的话则甚至把左手臂也裸露出来,再将一左一右两个袖子相互在腰前打结。藏族人民就是如此来适应高原天气的千变万化的,由此脱掉一只袖子的装束便也成为大家对藏族服装的特有印象。

在牧区,农牧民需要到草场放牛羊,他们一出门就是几个星期,甚至一两个月。那么他们如何在草场生活?出发时,他们会随身带上大量糌粑,每天从山中取水,用干牛粪生火煮开,靠食用糌粑果腹,日间休息或晚上睡觉就是靠结构肥大的藏袍,藏袍就像一个大被子。安多地区的藏袍多用羊皮制作,穿着暖和,能御严寒。

藏服的结构特点是以袍为主,辅以宽腰、长袖、大襟。农区的服装和牧区的有所不同,农区的袖子会短一些,因为要种地。还有一些地方两个袖子长短不同,左袖会短一点,同样是生活的需要。

处于森林资源丰富的工布地区,不论男女老幼都穿着名为"果秀"(或称"古秀")的套头长款坎肩。林芝温暖湿润,土地肥沃,覆盖着大片的原始森林,这里的人们的生活世代与伐木、狩猎密不可分。由此也形成古秀服装穿法简单的特点。它无领,无袖口,可以理解为两片长方形的大布片,套在身上,在腰间系上腰带。具有挡风、防寒、防露水、防雨淋、防树枝扎刺等特点。

藏服男装的特点是雄健豪放,而女装的特点则是典雅潇洒,以珠宝金玉为佩饰。农区藏袍的特点是一般以氆氇或毛哔叽等做面料,在领子、袖口、襟和底边镶上绸子、彩布等,显得典雅华贵;而牧区藏袍的特点则是实用保暖,由于不断迁徙等原因,总是将绿松石、玛瑙等作为装饰挂在身上携带。

我们先来看卫藏服饰的特征。以前以大昭寺为中心的八廓街区域才叫拉萨,而在拉萨西北的玛布日山上就是始建于公元7

世纪的著名的宫堡式建筑群——布达拉宫。公元 17 世纪,五世
达赖建立噶丹颇章王朝并被清朝政府正式封为西藏地方政教首
领后重建布达拉宫,再经历代达赖喇嘛扩建形成了现在的规模。

　　拉萨的藏族妇女们戴着一种藏式金花帽——次仁金噶,帽顶
上覆金丝缎,以金线装饰帽子的边缘,帽沿上镶缀皮毛,皮毛不
同,价格会有所不同。男帽一般比较高,女帽更显华丽。男帽的
帽沿前后大,左右小,女帽的四个帽沿大小差不多。戴帽子的方
式男女也有别。戴女帽时,帽沿朝向右侧 45 度方向;而戴男帽时
则是先将帽沿朝向正前方,并将另一个后面的帽沿塞进帽筒内,
再戴在头上。

　　藏族女子穿着的长袍有点类似于旗袍。她们冬季穿长袖长
袍,夏季穿无袖长袍,无袖长袍被称作"宝拉",里面搭配穿各式各
样的衬衣。已婚妇女腰前系一块彩色花纹的毛织围裙称作"邦
典",是由三片五彩的、细横线条的氆氇缝制而成。氆氇是将羊毛
用纺锤捻成线,然后用梯形木结构织机纺织而成。氆氇的幅宽比
较窄,一般 23—27 厘米。藏族妇女喜爱将"邦典"作为装饰品系
在腰间。从前的年轻未婚女子是不佩戴的,但是今天传统在发生
变化,未婚女性也开始佩戴"邦典",它成为了一种时尚。

　　卫藏地区藏族妇女的头饰称作"巴珠"和"巴廓"。"巴珠"是
流行于西藏拉萨一带的贵族头饰,呈三枝状或三角状,骨架多用
红色的氆氇或布扎成,骨架上再装饰珊瑚、珍珠及绿松石等饰物,
盛装出行时将其平系于发顶,两枝向前,用两条发辫盘结。"巴
廓"是流行于西藏日喀则和江孜一带的一种典型的妇女头饰,整
体形状像弓,装饰有珍珠、珊瑚、玛瑙、松石等宝石,梳理这种发式
通常需要两到三个小时。

　　藏族的长筒靴底高两厘米,筒高至小腿之上,用鞋带绑系。
藏鞋分为"松巴拉姆"、"嘎洛"(鞋)、靴子、"嘉庆"(鞋)四大类型。

高级的松巴鞋——"松巴梯呢玛"是由牛皮制底,以粗毛线或棉线密密缝制,底厚超过一厘米,靴帮色彩斑斓,用红、黄、绿、蓝等八种颜色的丝线绣出美丽的图案,十分艳丽。

三四年前我拍过一组藏族服饰的纪录片,记录了松巴鞋的自治区级非遗传承人——赤列塔青老人的制鞋工艺。现今老人已过世,而老人生前在拉萨建立的一所藏靴博物馆和一所学校还在继续向后人传授着老人的藏靴手艺。这所学校主要招收藏族残疾人,教他们掌握传统手工技艺后得以自食其力。据说纳鞋底时每寸要缝十三针,可见他们是通过数量化明确了工艺标准,从而确保了制作质量。藏族裁缝手工缝制的运针方式是针头统一朝向自己。

接下来讲"普兰科迦盛装"。阿里普兰县科迦村,是与印度、尼泊尔交界的地方,每年很多印度人、尼泊尔人要去冈仁波齐转山转湖,一定会路过科迦村。西藏阿里地区普兰县至今仍然保留着已传承千年的、独特的藏族服饰——"普兰服饰"。普兰县的孔雀河源头像孔雀的形状,孔雀是美丽和吉祥的象征,继而在这一地区便出现了最精美、最独特的"孔雀"服饰。普兰盛装十分贵重,每个家庭也可能只有一套,都是由母亲传给女儿,所以被看作世代家产传承下去。人们只有在节日盛典时才会穿戴。服装从头到脚镶有黄金、白银、松石、玛瑙、珊瑚、珍珠、田黄等,将各种珠宝集于一身。

我们再来看"工布藏族服饰"。工布是指原娘布和工布两个古部族的地域,是今天的工布江达、林芝、米林三县所在区域。这里位于雅鲁藏布江的中下游,森林资源丰富,雨水量充沛,很适合人类居住,有"西藏小江南"的美称。海拔高度只有两千五百米左右,氧气含量充足,所以我一般建议从内地去西藏的朋友,先乘飞机到林芝,稍作适应后再到往西藏的其他地区。工布藏族服饰一般用氆氇或皮革制成,多为黑色和紫色,肩宽无袖,坎肩的长度达到下摆齐膝,工布女子"古秀"下摆拖到脚边。衣襟和下摆衣缘镶着金边,领口和腰带装饰精美。"工布藏族服饰"一般分为节日盛装和日常着装。节日盛装会在日常藏装的基础上,添加更多的镶边、锦缎以及配饰。工布男子腰上系有银片装饰的腰带,腰带前面斜插腰刀,左侧插箭,右侧挂弓,它们既是砍柴、狩猎的生产工具,也是表现男子威武有力的配饰。工布藏服具有散热、挡风、防寒、防露水、防雨淋、防树枝扎刺等功能。

工布男子的帽子是圆筒型的,看上去有点像元宝,帽底缝一层绿色的绸子,帽沿镶上一圈虹形彩缎。工布女子头戴圆形彩色锦缎帽子,帽沿有两个小三角形,帽角在侧抑或向后都有讲究,它们是区别已婚未婚的记号。工布藏靴像长筒靴,底高两厘米,筒高至膝盖,靴面用氆氇,靴头用红绿相间的氆氇,上绣花纹,鞋筒用染色的鹿皮装饰,再用红黄彩线镶边,十分华丽。"那祖"意为尖头鞋。"那"是鼻头的意思,"祖"是狗的意思。鞋鼻微翘,鞋底用牦牛皮或黄牛皮制作,耐用、耐寒又美观。

关于康巴藏族服饰,亚东有一首歌——《康巴汉子》,歌词是:"我心中的康巴汉子哟,额上写满祖先的故事,云彩托起欢笑,胸腔是野性和爱的草原,任随女人和朋友自由飞翔,血管里响着马蹄的声音,眼里是圣洁的太阳,当青稞酒在心里歌唱的时候,世界就在手上。"典型的康巴人的特点是极其壮实英武,脸大黝黑,目光深沉。康巴人非常精明、善于生意,有"西藏的吉卜赛人""藏区的犹太人"之称。康巴汉子三件宝:头饰、护身符和刀子。康巴汉子留长发,头发里编上红丝穗再盘成莲花状的"英雄结",辫套上串有珊瑚、象牙环和金银质戒指,作为辫饰。康巴人恩怨分明,解决问题的方式就是决斗。图 1 是 2004 年冬季,笔者在甘南藏区拍摄藏历新年时,和两位康巴商贩的合影。他们体格大,格外强壮。

图 1

　　他们的脖子上挂上很多串红珊瑚,以这样古老的、祖传的营销方式在人们欢聚的地方进行饰品售卖。红珊瑚项链的价格极其昂贵,记得十几年前一串红珊瑚珠子的价格已经超过一百万元。红珊瑚主要有三个种类:阿卡、莫莫、沙丁。"阿卡"的产区主要集中在地中海、日本和中国台湾海域等,从浅淡的桃色到深艳的黑红色,色彩深浅不同,其中最美的颜色非"牛血红"莫属。"莫莫"的发音源于日语"桃子"的读音,意思是桃红色,主产于中国台湾海域,颜色从浅色的桃红色到正红色,以粉色、桃红色为主,所以被称为"桃红色珊瑚"。"沙丁"主产于地中海附近,有"西方贵族"之称。安多、康巴藏区的藏族喜爱粉色珊瑚,卫藏地区喜欢正红色、牛血红珊瑚。

　　康巴女子喜用金、银、珠宝来装饰。女子藏袍的特点是大襟、宽腰、长袖、超长,配以腰带收身,配饰则式样别具、丰富多彩。她们将挂在颈上、佩戴于胸前的饰品称作"嘎乌盒"。"嘎乌盒"是藏语的音译,指护身佛的盒子,小型佛龛、随身佛龛。龛中供设佛像、经文、舍利子、甘露丸等圣物。它有护身、消业和增长修行的作用。出门时佩戴,一者祈求本尊加持,二者于修法时可取出供奉,为随身之密坛。

接下来,我们一起了解一下嘉绒藏族的服饰。我们先回到20世纪30年代。一位叫作庄学本的上海摄影师,于1934年在岷江流域开始了他的十年边地行旅。灌县、汶川、茂县、理番、阿坝、果洛,他沿途经过羌民和嘉绒藏族的居住地,一生历尽千辛万苦,拍摄了上万部西部少数民族的影视作品,为中国少数民族史留下了一份可信度极高的视觉档案与调查报告。

有一位嘉绒藏族的女歌手曾在一台选秀节目上说:"……我们藏族没有文字……"结果全网都在批评她没文化。我去查了一下,发现嘉绒藏族的确没有文字。嘉绒藏族使用的是嘉绒语,是一种非常古老的语言,被称作汉藏语系的"活化石",它是没有文字的方言,保留了原始汉藏语的一些语音形式和构词手段。嘉绒语对了解古汉语的语音和语法有重大的意义。

嘉绒藏族是古老藏族的一个特殊的地方支系。它是吐蕃东扩时期,吐蕃驻军及移民和下象雄土著长期融合形成的一个民族。他们主要居住于川西北高原的岷江上游西岸流域与大小金川一带,是以农业生产为主的农区人。

嘉绒服饰即为其中一个重要的组成部分,也是嘉绒文化的外在表征、形象展示和象征符号。以丹巴县和康定县大渡河沿岸为代表的当地着装是:以长方形黑金丝绒底绣花头帕对折,戴于头上,额前伸出约数厘米,脑后下披至后颈,宽至两鬓,然后用大红头绳或五彩头绳辫发盘于头帕上,辫子上套上各式辫饰。外披披风,一般是条纹白色或原色皮毛披风,内穿锦缎上衣,下着五彩百褶长裙,腰系丝织或绸质彩色花腰带。男戴金丝帽,足穿彩靴。嘉绒地区服饰还受羌族习俗的影响,生活装普遍是长衫,以蓝黑色为主,下身系围腰,腰扎宽大彩带,冬天穿羊皮褂或羊毛织成的无领服等。

接下来是木雅藏族服饰。木雅藏族主要分布在道孚、雅江、康定折多山以西农区。妇女顶戴袋状帽,将帽沿一侧内叠扣于头上,像藏传佛教里面的坛城,东南西北中五方佛,而所有这些都各具文化含义。头是人体最重要的组成部分,藏族人认为头顶是一个人最尊贵的地方,所以在藏区是不能随便去摸小孩头,摸人头顶会遭人反感。袋状帽的帽沿伸出额前,沿至两鬓,长约三十厘米的袋状帽箭垂于脑后,然后用大红头绳或五彩头绳编成发辫盘于帽上,显得端庄妩媚。男子头戴狐皮帽,身着柔软、洁净、光面的羊皮袍,有时在皮袍面上镶吉祥符、卷草花图案,显得质朴、粗犷又不失美观。

下面是讲白马藏族服饰。白马的"白"是藏语吐蕃的发音,"马"是兵的意思,"白马"的意思就是藏兵。白马人头戴毡帽,帽子上插着锦鸡颈羽或雄鸡白色尾羽,寓意吉祥。男子一根白羽表示性格刚直,女子会有两到三根白羽代表温柔贤惠。吐蕃军队东征,在九寨沟一带与唐军发生交战,有一次唐兵在深夜里准备突袭,突然一群锦鸡发出警钟般的鸣叫声,把藏兵们都惊醒了,幸免于唐兵的突袭。从此白马人为了感激锦鸡救命之恩,把锦鸡的羽毛插在顶戴的毡帽上以示纪念。这便是由历史事件而流传演绎的一类服饰文化现象。

白马男子为了便于耕作和打仗,他们穿的藏袍袖子比其他藏区短。白马女子的服饰以白、黑、花三种百褶袍裙为主,色彩艳丽。白马女子头发上还要装饰圆形的鱼骨排,胸前饰以白玉般的鱼骨排,据说有美观和辟邪的功能。另外,她们腰间还围上几匝金亮的古铜钱,穿上各色布料绘制的镶花袍裙,于是周身五彩斑斓,绚丽夺目。

历史上安多藏族先民因其居住的地域在整个藏区的下部,所以自称为"安多",藏语意思就是末尾或下部。地理范围包括青海的果洛、海西、海南、海北、海东、黄南,甘肃的甘南、天祝,以及四川的阿坝等地区。

我们十年前在玛曲县拍摄过一个藏族传统婚礼的场面(图2、图3)。这个地区位于甘肃南部和四川交界的地方,当地的河套马特别有名。图中女子所戴的这项帽子是顶高耸的毡帽,帽尖是绿色的圆形上叠加一个红色的圆形,再加上红缨络装饰,其中蕴含着这样一些文化含义,如白色代表雪山,红色代表太阳,红缨络代表着阳光洒在雪山之巅。

图 2

图 3

安多藏族的服饰美观大方,贵重豪华。安多妇女的耳环是细碎链条式的,由金银铜铁雕琢而成,还镶嵌有珊瑚、绿松石。藏袍制作材料有羔皮、羊皮、羊毛、单褂。在牧区流行用最佳的纯色羔皮制作羔皮帽。

　　在《红河谷》这部影片里,宁静饰演的藏族公主的坐骑是一头白牦牛。虽然产白牦牛的地方只有华锐地区,然而现在在很多西藏旅游景点、圣湖边上都能看到白牦牛。那是因为高原湖水特别干净清澈,反射着天空的蓝色。比如,纳木措的颜色就是蓝色。当然也有呈现绿色的,比如,羊卓雍措就是深浅不一的的绿色。然而,不论蓝色还是绿色,在这样的色彩的背景环境里,白牦牛的白显得格外醒目,拍照效果格外好。

　　华锐藏区地处青藏高原东北部边缘,位于藏汉文化的交界之处,还处于中原和西域的交通要道以及蒙古和青藏高原的交通要道上,是藏区文明程度较高和发展较早的地区之一。华锐藏族有三大特点:一是语言,二是服饰,三是经营的畜种。

　　华锐藏人属于古老的游牧民族,华锐文化属于牧业文化。华锐大隆马是历史上著名的良种骏马。秦汉的中原军队的红缨枪和头盔上的红缨都是由白牦牛尾染制而成,而华锐就是白牦牛的唯一产地。武威出土的铜奔马和天祝出土的铜牦牛便是华锐作为骏马故乡和白牦牛故乡的象征。华锐语种基本上保留了古藏语的语音和词汇系统。此外,在华锐藏语中仍保持着藏语拼音规则的原型,比如前后置字、上下置字等的准确发音规则,甚至连后置字的音都保留着,这种现象是非常罕见的。

　　华锐服饰的特色主要表现在女装头面上。正如《西夏颂歌》中所描述的那样:"银装其腹,金装其胸。"即华锐女装的最大特色便是将镶嵌金银牌的两条堆绣锦缎的长头面佩戴在胸前。而已婚妇女的礼服还需佩戴大头面,即腋下两块长方形锦缎,背上一块长方形锦缎,锦缎上镶嵌一排排螺钿。这种"两条-三大块"的头面是华锐独有的女装头饰。此外,身后和两侧的"阿热"古朴似铠甲,华丽却不失庄重,形同出征的战士。这一装扮正是脱胎于武士的装束。

接下来一起来看东纳藏族服饰。"东纳"为藏语译音,"东"者意为"矛","纳"者指"黑缨",因其身着黑褐衣,手持黑缨矛,坐骑黑战马,故得名"东纳巴",意为持黑缨枪者。他们是居住在藏区最北端的藏族人群,主要分布于青藏高原东北边缘、河西走廊西部,历史上称之为"东乐克部落"。据说原属西藏昌都窝绒喀藏族,其自称是第三十三代藏王松赞干布戍边将士的后裔。史称吐蕃的噶玛洛部落,意为没有旨意不得返回的部落。

甘肃卓尼县的"觉乃"藏族来自西藏农区。这里是宫廷服饰保留得最为完整的地方。妇女的头发都梳成三根粗大的辫子,被称作"三格毛",由此觉乃藏族服饰也直接被称作"三格毛服饰",被公认为全藏区古代服饰及礼仪的"活化石"。觉乃藏族用辫子上的扎带颜色来区分女子是已婚还是未婚。三根辫子的扎带如果都是黑色的则表明已婚;如果中间一根扎带是红色的则表明未婚。此外,妇女的发辫上通常还佩挂一串圆形钱币状的银饰,其上刻有十二生肖或藏八宝图案,一来表示保佑其一年十二个月平安,二来表示和佛。这些银饰一般二十多块,由妇女们用银钱从发根到发梢依次串联,亦有妇女在辫子中段缀上一只直径约8—10厘米的圆形银环,抑或缀上碗口大小的葫芦式银制贯钱,其上镶嵌珠玑,这种银饰被称作"阿珑银钱"。

觉乃藏族妇女头上戴的石榴形帽子叫作"莎茹帽",圆顶,帽子两边各挂有一束黑线或者红线帽穗,悬于胸前。帽子后部有一个状若石榴尖的尾巴。其面料多为大红色缎子。还有一种帽子叫"金边毡帽"或"窝窝帽",是冬天戴的帽子,精美华丽,有四个半圆形帽沿,前后两个帽沿小,左右两个帽沿大,由黑猫皮缝制。天冷时可护住耳朵,天热时则可将帽沿塞进帽子里。此外,"烟筒帽"也是冬天戴的帽子,它的顶部如高耸的烟筒,帽沿底边两片外翻且分为两瓣，既能遮太阳，又能挡风雨。妇女穿着布料夹层长衫，半高领，右开襟，紧身窄袖，两边开衩，衣长及脚面。通常是长衫外罩一大襟式绸缎马甲，称为"库多"，开襟处镶滚花边饰。年轻女子普遍喜欢蓝色、绿色的长衫，外罩大红、粉红或紫红色的镶边马甲，腰系花带或大红色的毛织宽腰带，腿着深红色的窄筒布裤，足蹬红腰锁梁布靴，这种靴子被称为"连把腰子鞋"，鞋面有绣花。

　　舟曲藏族也称博峪藏族，舟曲的藏语意为"龙水"，指甘肃省的一条河，"曲"就是水的意思。舟曲位于白龙江上游的高山深谷中，有"一山看四季，十里不同天"的说法。这里的舟曲织锦带则被看作藏族独特的"活化石"。织锦带是用来束腰、扎靴、拢发乃至点缀服饰的花带，艳丽多彩，图案优美。传统的织锦带编织一般用胡麻、羊毛、棉花等捻成线，染成五色或十色丝线，手工编织。女子以亲手编织的织锦带做定情信物，藏族亲友间送织锦带表示祝贺或致哀。织锦带的图案有上千种，通常可以在一条织锦带上编织出十五至三十八种图案，技术精湛的手工艺人可在一条锦带上织出百种图案。

　　接下来和大家分享一个藏族时尚品牌的案例——"登顶巴黎秀场的牦牛绒围巾"。这是一个藏裔女孩德清的故事。她是藏裔美国人，她的父亲是位藏族作家，母亲是美国人，是位影视人类学家，也是位摄影艺术家。德清很早就关注到藏区的一种天然材料特别软，特别轻，特别保暖，这个材料就是牦牛绒。牦牛绒长在牦牛的脖子上，小牦牛自两岁开始自然脱落最纤细的绒毛。因为牛绒产量有限，所以一条围巾通常要用掉整整三十头牦牛的绒毛。每年的春夏之交，牦牛绒会从小牦牛的颈部自然脱落，所以说这种获取材料的方式对动物没有伤害。

　　那么这样的牦牛绒围巾是否受到欢迎呢？接下来我们来看

看这样的牦牛绒围巾是怎样卖出一条 500—2 000 英镑的高价的。2004 年,二十二岁的德清在美国大学毕业,获得了电影学和东亚社会研究双学位,同时她还是一位专业的摄影师。之后,她回到父亲的故土——甘南藏族自治州,独自一人开始了海拔三千二百米的藏区寻根。在那里,她发现草原经济非常有限,几乎仅依靠牛羊买卖。于是在经过调研后,她决定在当地建立牦牛绒生产基地,以最古老、最天然的方式手工纺织面料,用昂贵但环保的进口染料进行染色,制作围巾、服装等。

不久,德清创立的"诺乐"品牌在拉萨也开设了专卖店。其纯牦牛绒商品定价多在五千元以上,即使同品牌的混纺产品,定价也在一千元左右。由此,她创造出一个全新的藏族服饰品牌。另外,她凭借自己西方的教育背景,善于与国外客户沟通交流,与欧美时尚高端品牌合作,不断推进品牌的国际化。

"诺乐"品牌的背后是对提高当地藏民经济收入的实实在在的帮助。所有村民都是品牌的员工,同时也都是品牌的主人。德清坚持对新员工实施六个月的专业培训。德清拍摄的产品照片中出现的人物也都是当地村民。记者采访她时曾问:为什么价格定得那么高?德清回答:我们不是血汗工厂,我们是合理支付薪酬的社会化企业。企业即使不盈利也要维持正常有序的可持续经营。她主张长期发展的经营模式,作为员工的当地村民都能有一个持续的、合理的收入,企业才能有可持续发展。

德清夫妇还在著名藏学府拉卜楞寺所在地夏河县桑科草原开创了"诺尔丹"品牌,主要进行旅游产业开发,包括帐篷酒店和咖啡馆。帐篷和小木屋都搭建在半空中,四角支有铁柱,离地面约一米距离,脚下草色青青,甚是惬意。帐篷酒店内饰全部是牦牛绒产品。从美国请来的厨师做出地道的西餐,很多欧美背包客慕名而来。

　　我们团队在 2016 年和 2019 年的环东华时尚周上,策划了西藏大学服装设计专业的专场发布会(图 4)。为什么做这些? 西藏大学虽属 211 高校,但是受地理位置限制,教学资源相对比较匮乏,服装设计专业只有两位专业教师。于是我们推动了每年选派东华大学服装设计专业的教师去西藏大学援藏授课的项目。此外,2020 年我们学校还录取了一位西藏大学的服装设计专业的本科毕业生,目前她正在攻读东华大学服装设计专业硕士学位。我们团队现在也在帮她规划,希望在未来的一年到两年内,帮助她的作品也能登上世界舞台。

图 4

　　藏民族是勤劳智慧、善良勇敢的民族,藏族服饰是中华民族服饰中最考究、最美观的服饰之一。其作用不仅在遮身暖体,更具有美化功能,它是藏族劳动人民智慧的结晶。同时藏民族的生活习俗、文化信仰、审美情趣、色彩偏好等在历史的沉淀中汇集于服饰,构成藏族服饰文化的深刻内涵。可以说,藏族服饰是藏民族文化与精神的精髓。

中国化学纤维的发展和思考

王依民

【摘要】 本文介绍了国际上几种重要化学纤维的发明历史和中国化学纤维的发展历程。中华人民共和国成立初期,我国化学纤维的开发为解决我国粮棉争田的吃饭穿衣问题和为我国国防建设起到了重要作用。文章特别对高技术纤维、高性能和功能纤维的性能和应用做了详细的介绍。最后对新形势下中国化纤发展的现状和趋势做了讨论,认为"谁掌握高新技术,谁就掌握未来"。中国化纤,尤其是相关的大学和科研院所也要明确自己的历史任务,只有加强改革和不断创新,才能适应新形势,才能为我国国民经济发展和强国强军做出新的更大的贡献。

【关键词】 中国 化学纤维 发展史 思考

这个题目涉及服饰,涉及文化,服饰离不开材料。我们的服饰材料离不开天然纤维和化学纤维。天然纤维也就这几种:棉、毛、丝、麻。化纤是有很多很多种,所以我想还是讲我的化纤;文化呢,涉及传承,传承涉及道和器。那么我想我这里可能也会讲一点道,就是我们这个化纤发展的道和化纤这个产品的器,道和器的传承问题。

我是十三岁进的上海第一印染厂,那个厂当时是亚洲最大的印染厂。十六岁,我离开印染厂到了上海第一合成纤维厂,是中国第一家合成纤维厂,因为听他们说化纤是个新东西。我十六岁进化纤厂工作,到今年已经是整整五十四年了。今天我想把世界化纤发明、中国化纤的发展简单介绍一下,作为一个对中国很重要的化纤工业的发展,最好有一个大概的了解,它的历史怎么样? 它的现状怎么样? 它的发展经过怎么样? 它对我们国民经济发展和国防建设起到什么作用? 所以,我想主要从六个方面讲。第一个最简单地说一下纺织和纤维的意义。我们知道,纤维分天然纤维和化学纤维,然后介绍合成高分子纤维的发明以及我们国家化纤的发展。化纤很重要的有两块,一块是高性能(high-performance)纤维,第二个是功能(functional)纤维,所以 high-performance and functional 这两个是高技术(high-tech)纤维,最后要讲讲我们国家化学纤维的发展,特别是关于中美贸易战对我国纤维发展的一些思考。

大家知道纺织工业是我们国家传统的支柱产业,在国家外贸创汇上纺织也是很大一块。1978 年的时候,我国纤维的加工总量大概是 276 万吨,到 2018 年的时候达到 5 430 万吨,增长大概 20 倍,其中化纤从原来的 28.5 万吨,增加到 5 000 万吨,差不多 170 倍,2020 年我国化纤产量达 6 025 万吨,化纤的发展是非常非常快的。那么我们国家出口创汇呢? 我们的纺织出口创汇要占 800 个亿,那很厉害的啊。这一块很重要,我们国家的纺织,原来主要是要解决人们的穿衣问题、御寒的问题、要穿得漂亮的问题。那么看看我们国家纤维在除了穿衣之外的其他用途。我们一般把纺织、化纤分为三个用途,一个是服装服饰,第二个是家饰家纺,第三个是产业用途。产业用途涉及全国各个产业,比如军工国防、航天航空、海洋工程、建筑交通等各个产业。这个服装、家饰和产业的比例从原来的 51∶29∶20 调整到 46∶28∶26。不要小看增加的这个小小的 6%,因为总量太大了。而美国、日本等发达国家,它的产业用的化学纤维早就差不多占了 50% 以上。所以我们国家的化学纤维实际上主要还是用在穿衣服上,我国人口太多了,所以穿衣服也多。但是你可以看到,现在从 20％ 提高到 26％,所以在产业一块用途这个量确实增加很大的,反映了产业用纤维对国防建设和经济建设的重要性。

第二点就讲纤维。纤维我们是有个定义的,就是直径在几微米到几十微米,柔软且长径比达 1 000 以上,这个才叫纤维,就是要细、长径比比较大的才能称为纤维。你说电线,电线长径比也很大,但是它这个细度没达到,所以很细长的东西不一定能叫作纤维(fiber),只有粗细在一定的范围,柔软且长径比要达到 1 000 或以上,这个材料我们才把它叫作纤维。纤维可以分为天然纤维和化学纤维。天然纤维就是我们知道的棉、毛、丝、麻。化学纤维分为合成纤维、人造纤维和无机纤维,那么今天我要讲的主要是合成纤维。人造纤维就是黏胶纤维等,它的原材料主要还是棉花、秸秆、木材,我今天主要就是讲合成纤维。合成纤维是从石油或者煤里头提炼出原料来,然后把它通过聚合成高分子,再经配成溶液,或者给它加热成熔体,通过一个个很小的孔,把它挤压出来形成纤维。长的纤维可以直接给它卷绕起来,通过机织、针织,做袜子做衣服都可以。还有一种,就是把前面所说的纺制而得的长纤维切断,切断之后可以和棉花或和羊毛混纺。比如说我们看到的三合一、四合一面料,就是把切断的化学纤维和棉花、羊毛或和其他合成纤维一起混纺,机织或针织成织物。还有一种就是无纺织造,无纺织造可以直接将熔体喷出很多细丝,直接做成袋子、口罩、失禁布和尿不湿等。高分子纤维一般是从煤、石油里提炼出来的小分子经过聚合形成大分子和小分子,比如和氢气、水、铁那些相比,大分子的分子量要大很多。第二个就是分子量或其他物理参数的分散性很大,有个分布,而前面所说的小分子则没有。

高分子或高分子纤维的作用和意义在哪里呢？我们知道,全球每年大概有原油的 4％ 是用来做成高分子材料的,比如塑料、橡

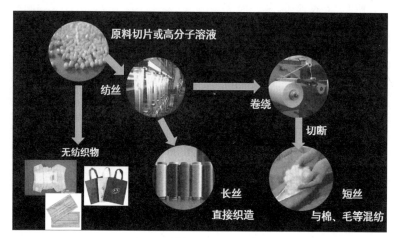

图 1　原料切片或高分子溶液

胶、薄膜，其他大多作为燃料，如汽油、柴油，用来开飞机、坦克，开轮船等等，只有其中的 4% 是用来做成高分子材料，用来满足全球70 多亿人口的需要。高分子可以用来做成纤维，可以做成橡胶，比如轮胎，也可以做成薄膜，比如塑料袋，甚至可以做一些黏合剂等。

　　那么为什么要用高分子材料而不是用铁、用木头呢？高分子材料与其他材料相比，特点是比强度特别高，质量还小，有些耐酸耐碱，耐候性好，具有容易加工等优势。我们学校材料学科直到2000 年才拥有国家一级学科博士点的，是很难的对吧？我们材料学科争取了几次都没上去，人家说你们纺织大学材料学院主要是化学纤维，你们的化学纤维拿来做什么？穿衣服那有什么用啊？漂亮点那又怎么样呢？然后我们就把我们材料学科这个化学纤维在航天航空、军工国防、海洋工程、建筑路桥、体育休闲等领域中的作用展示给他们看，这个我下面要稍微详细一点介绍的。因为国务院学位办学科评议组大部分专家是搞金属、搞无机材料的,他们对这个高分子都不是非常了解。我们把我们的纤维制品,如防弹衣、防弹头盔、防刺服、导弹烧蚀材料、轻质复合材料、防裂增强水泥混凝土给他们看,我们说我们做的这个防弹衣比你这个钢铁做的还要强;飞机、坦克用碳纤维做,比你们的钢铁轻,而且强度还大,耐温还高,我们这个比你们钢铁还要强,国家大剧院地下建筑混凝土还用了我们的化学纤维……这样我们在2000年很顺利地就拿到一级学科博士点了。我们的高分子纤维材料的意义除了解决人们穿衣保暖、舒适、美观外,还在于它广泛应用于航空航天、军工。我下面还要给大家说一说的,我相信在这个世纪,这些高分子材料的用途会更重要。

下面,我要讲讲几种高分子纤维的发明。国际上1855年就有人在研究化学纤维了,我们国家是1949年后才开始的。大家知道,钱宝钧先生在1954年提出我们也要搞化学纤维,人家是1855年,我们晚了100年。1855年那个时代,绝大多数还是用棉花做原料,想办法怎么把棉花溶解,溶解之后再把它通过细孔纺成纤维。所以绝大部分都是用木材、甘蔗渣、棉花来做成纤维的。一直到1935年杜邦公司的卡洛泽斯,这个卡洛泽斯是个很伟大的化学家。他二十来岁的时候,杜邦公司就跟他说你要多少钱我给你多少钱,你要多少人我给你多少人,你能不能从石油里头找找看,还有什么可用的东西。那时候石油没用处,就是用来烧的,从石油里头还能搞什么东西?后来他果然就发明了尼龙66。实际上这个涤纶也就是聚酯也是他发明的,但是因为当时他把注意力全部放在了尼龙66上面了,所以他关于涤纶的发明就被英国ICI公司拿去抢先申请了专利。还有一些天然橡胶,实际上也是卡洛泽斯发明的。然后,PPS纤维、聚乙烯纤维、聚丙烯纤维纷纷都发明出来了,其中最重要的,还是卡洛泽斯1935年发明的第一根尼龙66合成纤维。1937年的时候,杜邦公司做了一双高10米的袜子展览，据说安排了一百多个带枪的保安看护着这双尼龙袜子，不让人靠近。我是 1966 年进了那个化纤厂之后买了一双袜子，这双袜子我拿在手里都不敢去碰，那么薄，我们小时候穿的都是棉袜子，那很厚的，所以一拿到那双薄袜子，我的手都不敢去碰，这怎么穿呀？现在到处都有了，那个时候是一百多名带枪的保安看护这双袜子，不给别人去碰，说是十天里头卖掉了 40 万双尼龙袜子，不得了啊。20 世纪 60 年代发明了碳纤维，我们国家碳纤维也是在 60 年代几乎和国际上同步开始研究的，后来因为种种原因，碳纤维研究就停下来了，很可惜的。这两年我们国家奋起直追，黏胶基碳纤维，我们材料学院今年和连云港也拿到了一个国家科技进步一等奖。化纤领域还有两个纤维，分别是 1972 年杜邦公司 S. Kwolek 博士发明的芳纶纤维和 1979 年 DSM 公司 P. Smith 和 P. Lemstra 开发的高强聚乙烯纤维。芳纶纤维是大分子链上带有一个芳香环的聚酰胺，是一个很刚性的大分子。聚乙烯呢，又是那种最柔性的大分子材料，比如做成我们的塑料袋，那是很软的对吧？它的分子结构几乎是最柔性的了。这两种纤维的发明和成果，说明可以用最刚性的分子，也可以用最柔软的分子来做出高强度的纤维出来，这就证明了 1934 年的时候德国科学家斯道丁格所预言的，他提出做成高强高模的材料和它的分子没关系，只要其能完美地结晶和完美地取向，都可以做成高强材料包括纤维。所以 1972 年杜邦公司用刚性的芳纶和 1979 年帝斯曼用最柔性的超高分子聚乙烯都证明了斯道丁格教授的预言。你看啊，从原来的棉毛丝麻纤维的强度，到 20 年代黏胶纤维、尼龙纤维出来，它的强度都低于一个 GPa(帕斯卡)，一直到了 1972 年杜邦公司 Kwolek 发明的这个芳纶，1979 年帝斯曼 Smith 和 Lemstra 发明的超高分子量聚乙烯纤维，化纤的强度才有飞跃式的突破，原来这个强度一直没变，一直到了芳纶出来、超高分子

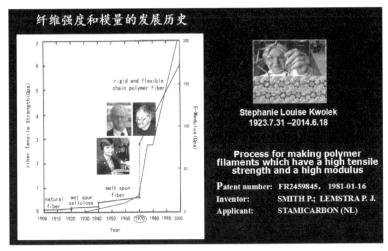

图 2　纤维强度和模量的发展历史

量聚乙烯纤维出来,这个强度才突破了一个 GPa。

　　接下来介绍一下我们中国化学纤维的发展概况。我把它分成三个阶段:从无到有(1949—1970)、从有到大(1970—1989)、继续扩大和竞争(1989 至今)。

　　中华人民共和国成立后,第一家国有和第一家公私合营化纤企业开始生产。占据东北的日本人于 1939 年兴建的安东人造纤维工厂(丹东化纤厂)因战乱遭受严重破坏,已无法生产。1948 年组织力量恢复生产。1950 年朝鲜战争爆发,其复工延迟。1956 年夏,该厂再次动工复产,仅用一年多时间即正式投产。上海安乐人造丝厂是民族资本家邓仲和于 1937 年购买法国二手设备创建的。1950年,纺织工业部出资与该厂公私合营,并组织恢复生产。1951 年,该厂纺出了新中国第一束人造丝,因环境问题,1953 年停建。1956年,上海卫生部门同意其技改,1958 年 5 月 1 日正式投产。

　　纺织工业部 1953 年向中央报告了牵头发展化纤工业的设

想,并于 1954 年秋成立了"纺织工业部化学纤维工业筹备小组"。1954 年初,华东纺织工学院钱宝均和方柏容两位教授提出了设立化学纤维专业的建议,陈维稷副部长十分重视,并全力促成当年"化学纤维工艺学"专业开始招生。

1956 年,发达国家人造纤维的用量已占纺织纤维用量的 30% 以上,而我国的比例则很小。在人造纤维产业发展设想下,1956 年 9 月,中德签订了订货合同,保定化纤厂 1957 年 10 月开工建设,1960 年 7 月建成投产。

1958 年 6 月,纺织部将保定化纤厂划给了河北省石油化学工业局,将丹东化纤厂下放给了辽宁省。1960 年 5 月,国务院决定合成纤维工业和人造纤维工业分别由化工部和纺织部负责,丹东化纤厂和保定化纤厂又收归纺织部。

1960 年 7 月,纺织部决定自主研制全套生产设备,建设一批人造纤维工厂。邓小平就此批示:"我看是值得的,还有合成纤维也必须考虑。"同年 9 月,党中央批准了纺织部提出的"天然纤维与化学纤维同时并举"的纺织原料工业建设方针。

1960 年,纺织部决定研制国产设备建设六家人造纤维工厂,南京化纤厂为建设重点,历时五年打通了自力更生建设人造纤维工业的发展道路。1965 年底,我国首批自主设计建设的人造纤维工厂全部建成,产能达到了 5 万余吨。此后,为发展汽车工业,1965 年纺织部又开始新建上海第二化纤厂和湖北化纤厂等强力人造纤维帘子布工程。

由于当时还不具备发展石油化纤的条件,所以,中华人民共和国的有机合成化纤工业是从建设煤基维纶工业起步的。

1961 年,纺织部形成了创建煤基维纶工业的设想。1962 年 12 月,中央批准从日本引进 1 万吨维纶和聚乙烯醇成套技术设备,化工部和纺织部分别负责建设生产聚乙烯醇的北京有机化工厂和生产纤维的北京维尼纶厂。邓小平参观该厂,得知1万吨维纶可以顶替20万担棉花时表示,要多建几个这样的工厂。1968年11月,我国第一家化纤机械制造厂——国营邵阳第二纺织机械厂动工兴建。由此,开辟了中国的化纤机械产业,采用自主研制的生产设备建设九个维纶工厂。1971年,国家决定以维纶为重点发展合成纤维工业,在福建、江西和安徽等省建设八个万吨级、在石家庄建设一个5 000吨级的九个维纶工厂,当年即开始建设。江西维尼纶厂于1974年投产,福建维尼纶厂和石家庄维尼纶厂于1975年投产,三厂均生产正常,产品质量稳定。

1965年4月,国家批准引进石油化纤技术设备,首次从英国引进了年产8 000吨腈纶和年产3 386吨丙纶的生产装置各一套,分别于1969年和1970年投产。

同时,自主创建了第一个大型国有石油化纤生产基地——"2348工程",这项工程是在湘北山区建设的一家集原油炼化、化纤制造和织物织造为一体的三线工厂,以保证解放军"一颗红星头上戴,革命红旗挂两边"的65式新军服的布料供应。工程1965年开始筹划,到1969年9月,中央批准"中国人民解放军总后勤部第2348工程指挥部"成立。该工程可每年炼制250万吨原油,制取15万吨、二十多种化工原料,生产涤纶5 000吨、锦纶5 000吨、腈纶1万吨,织造军服布料4 000万米,可供全军每人制作两套军服,1971年5月建成投产。

该工程还有一个重要作用,就是为毛主席和党中央批准"四大化纤"的引进提供了实践论证和科学决策的基础。

接着,国家引进成套技术设备建设了四个大型石油化纤生产基地——"四大化纤"。1973年3月,为加强农业、轻工业和基础工业,中央批准了"四三方案",即用43亿美元引进26个成套技术设备项目。"四大化纤"工程就是其中的四个化纤项目。"四大化纤"总投资 70 亿元,相当于 1949—1972 年的二十二年间国家对纺织工业投资的总和。(1)上海石油化工总厂引进日本的技术设备,建设生产涤纶、腈纶、维纶和高压聚乙烯树脂;(2)辽阳石油化纤总厂引进法、德、意、日等国的技术设备,建设生产锦纶、涤纶和原料树脂;(3)四川维尼纶厂引进法国和日本的技术设备,建设生产维纶和原料树脂;(4)天津石油化纤厂引进日本和德国的技术设备,建设生产聚酯切片和涤纶短纤维。

　　实施如此重大的举措,一靠毛主席的动议和决策,二靠周总理的运筹帷幄,三靠举一国之力办大事的制度优势。

　　1971 年七八月间的南巡途中,毛主席问周总理,怎么不多生产些的确良?周总理说,我们没有技术,生产不了。毛主席问,买个厂行不行啊?周总理说,那当然行。这正契合了周总理的考虑。周总理亲自运筹,制定了"四三方案",这是新中国成立后第二次大规模成套技术设备引进计划。他指示,必须引进能够解决重大问题的项目。正因如此,作为"四三方案"中的核心项目,"四大化纤"工程的建设大大提升了我国化纤工业的整体水平,初步解决了人民的穿衣问题。

　　上海石油化工总厂"金山工程"于 1974 年初开工建设,国务院于 1975 年 8 月在金山工地召开现场会,谷牧副总理主持会议,1977 年 7 月打通了全部生产流程,1978 年 12 月通过了国家验收并投产。四川维尼纶厂于 1973 年 8 月动工,1980 年 6 月引进装置完成调试,生产出了合格产品,1983 年 5 月通过了国家验收并投产。辽阳石油化纤总厂于 1974 年 8 月动工,1979 年 10 月第一套引进装置试生产,烯烃、芳烃、聚酯和尼龙装置随后陆续投入试生产,1982 年 11 月通过了国家验收并投产。天津石油化纤厂于 1977 年 9 月动工,1981 年 8 月试生产出了涤纶短纤,1983 年通过了国家验收并投产。

为什么上到国家主席和总理,下到全国人民都这么重视化纤发展呢?

我们知道,我们国家陆地面积是 960 万平方公里,但是如果包括海洋的话,1 430 万平方公里,但是看看我们国土的山地占了33%,高原占了 26%,盆地占了 18%,可耕田的平原地区只占11.9%。换句话说,需要靠平原地区种粮食和种棉花来解决吃饭穿衣的问题,但如果仅仅靠着 12% 左右的土地来解决十几亿人口的吃饭穿衣问题,那是不现实的。中华人民共和国成立之初我们大概有 6 亿人口,要靠只占 11.98% 的 115 万平方公里来种棉花、种粮食,解决 6 亿人口的穿衣吃饭问题,这是真的很困难的。因此,1954 年 9 月,国务院不得不颁布了《关于棉布计划收购和计划供应的命令》,国家开始按每年每户 16—20 尺的标准给城市人口发放布票。

虽然中华人民共和国成立后开始生产化纤了,但仅仅是人造纤维,纤维性能、生产规模和环保等都是大问题,特别是紧接着将出现的人才问题。钱宝钧和方柏荣先生在 1954 年向纺织工业部提出我们也要设立化纤学科,培养化纤人才。方先生是我们环境学科的创始人,你们如果到环境学院去看的话,环境学院楼大厅里有方先生的一个塑像,最早方先生也是我们材料学院的,后来因为他是最早创办的这个环境学科,然后他就在那里。环境学院也给他做了一个塑像。钱先生与方先生他们两位提出要从根本上解决这个粮棉争田问题,就是我们必须要搞化学纤维,就是用从石油里得来的原料来做纤维,这样的话才有可能解决这个粮棉争田问题,解决这个吃饭穿衣问题。所以,那很重要的啊,1954 年的时候,当年纺织工业部批准在华东纺织工学院,也就是现在的东华大学设立一个化学纤维学科。后来所有纺织高校和省市都设立了纺织化纤研究所,1981 年的时候,全国有 15 个化纤研究

所,有 97 个纺织研究机构,17 个高等院校有纺织化纤学科。但这
17 所高等院校现在差不多全改名了吧？原来的中国纺织大学改
成了东华大学,全国纺织学校几乎都改掉了。唯一未改的就是武
汉纺院,现在叫武汉纺织大学,东华大学不要的这个名字被武汉
抢去了,带"纺织"字样的大学现在唯一的好像就剩下它了。几乎
大家都在搞化学纤维,大家都在搞纺织,但校名就是不愿和纺织
和纤维相关。

表 1　与纺织专业相关的高等院校

原 校 名	现 校 名	原 校 名	现 校 名
中国纺织大学 (华东纺织工学院)	东华大学	天津纺织工学院	天津工业大学
北京纺织工学院	北京服装学院	苏州丝绸工学院	苏州大学
西北纺织工学院	西安工程大学	浙江丝绸工学院	浙江理工大学
武汉纺织工学院	武汉纺织大学	郑州纺织工学院	中原工学院
南通纺织工学院	南通大学	无锡纺织工学院	江南大学
河北省纺织职工大学	河北科技大学	河北纺织工业学校	河北科技大学
山东纺织工学院	青岛大学	华东纺织工学院分院	上海工程技术大学
湖南纺织高等专科学校	湖南工程学院	丹东纺织高等专科学校	辽东学院
河南纺织高等专科学校	河南工程学院	上海纺织高等专科学校	(并入东华大学)

　　我们国家的化学纤维企业,最早的是丹东化纤厂和上海安乐
人造丝厂。上海安乐人造丝厂就在东华大学老校区的东面,过了
新华路隧道再往东边过去大概五六百米处。丹东和上海安乐人

造丝厂是德国人和日本人留下来的,但是一直没有开工,1949年以后就开始改造,实现了我国化学纤维的"零"的突破。1958年,上海建立了合成纤维研究所,第一根尼龙合成纤维就是从研究所实验室里做出来的,一直到1963年开始有一些生产了,实验工厂改名上海第一合成纤维厂。1966年,我进入上海第一合成纤维厂,开始了我的化学纤维生涯。它原来是上海合成纤维研究所的一个实验工厂,就在那里正式生产尼龙66和尼龙6,大部分产品是为部队用的,特别是降落伞用的尼龙。60年代中期,形势有点紧张,按国家需要,第一合成纤维厂一批青年技术人员内迁到重庆化纤厂,为部队生产尼龙纤维。根据当时国际形势的需要,前面提到解放军总后勤部在湖南岳阳搞了个化纤厂,对外叫2348,解决军工需求。那个时候我满师才第二年,就作为专家到那个军工厂去帮他们开车生产尼龙纤维,我的技术还很好的啊,满师第二年我就作为专家去了,2348是解放军总后勤部的一个厂,是一家集原油炼化、化纤制造和织物织造为一体的三线工厂,因为涉及的是军用品,所以就在山里头搞了这么一个厂。再后来是到70年代初期,中国的四大化纤,上海、辽阳、四川、天津,那四大化纤就是上百吨的规模,全国产量一下子就上去了。20世纪70年代到80年代,这是我国化纤大发展的时期,仅在上海就有十三家化学纤维厂,还不包括很多袜子厂,袜子厂自己也搞小化纤。所以仅是上海再加上江浙一块,这个化学纤维进入了疯狂的小规模发展,小规模厂到处都是。到了1998年的时候我们国家的化纤产量510万吨,第一次超过了美国,现在是5 000多万吨。1998年的时候一下子超过了美国,持续了二十多年,我们的产量最大,这个问题我在下面还要说的,仅仅是产量最大而已,技术和产品还有很大差距。那么,其实在80年代的时候,一些发达国家就开始了我们现在说的转型,他们就开始转型了,就把传统的化纤特别是像腈纶、黏胶这些有毒有害的生产线转移到第三世界，转移到发展中国家，转移到我们国家，转移到印度去了，我们国家的这个化纤的产量很大，但是污染也很大，所以这些年，这些厂纷纷都在关掉，污染的、不安全的、容易引起火灾的，这些厂几乎都在关掉。你看他们从 80 年代就开始在转型，那么经过二十年，我说我们的化纤仅仅是产量最大，我们不应该稀罕这个虚荣，真没什么用处，更要看到世界化纤，尤其是高技术型（high-tech）方面的重要性以及我们和它的差距才行，尤其是要关注这个 high-tech 纤维。

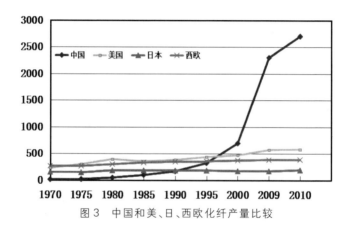

图 3　中国和美、日、西欧化纤产量比较

那么 high-tech 纤维究竟是什么纤维呢？你看看啊，高科技，包括化纤高科技，美国算是最厉害的，对吧？2015 年的时候，由美国总统奥巴马来宣布要创立一个革命性纤维与织物制造的创新机构，一个科技最强大的国家的总统来宣布，然后是公开招标，招评标结束之后，2016 年由国防部长卡特来宣布这个招标结果，总统来宣布要成立这个平台，然后由工科最厉害的 MIT 即麻省理工牵头来搞这个项目。你想想，哪一个国家的总统，亲自来宣布这个革命性的纺织与纤维啊？他们就是把纤维和织物看成是很重要的一个事情在做对吧，是一件很重要的事情。德国的"未来纺织"研究计划从 2014 年起,确立了对于整个纺织行业进行升级改造的国家级战略,名为"未来纺织"项目,其战略判断是:纺织已经不再是一个传统的行业,而是基于新材料、节能环保、智能产品等创造出的全新的行业、产品和服务。德国已明确提出了纺织业提升的定位:"要让纺织业持续成为德国最有创新活力的行业之一。"那么高技术纤维是什么呢? 高技术纤维可以分成高性能(high performance)和功能(functional)纤维这两类。所谓性能,就是指它的强度有多强,它的耐热性能有多好,它的耐酸耐碱性能、耐化学品性如何,如果这个纤维是过关的,就把这种纤维叫作 high performance fiber。那么 functional 纤维呢,就是指各种环境下所具有的,能够储存,释放,传递光、电、水、磁、声等等,这些都把它叫作功能(functional)。那么为什么需要呢? 一个当然是涉及战争、火灾、安全,所以要强度和耐热性能好;第二呢,就是 functional,functional 就是要舒适、要安全等等。那么我们来看看欧洲,欧洲 2008 年到 2013 年,他们投了很多钱,你看欧洲几大著名公司几乎都有涉及到 army、aerospace、military、environmental、improved safety 等的项目,涉及航天航空、军工、个体保护,几乎所有重要的大公司都有一些产品涉及 military 等等。美国是这样,日本是这样,韩国也是这样,尤其是那个碳纤维,所以说谁掌握了高技术谁就将主宰世界的未来。

　　下面,我要说的就是高性能纤维。高性能纤维分有机和无机高分子纤维。无机纤维就是涉及碳纤维(carbon fiber)。carbon fiber 是用有机材料,通过烧制之后形成的一个无机材料,所以我们还是把它归到无机纤维当中去,因为它是全碳的。那么有机纤维,有我前面讲的最刚性链做成的芳纶,有柔性链聚乙烯做成的高强聚乙烯纤维,它们广泛用于航空航天、军工等等。这个碳纤维,我们和发达国家几乎都是在 20 世纪 60 年代同时做的,当时是广州中山大学校长曾汉民教授和交大吴人洁教授,他们两个人作为国家首席科学家牵头做的,后来因为种种原因,很遗憾没做下去。但是这些年我们国家发展很快,也投了很多资金。比方说我们看看今年国庆阅兵式上,飞机上挂国旗的这根绳子,南通九九久,一个做超高分子量聚乙烯的厂,他们骄傲地说这个绳子就是他们厂提供的。今年好像哪个国家也有个阅兵式,里头有一面旗帜由飞机吊着,绳子后来断掉了,那是很丢人的。这里给大家看的头盔、防弹衣都是用国产纤维做的,还有这手套也是国产的,山东高密星宇手套,最大的手套生产厂提供的。这是国庆五十周年阅兵式的时候,东风31号,就是我们材料学院潘教授做的碳纤维装在这个洲际导弹头上,作为烧蚀材料。洲际导弹、战略导弹实际上就是核弹头,是要两次经过大气层对吧?先要上去,然后再下来,在两次经过大气层的时候这个温度是很高的,我们看到杨利伟从太空回来的时候,整个就是一个大火球一样,就是要用这种烧蚀材料,要保护好这个导弹头。潘老师当时拿到这个项目后,确实难度很大,是很困难的,他1991年拿到这个项目,1995年的时候被二炮在人大会上提案说争七保八的这个项目被东华大学耽搁了。这个项目原来是争取1997年完成,确保1998年要完成的,但是到1995年的时候我们这个碳纤维没有完成,二炮很着急啊。二炮就在人大会议上说,是东华大学拖我们后腿。校长、书记知道后很着急,校长和书记两个人就到我们材料学院,让材料学院出几个人加入潘老师的课题组去,派去的人手上所有的项目全部都停掉,进这个课题组,要帮助潘老师来完成这个任务。我最感动的是我们把退休的老校长沈焕明校长也请出来了。沈校长那时候已经七十多了,他身体也不大好,血压高,他一着急就血压上去,满脸通红。后来等项目胜利完成后我才知道学校每个月多给了他20块钱,但是他根本不在乎多少钱,两年多一直认真负责地战斗在车间第一线,他家就在校区里面,经常晚饭之后再到车间里头去看,直到半夜,真的很感人。七十来岁的人,没日没夜,经常是半夜一两点醒来,就又到车间里去,所以我们学校能够很顺利在 1997 年完成任务,1998 年洲际导弹上天,这是当时唯一的一颗能从中国本土发射到美国本土的洲际导弹。国庆七十周年,我们高兴地知道又有了一个叫东风 41 号的,在五十周年的时候我们是东风 31 号,现在我们是东风 41 号,东风 41 号好厉害,因为它可以分出 10 个弹头出来,如果我们有一个导弹旅,一个旅如果有 10 颗东风 41 号导弹的话,也就是说它可以发射 100 颗核弹头出来,这个威慑作用厉害呀,对吧。图片上面这个就是东华大学材料学院在做的黏胶基的碳纤维,厉害吧? 这张图片显示的是 2002 年在阿富汗战场上,两颗 AK-47 冲锋枪子弹打在这个头盔上面,但是没被打穿,这就是那位芳纶的发明人 Kwolek,她很骄傲地说我发明的这个芳纶纤维,挽救了两千多个在中东的美国大兵。我这里有一些样品给大家看看啊。这个是经过 79 微冲,微型冲锋枪打的防弹板,子弹进去后没打穿对吧? (把这个传下去)还有这块板,这么薄的一块板,小枪打的,也没打穿吧。这块防弹板就是用高强聚乙烯纤维做的,这个是用 AK47 冲锋枪打的,子弹头还在里面,也没打穿。一出现紧急情况,只要穿上防弹衣或插上防弹板的话,冲锋枪、小枪都没问题。这个纤维是我们学校张安秋、吴宗铨老师最早在 1984 年开始研制的,1997 年的时候我们首先把它在企业产业化了。这个高技术纤维是怎么做的呢?就是用这个超高分子量聚乙烯这个粉,我们把它溶解后纺成纤维,纺成纤维后的这个纤维就像冻胶、凝胶一样,再把它超高倍地拉伸之后就形成这个丝,这个丝强度极高,我拉不断,也是剪不断的,我只能用打火机来烧断给你们看看。然后再把这样纺的纤维做成这样的布,再把它裁剪成防弹衣形状,再把它们一层一层地叠起来。而且这个防弹板是软质的，刚才那个是硬质，你看子弹还在里面。它就是这样一层一层叠的，外面再给它加一个套子，很柔软，很方便，也很轻对吧？这个就是用了我们的高强聚乙烯纤维，这个如果用钢板来做的话就没有我们的好了，钢板它很硬，而且变不了形。或者头盔呢，是先把布剪成这个样子，然后这样叠起来，这样叠起来里头都是一些曲线对吧？那有办法吗？如果不裁剪就会部分叠在一起，造成缺陷，所以只能这样裁剪了。叠成一定厚度后，再用模子进行热压，压制之后就变成这样的头盔了。那如果再在头盔里面配上几个挂件、一个套子，就是正宗的产品头盔了。我曾经到湖南农村里去看过，警署里还是墙上挂的铁板，要出警的时候就插上铁板。现在呢，我们这个头盔还比较重，大概1.3公斤左右，防弹衣稍微重一点没关系，但是头盔重颈椎就受不了，所以我们现在做的，就是要把这个重量减轻到一公斤以下。我们的战士都是年轻人，看起来和你们一样，我们现在就是想要把这个重量再给它减轻，要怎么减轻呢？我们正在做。还可以做成手套。我们知道，中国的枪支管理很严，但是刀具没办法严加管制，对付手持刀具的人好像还没有办法。但是一戴上这种手套之后，它可以防切割，就可以抓歹徒手上的刀具了。还有就是做成一些绳子、渔网等等，特别是用于海洋开发。海洋开发中需要工具，一个非常重要的工具就是绳和网。

我刚才说了，高强聚乙烯纤维的强度甚至比钢还强好多倍，这个绳子的强度很强。特别是有人说21世纪是海洋的世纪，因此要问海洋要资源，问海洋要能源，离不开我们的化学纤维。我们知道世界上最深的海沟马里亚纳海沟是在菲律宾东北、马里亚纳群岛附近的太平洋底，2 000多公里长，70多公里宽，最深处是8公里到10公里深吧，最深的深度对吧？那如果到三四千米的地方，你如果是用钢缆、用铁链要到海底去采矿石的话，这个铁链的

图 4　王依民教授讲课掠影

强度不够,自重都会把铁链拉断。而超高分子聚乙烯的密度才只有 0.97,它比水还要轻,所以完全可以把它沉到海底,加上它的强度大,就可以到海底去把矿石拉上来了。此外,还可以做成网。以前我们船小网不牢,所以一看到大群的鱼儿都不敢去抓,船太小了网也不牢。现在船大了网也牢了,就可以去抓大鱼群了。更厉害的,我们南海有很多小岛,这些小岛大概直径就是一两公里,我们就在这个小岛的周围啊,给它围成网,这个网呢,还做成智能网。第一层网,如果发现有人把它给剪断了,我们就知道在东经多少、北纬多少的地方,然后外面第二张网升起来瓮中捉鳖。现在这个纤维的用途越来越多,他们还在想用这种材料做成网来抓那个无人机,如果看到无人机过来就把这个网给它升上去。如果纤维强度不够的话是不行的,那个蛙人的推进器桨一打的话网都破掉了。所以,21 世纪如果要开发海洋的话,我们的纤维一定会有很大的用途。

　　这些年一直在宣传海洋牧场,因为几乎各国的近海都已经污染得一塌糊涂,所以要到深海去,要到深海要资源,要去那里弄一个很大的、几个足球场那么大的养鱼场,把鱼苗给它放进去,然后时间到了收网,养鱼啊,养海参啊,纤维的用量是很大的。我们化学纤维在建筑这一块的应用是很成功的,1994 年我从德国回来,就开始把我们的化纤混到混凝土里去,就像我们农村老家里把稻草、头发剪碎之后混到泥浆里面去一样,可以起到防裂作用。令我们很成功、很骄傲的是这个技术用在北京大剧院的地下室,还用在山东济南的泉城广场、宁波的白溪水库。那个水库是很大的,国家二级水库,据说如果那个水库出问题的话,半个宁波市要被淹没。我们把这个纤维加在这个大坝里面,400 米长的一个大坝上没有一条裂缝,工程指挥部说在水泥工程里他们从来没有发现有这么好的一个效果,在现场开了个鉴定会。我们前前后后一共做了大概四百多个工程,包括军用机场的跑道等也都做了。不加纤维的时候建筑混凝土就容易开裂,加了纤维之后,那些开裂都没有了。我们的高技术纤维除了国防军工、航天航空、海洋工程、建筑交通、消防这几块用途外,还可以在运动休闲、医疗卫生等方面发挥作用。

前面讲了高性能纤维,下面介绍几种具有各种功能性的功能(functional)纤维。我们可以把纤维做得很细很细,我们也可以把纤维截面做成不是圆的,做成异形的,要达到仿真、超真,纤维截面如芦苇的中空、莲藕的多中空、蚕丝的三角形、貂皮的扁平状等,此外还可以附加如光学、吸湿、吸水(汗)、透湿、快干、防水、抗菌、防臭、耐热、阻燃、防火、抗静电、导电、保温、防尘、防辐射纤维等。那么下面就简单给大家介绍我们纺成的这样的纤维。对于超细纤维,纺成多细? 你们看看,可以细到一克纤维的长度可以达到 9 万公里,坐地日行八万里,地球的周长 4 万公里,对吧? 一克纤维可以绕地球两圈,那要多细啊,非常非常细了,不仅细,还可以做异形,各种异形。为什么要做细纤维? 我们知道一般雷雨的雨滴直径大概 3 000 微米,普通雨水的雨滴直径大概是 2 000 微米,一般雾气大概 100 微米,而我们的汗气才只有 0.000 4 微米左右,那么如果这个纤维和纤维间的距离是 0.000 4 微米到 100 或

2 000 微米之间就可以既防雨又透气了,对吧?也就是说做成超细纤维之后就可以防雨且透气了。第二呢,可以做成各种截面形状的纤维。我们很骄傲的就是九孔纤维,1996 年前杜邦公司出了一个四孔纤维,就是一根纤维中间有四个孔,后来在 1996 年那一年出了一个七孔纤维,一根纤维截面上有七个孔。一个枕芯卖180 块钱,我们当时看到的时候就是心疼啊,这个东西一个枕芯要卖 180 块钱,1996 年的时候 180 块钱等于现在的千把块钱,我们搞纤维的当时看了之后心里头难受。向中石化申请,给我们当年就立项,我们也很争气,当年搞成功这个九孔纤维。九孔纤维后来给床上用品公司一开发,他们高兴得不得了。当时《新民晚报》有一个记者习慧泽,很有名的一个大记者,他写了一篇报道,标题叫"国货不逊洋,九孔赛杜邦",家纺企业都是提着现金到化纤厂去等着纤维发货。我们知道中国人喜欢数字九,九是最大的一个数字,后来在 21 世纪新世纪前,我们想开发一个二十一孔,我们的广告语也出来了,叫二十一孔二十一世纪新奉献,但企业家都说不好,中国人还是喜欢九孔。你们现在在市场上还可以看到九孔被、九孔枕芯,九孔靠垫,就是我们当年开发的九孔纤维做的。这张照片很漂亮的对吧,就像那个藕的截面一样。其实我们可以做二十一孔,甚至做异形多孔都可以,但是市场认为九孔是最好的,他们不要二十一孔,不要其他形状截面的纤维。我们可以制备各种不同截面形状的纤维,不同的截面形状赋予纤维不同的性能,或者是光的性能,或者是热的性能,或者是什么其他的性能,这些纤维通过我们的纺丝全都可以做出来。

前面我介绍的是为什么和如何制得细的纤维,以及纤维细了后会产生哪些特性并可以利用。接下来介绍怎么做成异形截面的纤维。其他还有一些功能纤维,例如变色、保温、防水透气、抗紫外线等功能。这个纤维照片我们也是在 2000 年的时候,就是在暗室里头,我把灯关掉之后,原来是一个白色,暗室里它就可以出现黄色、绿色、红色。我们原来的想法是把这个纤维用来绣花,绣在厅里的沙发套上,卧室里的床罩、枕巾上,还有房间的窗帘上面。设想一下,如果沙发套、床罩、枕巾、窗帘上面绣上一条龙、一只凤、一簇花,客人来了,灯一开灯一关,一条龙出来了,一只凤、一簇花出现了,那会很漂亮的对吧? 后来我们想这个用来做什么呢? 做成救生圈。因为我们想如果海上出事是在晚上的话该怎么办? 现在我们还是用船舰上的探照灯四下照射,看到有落水者,再把救生圈扔下去,探照灯就一直定位跟随着落水者,就可能失去寻找其他落水者的机会。但如果采用我们的蓄光纤维做的救生圈的话,在出船去救生的时候,船上先用灯给救生圈照射能量,到时候扔出去就行,水面上是一个个红色的、蓝色的、黄色的救生圈,就可能大大提高救生效率。此外,还有很多仿生纤维。

最后我想讲一讲我对我国化学纤维发展的思考,和大家一起交流。

这几年国际形势风起云涌,尤其是最近的中美贸易战。中美贸易战不仅仅是个贸易的问题,中国想发展,中国要进入高科技领域,想做高技术产品,美国等发达国家一定会打压我们,这是无法避免的事。因为他们已经习惯了高技术的东西是他们发达国家来做,我们就只能做一些低档的东西,所以他必然就要打压,打压华为的5G,打压大疆的无人机,只要是涉及一些高技术的东西,发达国家肯定要想尽一切办法实施打压。就像我们有一些高性能的碳纤维、芳纶纤维、聚芳酯纤维,他们是不卖给我们的,因为他们认为我们可能把这些纤维用在军工、航空航天上面。那么我们如果要发展,要进军高端产业,就一定会受到打压。所以这如果仅仅是个贸易问题,仅仅是外贸差额也就罢了,问题好解决,因为我们也需要大豆,我们也需要牛肉对吧? 我们无非就是可以多买一点他们的牛肉,多买他们一点大豆吧,质量好,价格还便宜。但是如果涉及其他问题,涉及金融、体制等问题的话,这是中国的红线,那就不可能放弃的。但是问题不在这个上面,所以他们是一定要从这上面来打压我们。问题还在更深层次上,涉及体制,涉及金融。如果一开放的话,问题就会很大很大了。高技术纤维涉及国防军工、航天航空,一定也会这样,事实上,一些高技术纤维涉及国防军工、航天航空,一直以来被发达国家所禁运、禁购。

对于中美贸易战,我想讲的第二个思考是创新,唯有创新才能立于不败之地。对于我们的纤维领域也是这样。下面我来讲两个小故事,第一个是有关高强高模聚乙烯纤维的。我前面说过,H. Staudinger 在 1932 年就提出高强高模纤维的结构模型,按其理论,聚乙烯是最有可能获得高强高模的材料,几位著名的高分子科学家 R.S. Potter、I.M. Ward 和 Pennings 都做出了很好的成绩,但都没有能实现工业化的可能。

这个纤维其实是在 1979 年由 DSM 公司的两个年轻人 Smith 和 Lemstra 发明的,他俩都曾是荷兰 Gloningen 大学 Pennings 教授的学生,Pennings 教授一直从事着用聚乙烯制备高强纤维的工作,有不少专利,但都是基于实验室的思想。Smith 和 Lemstra 毕业后都在 DSM 工作,Smith 继续做 Pennings 教授的高强高模聚乙烯纤维,Lemstra 做的是高分子凝胶。Smith 认为导师 Pennings 教授的技术路线没有工业化价值,只能写写论文,他不满足于这种研究,和 Lemstra 随便聊天时突发奇想,用高分子凝胶技术来制造纤维,创新发明了凝胶纺新技术,用柔性链大分子制造出比刚性链高分子更大强度的纤维。但因为 DSM 公司当时是不搞化纤的,他们原来是搞煤、搞矿的,他们不懂纤维,他们就把这个纤维拿去给荷兰最著名的纤维公司阿克苏诺贝尔公司看了,说我们这个纤维强度非常高,有没有用啊? 技术很新的,纤维强度很大。阿克苏诺贝尔公司最高领导层组织了最顶级的专家和一些技术人员坐下来讨论,讨论完之后得出的结论认为这个纤维没有太大用处,因为这个纤维强度虽然很大,但耐热性能差,因为聚乙烯的熔点也只有摄氏 140 来度,并且纤维的蠕变太大,也就是说尽管纤维强度很大,但是放不了多久强度就没有了,没有用。当时认为这个纤维有这两个致命的问题,那么我们来看看问题在哪里。它在温度、压力和时间下很容易蠕变,蠕变就是拉长了之后,它的强度慢慢地就降下来了,所以我们现在的防弹衣也好,一般来说放五年那就不能用了,就是因为它的强度降下来了。所以,1979 年公司同意申请专利,同意 Smith 和 Lemstra 发表论文,1980 年专利公开,1981 年授权,但一直没有用。专利公开之后,日本东洋纺公司知道了,就和 DSM 说我们联合起来开发吧。1984 年,DSM 与日本东洋纺滋贺工厂合资建 50 吨的中试工厂,纤维商品名为 Dyneema。

　　荷兰有这个专利但自己没做,因为纤维的耐热性能不好,它的蠕变太大,DSM 公司自己直到 1997 年才开始把它工业化,才开始做。也就是说日本东洋纺公司基本上把这个纤维已经做得差不多了,然后 DSM 才自己做。这个纤维现在国防军工、航天航空、海洋工程、建筑交通、体育休闲、医疗卫生各领域都得到很大应用。这么重要的一个高技术产品完全是由两个青年人随意间的交流、讨论和不断实验得到的。

　　第二个小故事和第一个用最柔性大分子链做高强纤维的故事正好相反,给大家讲讲用刚性链来制备高强高模高性能纤维的故事。刚性链高强高模芳纶纤维是美国杜邦公司 Kwolek 博士发明的。Kwolek 原来是想学医的,因为学医的费用太大,她高中毕业之后,利用暑假到杜邦公司去打工,她想打工赚钱然后来学医。谁知道一打工之后她就爱上了这个高分子液晶,爱上了高分子液晶的合成。有一天她合成出了一种液晶 crystal 高分子,合成这个东西出来之后,她自己认为应该是个液晶,但是做纺丝加工的工人说,你那个肯定不是液晶,我不给你纺丝。她就坚持请那个工人说你能不能帮我纺一纺吧,谁知道一纺就纺出了一个大故事来,纺出了这个高性能芳纶,芳纶纤维很快得到极大的开发,主要用于防护材料特别是如防弹衣、防弹头盔、装甲车、坦克等,有两个美国大兵分别在阿富汗战场和伊拉克战场上被 AK 冲锋枪子弹打中头盔,却幸运没死。之后,Kwolek 很骄傲地说,她这个纤维挽救了美国在中东两千多名大兵的生命。之后她陆陆续续拿到了多个国际大奖。

　　想到的第三点思考是,我们的大学、我们的研究院所、我们的职责在哪里?所谓国家级的大学、研究院所,我们应该承担国家的意志。尤其是国家级的重点实验室、国家级工程技术中心,我们究竟承担了多少国家意志,做了多少国家国防和民生急需的材料和器件出来?拿我们学校的国家重点实验室、中心来说,有多少精力真正花在做和纤维、和高技术纤维相关的研究和开发?虽然,现在青年教师们压力也很大,要发论文,要争取基金项目,要上课,要带学生实践或写毕业论文,还要做很多社会工作,真正和实践结合、和企业结合的时间和机会太少了,少之又少,光写论文是没有用的,料要成材,材要成器,器要好用才行。如果我们老师都只会写论文,怎么能培养出做事的学生呢?靠论文国家是强大不起来的。因此引起对教育的思考,我觉得是教育问题。刚才张老师也说了三十年前、三十年后,三十年后要看你们了。对教育来说,很重要的一块还是要创新,创新很重要,但创新也得有很好的基础知识和不断地思想和实践才行。我把刚才第一个关于发明高强聚乙烯纤维的故事再讲一讲。用聚乙烯做成高强纤维从理论上来说应该是可以的,但是从50年代开始这么多年,有很多著名的科学家,一直就不断想要把聚乙烯做成一个高强材料出来,但是一直都做不出来。P. Smith 和 P.J. Lemstra 两位都在DSM 公司,两个人是同一个导师 Pennings 教授,这个导师采用旋转单晶法来做纤维,虽然强度也蛮大,但只限于实验室研究。Pennings 教授和 DSM 公司有合作,公司让 Smith 继续他导师Pennings 教授的研究,但他做了之后觉得这个东西不可能产业化。一次和搞凝胶研究的 Lemstra 闲聊时,Lemstra 建议采用他的技术来做纤维,他说我在做这个凝胶,你这个能不能用我这个方法来做? 谁知道一做就把这个东西初步做成了,但要工业化又碰到很多很大的问题,Smith 说幸亏 DSM 有一帮工匠,按照他俩的基础原理,不断改进工艺和设备才最后成功的。Lemstra 教授曾任欧洲高分子学会主席、荷兰高分子研究所所长、艾因赫文理工化工学院院长,我和他是在1986年印度的一次国际会议上认识的,三十多年的好朋友,几十年他一直孜孜不倦地在做研究,降低生产成本,改善生产环境,做更强的聚乙烯纤维等等。除了高强聚乙烯纤维,他还开发出高强全聚丙烯材料。我今年把他介绍到山东高密,现在他是山东的泰山产业领军人才。高强聚乙烯纤维现在全球年产量大概3万多吨,我们国家占了一半多,在各大产业得到很大的应用,发挥出很大的作用。所以年轻人要多想,要有学科交叉意识,要多和朋友交流,看看能不能通过交流碰撞出火花,重要的是把基础打好,没有好的基础知识靠小聪明是办不好事的,当然,还要有工匠精神。

　　我们课题组现在正在做的,就是要克服前面所说的聚乙烯纤维的两个致命的问题,耐热性和蠕变性。我前面说过了,这个聚乙烯纤维的强度是很大的,几乎是所有纤维中强度最高的,它比芳纶、钢丝强度都强。但是它有两个很致命的问题,一个是耐热性,它的熔点也就是 145℃—147℃,如果在高温下使用它会有问题。我刚才说过,我们把这个纤维无纬布一层一层叠起来,叠起来之后在头盔模子里一压,压成头盔,这个工艺阶段温度大概 145℃,时间大概 20 分钟。我做了一个测试,温度如果是 145℃,20 分钟的话,强度损失掉 20% 左右,也就是说我们拼命把这个强度做得很强很强,但是加工头盔时一压,20% 的强度就损失掉了,也就是说这个头盔重量原来是 1 公斤,现在要增加 20%,变成 1.2 公斤,这头盔轻不下来的对吧,对我们年轻战士的颈椎会有很大的损伤。第二个应用领域是电缆光缆的增强。我们知道 2008 年大雪灾的时候,大雪把我们祖国很多地方的电缆光缆的铁塔都压倒了,我们想如果用这个高强聚乙烯纤维来做增强的话会怎么样?一般的钢铁密度是 7.85 左右,聚乙烯纤维仅 0.97,够轻了吧,电缆光缆铁塔间的距离就可以增大。我国边远地区,尤其是山区,要竖铁塔真的非常艰难,电缆光缆铁塔间的距离增大不仅可以节省很多成本,还可以减轻我们建筑工人的劳动,保障他们的安全,甚至是生命。那么问题是,如果是用包覆法把增强体聚乙烯纤维加进电缆、光缆里去的话,这个温度大概 160℃,我们的聚乙烯纤维就通不过这个模头温度。所以尽管你的强度很大,耐热性不行也没有用。所以,在某种意义上来说,比钢铁和芳纶还厉害的高强聚乙烯纤维还是算不上一个高性能纤维。荷兰 DSM 公司有几个很著名的产品 SK75、SK78、SK99,但如果我们把这个纤维 SK75 放在 70℃,再给它加一个 300 兆帕的应力,就是在 70℃、300 兆帕的情况下,大概 100 个小时,这个纤维开始断掉。我们来看看 DSM 公司更好的纤维 SK78,如果也是 70℃、300 兆帕的话,大概 200 多个小时它就断掉了。DSM 公司在 2016 年开发了一个最新的抗蠕变聚乙烯纤维,叫 DM20。据说 DM20 纤维可以在那个条件下承受 2 000 多个小时,差不多 38 天后才会断掉。我们就用我们自己的技术也开发了类似的纤维,我们可以达到 3 360 个小时。我们去年完成了鉴定,今年肯定要把它产业化了。产业化了之后,如果这个纤维成功的话,我想最大的一个用途是用于风力发电,我们现在风力发电都是用的玻璃纤维,碳纤维太贵用不起,但碳纤维轻,玻璃纤维多重啊,对吧。那么如果能用我们这个超高分子量聚乙烯纤维来做的话,发电的效率就会高很多。但是这个纤维如果不解决不耐高温、蠕变的话,这叶片用不了多久就没强度了,要变形,那就没有用了。所以我在想这个纤维如果做出来,第一块用途很大可能就是用在这个风力发电叶片上。第二块用途就是用于雷达罩。美国 2016 年的时候有一个陆基 X 波段的最大的雷达罩,半径 36 米、直径 72 米的一个大雷达罩,说是能够检测到 2 000 公里之外一个棒球大小的物体是个什么东西,是一个炸弹还是一架小飞机? 还是其他什么东西? 它都能够检测出来,就是靠这个雷达罩。我们现在的雷达罩还是用的玻璃纤维,玻璃纤维强度也不是很高,重量又重,你如果要做成这么大一个球,那是不行的。所以我想第二个用途就是用于这个。第三个用途就是输送石油。我们的西北地区有很多石油啊,石油从地下开发出来的时候还很热的,用它来做成增强体做成输油管。当然还有其他的用处了,但最重要的,我就是想做这个头盔,让我们的战士戴更轻的头盔,要能够保护我们年轻战士的颈椎。

　　最后我想讲一讲教育。张老师刚才说了,十年、二十年、三十年后,世界是你们的,所以你们的学习是很重要的。你看啊,华为创始人任正非,我说他是民族英雄,他在接受中国媒体采访时说,你要跟我谈就谈教育问题,不谈教育问题,我不接受你的采访。教育问题确实是一个极其重要的问题,任正非说唯有提高教育才能救中国,没有其他路。他说,现在有几个人在认真读书? 博士论文有真知灼见的人有多少？对此他有深重的忧虑。下周二，研究生院让我给所有研究生、博士生讲学术道德问题。我就想讲一讲我们怎么真正地学习和做事。教育部这两年也不断地发文重视教育了。玩命的中学、快乐的大学的现象再也不能继续下去了，一套套的规定，然后有一套套的措施都出来，有一些我认为也不可能这么快实施。但是我们的学生确实是有很多的问题。他们的身体、体格虽然成长了，但是不少人的心理还是有很大问题。来看看我们的考研，尤其是自从扩招以后，据说今年的考研有290万人，明年要达到350万人考研，录取率也就百分之三十几吧，大家就把这个985、211看得太重了。虽然教育部这些年也在强调职业教育，但是职业教育要有合适的老师、合适的教材和合适的条件，现在是很少的，几乎没有，虽然我们也在强调工匠精神，一个国家要强大持久，只能靠制造业，如果靠资源、金融、服务业等第三产业，这个国家是强大不起来的。所以，这两年我们国家也在抓职业教育、素质教育、工匠精神，这是很重要的。

我把这两年我们学校的本科学位授予情况跟大家说一下。2014级我们是3 554人，授予学位的，就是满四年授予学位的是81.49％。我查了一下，几乎所有的大学都差不多。各个大学，无论是985、211，还是一般的大学，有20％的学生当年是拿不到学位的，这是大四。然后我们来看大五，这是延长年，我看你们外语学院也有16％。然后是2013级的，也就是大五了对吧？然后来看大六，大六还有很多人拿不到学位。这已经是我们在最宽容的裸考的情况下，如果是按照今年不许裸考的规定，这个比例不知道要高多少。我们是2007年搬到松江校区来的，有一年我们的本科考试，一万多人有一万多门课没及格，也就是说每一个学生几乎都有一门课没过，然后教务处开始查，说是怎么会呢，各个学院派人去查，调研下来的结果是什么你们知道吗？学生说我们的考题太难了。呵呵,我们已经放得够宽了,宽到已经不能再放了。我拍了一些照片,选了一些给大家看看,我们的中学是这样读书的,想象中的研究生课应该是这样的吧?但实际上是课堂上前五排是没人的。我不知道你们外语学院怎么样,我拍的时候真的很难受。前五排没人,后面很多人有看电脑的,有睡觉的,几乎是人手一台电脑,人手一部手机。

最令人不安的是前年环境学院的一个老师的课,他的一门课前排照例没人,20个学生我统计了一下,6个看电脑,8个看手机,6个做作业或无所事事。整整一节课,没有一个学生抬头看一下上课老师。我坐在最后一排很难受,下课铃声响时,我说老师你停一下,让我和学生说两句话。我说你们都选了杨老师的课,一节课没有一个学生抬头看一下老师,要是我的话我桌子一拍就走人,我不上课了,尊严都没有了,我站着你们坐着,你们能喝水,我还不喝水。太不公平了,对吧?杨老师他讲的什么内容呢?老师讲的是关于大气污染的话题,应该是大家最关注的一个话题对吧,老师讲美国的PM2.5怎么形成的,怎么治理的,欧洲的PM2.5怎么形成、怎么治理的,中国的PM2.5怎么形成的。大家说这个题目和内容应该是非常有意义的吧,而且老师把他在美国的切身体会也说了,你说够不够意思?够意思了吧?前年正好大讲特讲PM2.5的事情,我觉得这门课很有针对性,我在下面听了还想再听,但这些学生就这样,怎么办呢?

还有实验室,我们想象的实验室应该是这样的(出示照片),文科可能没有实验室,但我们是有实验室的。这样的垃圾乱扔,这个状况,实验怎么做得好?论文实验怎么可能正确?实验数据怎么会准确?最后我就想说一句,你们二十来岁了,你们要有责任。社会责任可能对你们来说比较沉重一点,你们还是独生子女对吧?我说我十三岁进工厂,因为家里条件不好,我哥哥、姐姐都是念高中、念大学的，我觉得家里没钱，不能给爸爸、妈妈添压力了。其实我小学毕业的时候，老师让我考上海中学，上海最好的学校之一，我读书是很好的。但是最后我拉了四个中队长——我那个时候是大队长，我跟四个中队长说我们去工厂里，去当学徒去。后来，四个中队长里有一个做了"叛徒"，就把这个事和老师说了，老师后来就找我谈了，说你怎么能出这个主意。后来告诉了我妈妈，她也说我没出息啊什么的，答应老师让我好好备考好学校，但是最后填志愿的时候我还是填了工厂的学校。我是小学毕业之后就进了工厂，每个月拿五块钱津贴。我小时候就觉得爸爸、妈妈很苦，我就应该要承担一点责任。

我觉得现在对你们说社会责任的话可能沉重了一点，但至少应该承担或考虑一下家庭责任吧，你们的爸爸、妈妈、爷爷、奶奶真的都是为了你们，你们要多想想他们。2008年暑假的时候，有两个家长分别来找我，这两个孩子都到大三下的时候，第二年就要大四了，你们知道他们拿多少学分？一个是26个学分，一个是28个学分，到大三下快要大四了，才只有28个学分啊，这怎么能毕业呢？毕不了业了对不对？家长就说我孩子还是很聪明的，确实真的聪明，但是我说你至少要一年才能够把这个学分补上来，因为有些课只有一个学期有。事实上，也确实过了一年他们的学分才都给补回来了，当然我们材料学院也是帮了一把，第二年毕业了。男孩子和环境学院一个小女孩谈恋爱，谈恋爱我管不了，当时环境学院没课了，材料学院有课，他也不上了，两个人就谈恋爱去了，这能不挂科？另外一个女孩子玩游戏，2008年的时候流行的是魔兽，魔兽是要花钱的对吧？玩游戏居然玩到挂科。后来我说这怎么办呢？我就先批评了同学，又批评了他爸爸。最后我找我们学院分管院长，我说我们学院怎么不管他们呢？26个学分、28个学分怎么没人管呢？学院说他们把成绩都寄出去了。我说你寄出去没用的呀是吧？我说能不能给我一个2008年新生班让我来管管看？然后2008年新生一入校之后我就带了一个班。谈恋爱我管不了，我也没法管，但是你玩游戏我可以管呀，我可以盯着，谁玩游戏我就找他去，然后我就想这游戏怎么这么厉害啊，我就让我女儿教我。是不教不知道，一教吓一跳，有一天晚上10点我开始玩游戏，我想只玩两个小时，绝对就不再玩。然后玩了感觉差不多两个小时了，但一看时间已经凌晨2∶30了，我已经玩了四个半小时了，我还以为是两个小时。这时，我自己真正体会到了玩游戏上瘾的严重性。你想连我一个六十岁的老头都控制不住自己，青年人肯定更控制不住自己了呀。所以我就拼命抓班级玩游戏问题，抓了几年。让我很开心的是，到2012年的时候我去问了，没有一个学生因为玩游戏而没有毕业。

我就是每年只带新生班，我就想在这个转型期，从高中严格的教学管理下转到自由学习的状况下，抓一抓这个转型期的学生，一旦第一年他们适应了之后，第二年他们就会好，比如我带的2008级这个班，到2012年毕业时没有一个学生因为玩游戏、谈恋爱而挂科，这让我很欣慰。所以我现在真的深切地体会到，像魔兽这样的游戏真的不能玩啊。据说现在玩游戏的还很多，而且跳什么街舞，你们这儿有没有啊？据说有学生跳那个街舞，跳得连上课都不去了，不知道你们有没有啊？有的话就要注意啊。好了，谢谢大家。

参考文献：

[1] 李瑞《中国化纤工业技术发展历程》，中国纺织出版社，2004年。

[2]《上海纺织工业志》，《上海纺织工业志》编纂委员会编，上海社会科学院出版社，1998年。

[3] 丁明利《中国化学纤维事业的源流考辨》(待刊稿)。

改革开放四十周年

——品牌服装穿越时空

杨以雄

【摘要】 本文是 2018 年应邀接受《瞭望东方周刊》采访的提纲,内容见同期刊发的《"弄潮儿"的成长与转型》。讲座在此基础上增加了服装企业与时尚经贸的案例分析。

【关键词】 改革开放 品牌服装 时尚经贸

1. 在改革开放之初,购买成衣的习惯还未被人们普遍接受,那时服装产业在大众眼中的产业形象是怎样的?

改革开放初期,百姓穿衣主要是配给制。当时的服装制作分为三类:(1) 纺织工业局所属的服装企业,少部分国营企业、大部分集体企业(两者待遇上有差别),成衣服装出口换汇为主,少量内销;(2) 行政区所属的服装鞋帽公司(集体企业性质),拥有小规模的成衣加工厂,成衣产品面向大众,凭票购买,也可量身定制;(3) 家庭缝制,普通家庭凭票买布裁缝,以遮羞保暖为主要功能。社会衣着崇尚新三年、旧三年、缝缝补补又三年。

2. 的确良这种面料制成的衣服,为什么会在 80 年代形成热潮?

的确良(涤纶和棉纱混纺)产品出现之前,大众服装主要采用天然纤维。如棉麻丝毛,百姓大量使用棉制品。受当时经济条件影响,家庭几乎没有熨斗、洗衣机一类的电器。以棉衬衫为例,易皱,保型和色彩耐久性较差。而的确良色泽鲜艳,耐穿,洗涤后形态稳定(具有免烫效果),深受年轻人的喜爱。

的确良始于20世纪60年代末,本人1970年上山下乡去云南时,最值钱的衣着是家里添置的一件的确良衬衫,不大舍得穿,一直用到20世纪80年代。

参考资料:你还记得70年代的"的确良"吗? https://www.sohu.com/a/139970428_182854。

3. 在您看来,改革开放以来,服装业在生产制造上可以分为几个阶段? 各自呈现出了什么样的特点?

(1)基础阶段(1949—1978)

中华人民共和国成立初期,中国服装工业除了少数军工被服厂外,多数是小型的手工业作坊、加工厂或裁缝铺。20世纪50年代,中国服装成衣工业开始发展,经济恢复和近似军事体制的统一生活方式使较大规模的服装生产成为必要,而且经过公私合营运动,许多个体裁缝加工厂成为集体所有制企业,并在合作化的基础上,逐步发展为具有一定规模的国营和集体企业。

(2)过渡阶段(1979—1985)

1979年,中国开始实行改革开放政策。1980—1985年间,政府逐步贯彻对外开放、对内搞活的方针,大力发展消费品生产,把服装业列为消费品生产三大支柱产业之一,促进了服装业向新的时期过渡。

从1983年取消布票配给制后,纺织品和服装实行敞开供应,服装市场开始活跃,花色品种逐渐丰富,人民的衣着发生显著变化。西服、夹克、运动服、童装、内衣多样化,色彩一反过去以蓝、黑色为主的色调,绚丽多彩,成为改革开放的重要反映。

(3)平稳增长阶段(1986—1991)

随着改革开放的进一步深入,中国进入第七个五年计划,服装业开始新的平稳增长阶段。经济特区和沿海开放城市的建设和发展,充分发挥了交通便利、信息灵通的优势,积极吸引外商投资,引进先进技术和管理经验,提高科技、管理水平,对服装业的发展起到明显的促进作用。

(4) 第一次产业扩张阶段(1992—1995)

1992年10月,中国共产党第十四次全国代表大会召开,中国经济体制改革进入了一个新阶段。政府加快了由计划经济向社会主义市场经济转变的步伐,实施总量控制、结构调整的战略措施。纺织服装业以服装为龙头,带动纺织业全面发展,加快了技术改革力度,取得了显著发展成果。这一时期服装市场日趋繁荣,服装市场开始出现竞争,服装产地分布、产业与产品结构都发生了很大变化。大量服装品牌企业开始进入市场。

(5) 产业升级阶段(1996—2000)

"九五"期间,中国服装业开始了一场变革,由于国内消费观念和消费水平的提高,加之国际、国内服装市场强有力的竞争,促使服装业加快产业和产品结构的调整步伐,步入"转轨升级"的新阶段。

(6) 第二次产业扩张阶段(2001—2015)

进入21世纪,中国服装的生产能力急速扩张,企业整合的周期越来越短,市场竞争激烈。虽然2003年受到"非典"打击的影响,但由于加入WTO后,业界看好市场前景,诱发了行业的第二次快速膨胀。如原来做男装西服的品牌企业,不断扩大产品经营范围,增加了衬衫、服饰配套直至商务休闲服等产品;一些小企业因为投资少、见效快,迅速成长,其他行业转产和调整时往往首选创办服装企业。这一时期服装企业扩张速度超过了市场需求,面临着新一轮的整合。

(7) 服装制造业结构调整和品牌发展阶段(2016年至今)

随着社会经济的发展、国民收入的快速上升、中国人口红利的逐渐减弱以及九零后、零零后年轻人就业观念的变化,传统服装企业制造成本高企,面临其他发展中国家低成本的竞争。我国经济发达地区服装制造业规模收缩,梯度转移至内地或其他发展中国家。而国内品牌服装企业经历了三十余年的市场历练,开始向高品位、全球化和资本经营方向发展。销品茂、电子商务等新渠道促进了创新型服装品牌企业的不断崛起。

4. 从商标到品牌,民营服装企业的品牌意识,经历了怎样成熟发展的过程?

服装品牌经商标注册后受到法律保护,企业经营者十分重视品牌的培养、维护和拓展。改革开放后,衣食住行最先市场化的是服装,传统的服装品牌如北京的红都、上海的培罗蒙和恒源祥等不断适应市场,进行了组织架构、产品扩充、渠道拓展等创新举措,取得了良好的社会和经济效益。但整体而言,随着国内经济和市场格局的变迁,服装产业呈现退二进三(由制造业转向零售业)、国退民进(消费生活品民营企业替代国有企业)的格局。民营企业以品牌为抓手,通过精准的市场营销手段,快速蓬勃发展。20世纪八九十年代,雅戈尔、杉杉、七匹狼等男装品牌企业市场占有率高;20世纪末、21世纪初,李宁、美特斯邦威、森马等休闲品牌受到世人瞩目。时至今日,中国民营或股份制品牌企业占市场主导地位。国有上市公司是一种经济混合体,如浙江富润、山东如意等。进入21世纪,我国高端女装品牌表现突出,发展迅猛。如上海的 ICICLE(之禾)品牌二十年来年均增长20%—30%;从一个大学生创办的作坊企业,发展到现在拥有高端忠诚顾客群,两百余家连锁店,年销售额超过20亿元;在法国巴黎香榭丽舍大道和乔治五世大街(奢侈品销售区域)拥有自己的设计开发中心和高品位专卖店;最近正洽谈收购法国奢侈品牌 Carwen(2018年10月12日已获得法国法院的批准)。中国品牌国际化路途漫漫,山东如意收购了法国、日本等著名品牌,但消化、吸收、再创辉煌需要不断磨练,跨文化融合、进军国际市场任重而道远。

5. 服装设计师这一职业的出现,对服装生产带来了哪些产业上的革新?

改革开放初期的服装设计师源自传统的服装企业,如上海前进服装厂的高级设计师钱士林。20世纪80年代,年轻服装设计师崭露头角,如张肇达、王新元等拥有自己的品牌和企业,通过与企业和市场结合,成为有影响力的时装设计师,探索着实现时尚品牌王国的缔造之路。中国服装企业正在经历着 OEM(原产品制造)→ODM(原设计制造)→OBM(原品牌制造)的变迁,设计师和设计师品牌的呈现,对推动我国服装业的发展功不可没。时至今日,一部分服装设计师领衔品牌企业,社会影响力大,但规模扩大困难;而大多数服装品牌企业,设计师作为企业产品开发的先驱,虽然个人的社会影响力甚微,但在商品设计开发、生产和销售流程中发挥着重要作用,这些企业经营管理颇有特色,发展快,规模大。也有一些创新型的小众设计师品牌与 SHOWROOM(服装展示交易)平台结合,面向服装设计师品牌买手店,吸引着年轻人创业,市场规模不断扩大。如 DFO Showroom 平台,每年两次设计师品牌发布会凝聚着海内外一百余家设计师品牌,自 2014年创业以来年增长 20%—30%。

6. 2001 年 2 月,国家纺织工业局宣布撤销,中国纺织工业协会成立,行业管理体制发生重大改革。这对服装业的发展有哪些助益?

这一措施是我国消费类产业结构调整和市场经济发展的体现。由中国纺织工业部(1949.10—1993.3,政府机构)→中国纺织总会(1993.4—1998.3,过渡政府机构)→中国纺织工业局(1998.4—2001.2,政府机构)→中国纺织工业协会(2001.3—2011.2,法

人企业)→中国纺织工业联合会(2011.3至今,法人企业)的变动
轨迹可知,纺织服装产业的管理模式由政府机构逐渐向社会法人
机构转变,这一法人机构(民营性质)通过社会中介组织形式为企
业服务、协调行业自律的经营活动,逐步适应市场经济的发展
规律。

　7. 加入 WTO 对中国服装业的生产制造而言,带来了哪些深
远的影响?

　WTO(World Trade Organization,世界贸易组织)成立于
1995 年,总部设在日内瓦,取代了二战末期成立的 GATT
(General Agreement on Tariff and Trade,关税与贸易总协定,简
称关贸总协定)。自成立起,WTO 的 ATC(Agreement on
Textiles and Clothing,纺织品与服装协定)取代了 MFA(Multi-
fibre Arrangement,多纤维协定)。ATC 计划通过十年过渡期
(1995.1.1—2004.12.31),分四个阶段逐步取消纺织服装贸易中占
主导地位的进口配额。我国 2001 年 12 月 11 日正式加入世界贸
易组织,成为其第 143 个成员,而此时 ATC 配额减少已经实施了
若干阶段。加入 WTO 后,我国纺织服装业取得了快速发展,外
贸内销获得丰硕成果。

　配额取消后,国际市场对中国服装需求增加,由于这一行业
进入门槛较低,大量生产资源涌向服装企业,中国产服装占全球
贸易额的比重快速增长(2013 年占 38.55%)。由此也产生了新的
国际贸易摩擦,一些发达国家对中国纺织服装产品重新设限,过
量的中国纺织服装产品无法在海外正常销售。通路不畅的企业
产品囤积,企业经营利润降低,这类劳动密集型企业倒闭时有所
闻,进而导致国内就业率降低。

　面对这一现状,我国政府提出扩大内需的政策引导,外贸型
企业开始重视国内市场,积极采取措施,设立品牌开发部门,拓展

品牌战略路线,注重保护环境,提高产品科技含量。内贸市场服饰品琳琅满目,不出国门,百姓能够买到各类心仪服饰货品。

8. 近几年来,中国服装业在生产领域存在哪些"痛点"? 需要怎样的转型升级?

近年来,中国服装业的痛点:生产成本快速上升;九零后、零零后就业观念的变化,年轻人不愿到服装企业就业,或者服装专业大学生鲜有去中小服装制造企业就业;发展中国家低成本竞争;信息化工具未能渗透到成衣生产线流程管理;劳动密集型、粗放式生产经营的中小企业占主体。

转型升级思路:以质量、成本、交期为抓手,提升科学管理水平;资本密集型、知识密集型、智能密集型工具的运用,提高产品附加值;善待员工,努力做到客户、员工双满意;条件合适时,集合社会资源和信息化工具,逐步由 OEM 向 ODM、OBM 领域拓展。

9. 您怎么评价李宁、太平鸟等品牌近年来的时尚化发展策略?

这两家上市公司一直在进行革新。

李宁属于运动休闲品牌,时尚元素与耐克、阿迪达斯等品牌相同,随着国内消费者对本国产品牌认知、认可度的提高,若能坚持品牌理念和特色,开发适合目标消费者的时尚化运动休闲产品,市场前景广阔。

太平鸟品牌时尚设计和零售渠道一直独具特色,市场目标错位经营,客群定位明确。中国城市和乡村幅员辽阔,区域特征明显,借助上市和品牌美誉度,形成自有品牌时尚风格的系列产品线,太平鸟品牌市场发展潜力大有可为。

10. 在您看来,酷特智能的大规模个性化定制模式,是否代表了服装业发展的一种可能的趋势?

青岛红领集团(去过三次)的强项是外贸男装 OEM、ODM 和定制服装的快速反应。企业信息化程度高,酷特智能大规模个性化定制模式是服装业的发展方向之一,在服装个性化高定领域值得拓展。但由于该企业内销品牌市场刚刚起步,不同品类的模式复制任重道远。

11. 如今,中国依然缺少世界级的服装品牌。在未来,服装业应从哪些方面着力?

中国有阿里巴巴、华为、海尔、茅台等世界级品牌,但数量甚少。中国服饰品牌开始进入国际市场,如李宁、太平鸟、波司登、Lily、ICICLE 等。

出海方向如:目标市场定位明确;错位经营;明晰海外国家跨文化、法律及消费习惯等差异;合作经营;品牌并购(借船出海);本地人才集聚;前期规划方案制定等。

漫淡民族服装插画

竹永绘里

【摘要】 通过画民族服装,使我有更多的机会了解了世界的民俗。怎么才能画好一幅民族服装的插画呢?首先要做好资料的准备工作。去展览馆、资料库、图书馆收集资料,然后用铅笔画底稿,再着色,着色后在 Photoshop 上加工处理后就完成了初稿。迄今为止,我已经画了一百多幅民族服装的插画。

【关键词】 民族服装 插画 民俗

问:怎么想到要"画民族服装"的?

答:最初是接到设计师发来的一本书的封面二次设计。当我看到民俗服饰的资料时,我被眼前的服饰美与蕴含的文化所感动,油然产生了一种想画更多民族服饰插图的愿望。

问:"画民族服装"的目的是什么?

答:对我来说,画民族服饰非常快乐。在了解了适合当地的美丽色彩、材料和形状的同时进行绘画是一件很快乐的事情。

画插图带给我亲近世界民俗的机会,也成为使男女老少都有机会对民族服饰产生兴趣的契机。

再有一点就是为了保护民族服饰文化。现代社会比较流行简单的穿着,穿戴民族服装的机会逐渐减少,但是,民族服装蕴含着深厚的历史、背景和文化,我希望通过绘画的形式,将这些精彩的服装文化的重要性传递给更多的人。

问：怎样才能画好一幅民族服装的插画？

答：首先要做好资料的准备工作。(1)展览馆、展览会：去国立民族学博物馆(大阪)参观和学习,参加各种民族服装的展览会实地收集素材；(2)资料库：利用网络公开的资料库,如国立民族学博物馆、芳贺资料库等素材；(3)相关书籍：丹野郁《世界の民族衣装の事典》(東京堂,2006 年)、《世界の衣装》(芳賀ライブラリー,2011 年)等。

问：具体是怎样"画民族服装"的？

答：(1)首先画底稿。用铅笔在复印纸上画底稿,有时也会在底稿上着色。

(2)其次是着色。在绘图纸上绘制框架图(草稿),然后用彩色铅笔和油粉笔着色,着色后,在 Photoshop 中加工处理,并提交给客户端。

问：未来有什么计划和打算？

答：未来展望,我想画更多的民族服装插图,但只是画还不够,应该让更多的人看到。所以今后打算出版和展览民族服装插画,如有可能,希望在中国举办展览会。另外,还希望加强与学术领域的合作。

(1)底稿

首先用铅笔在复印纸上画底稿,有时也会在底稿上着色。

捷克   瑞士   古巴   肯尼亚   秘鲁

（2）着色

· 在绘图纸上绘制框架图（草稿）；

· 然后用彩色铅笔和油粉笔着色；

· 着色后，在 Photoshop 上加工处理，并提交给客户端。

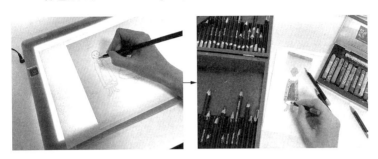

竹永绘里民族服装绘图作品介绍

亚洲、大洋洲

日本和服
源自中国，
有两千年的历史

中国苗族
以银器饰品为特征

印度纱丽
宽1米，长5米

澳大利亚原住民
图案显示了地位和权力

欧洲

荷兰
木鞋

芬兰萨米族
鲜艳的色彩在
雪中格外夺目

保加利亚
刺绣具有护身符的含义
红色具有很强的护身符力量

德国
黑森林地区
红色帽球代表未婚
黑色为已婚

中东、非洲

埃及Jellabiya
伊斯兰教的教义规定
女性应该遮掩脸和头
发等美丽的部分

沙特阿拉伯
Hijab, Nikab
禁止女性露出肌肤

加纳
肯特克罗斯
10厘米左右的织布
拼接成一块大布

肯尼亚
马赛族
以串珠项链为特征

美洲

巴拿马
库那族，莫拉族
穿着周围有鸟和
鱼图案的上衣

美国
原住民族，科曼契族
鸟的羽毛和串珠装饰

秘鲁
凯楚阿族
人们认为摘掉帽子就会生病
因此有人绝不愿意脱帽子

墨西哥
萨巴特克族
美丽的花纹刺绣
节庆日穿戴的白色披纱

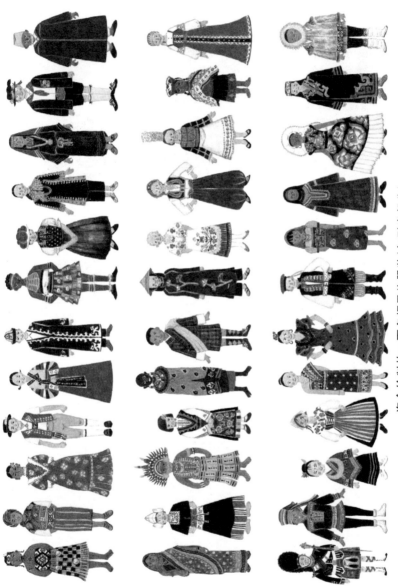

张厚泉　译

迄今绘制的一百多幅民族服装（仅列出部分）

Ⅱ 语 言 文 化

日本文学翻译刍议

谭晶华

【摘要】 本文简要回顾了中国日本近现代文学翻译百余年的历史,对比了莫言与村上春树文学翻译方面一些值得重视的特点,并就中国文化走向世界的文学翻译,从谁来译、作者对译者的态度、译本的出版及作品的可译性诸侧面提出一些思考与见解,供研究参考。

【关键词】 改革开放 日本近现代文学翻译 文学史研究 翻译理论

1949 年后至 1978 年《中日友好和平条约》签订期间,在文化部和中国作协的安排下,中日两国的作家、学者、教授间的交流已在进行,井上靖、野间宏、开高健、有吉佐和子等作家都率团访问过中国,不间断地与中国作家和日本文学研究者座谈交流。十一届三中全会以后,中国进入了具有划时代意义的改革开放新时代。改革开放的总方针和基本国策,为我国的社会主义建设注入了无限生机与活力,也为教育文化领域的发展创造了有利的环境与条件。"木欣欣以向荣,泉涓涓而始流"——改革开放三十年来中国的日本文学译介、研究与教育,同样发生了空前的变化与发展。

一、序　　言

我们知道,中国的日本文学研究可以说首先是从翻译、介绍起步的。中国最早的日本近代文学翻译介绍者可能要数清代的梁启超,他是在流亡日本的船上翻译了东海散士的《佳人之奇遇》(刊于 1900 年的《清议报》),之后周宏达(周逵)又在 1909 年的《新民丛报》上连载了他所翻译的《经国美谈》,在当时的政治小说中,曾大量使用了汉语词汇,据说译者只是照搬汉语,且对日语助词、助动词及接续词表示的含意做了翻译而已。但是他将日本文学介绍到我国的开拓意义无疑是巨大的。"五四"运动后,鲁迅、楼适夷、郭沫若、丰子恺、郁达夫、周作人等文坛巨匠,则分别译介了日本新思潮派、白桦派、唯美派或新写实派代表作家的代表作品。译作形式既有小说、戏剧,又有诗歌、散文和文学理论。北京大学亚非研究所编纂的《中国译介的日本文学目录》中记载了"五四"运动到中华人民共和国成立为止翻译的日本文学书籍共 161册,其中既有长篇的单本书,也收录有十名以上作家创作的中短篇小说集。在中华人民共和国成立后的前三十年间,日本文学的译介工作仍在继续,陆续有《日本狂言选》《古事记》《浮世风吕》等古典作品翻译问世,也有一些近、现代作家的翻译作品陆续问世,如二叶亭四迷、樋口一叶、德富芦花、岛崎藤村、夏目漱石、石川啄木、国木田独步、志贺直哉及无产阶级作家小林多喜二、德永直、宫本百合子、壶井荣、黑岛传治等,此外还有木下顺二的戏剧、新藤兼人的电影剧本及一些纪实文学、儿童文学和文学理论书籍。在北京大学编写的前述目录中,记载了这三十年间出版的 139 部作品的名称。

　　中国日本文学研究会成立后(即改革开放以来的三十年间),日本文学的翻译介绍无论在数量还是在质量上均取得了空前的业绩。翻译出版的日本文学作品达千种以上。例如古典作品《源氏物语》《万叶集》《平家物语》《古典俳句》《枕草子》《竹取物语》《伊势物语》《狂言选》《浮世理发馆》《好色一代男》和《好色一代女》等等。连同 2008 年的《新源氏物语》(为纪念世界最古老长篇小说诞生一千年而刚刚出版)在内,仅《源氏物语》已有丰子恺、郑民欣、林文月等翻译的六个版本。近、现代作家作品的翻译与出版,也比中华人民共和国成立后的前三十年范围更加广泛。20 世纪 80 年代以来,上海译文出版社出版了包括夏目漱石、森鸥外、永井荷风、谷崎润一郎、佐藤春夫和太宰治等作家的"日本文学丛书"系列。川端康成的主要代表作品亦有多种译本问世,包括河北教育出版社出版的《川端康成十卷集》(高慧勤主编)、人民文学出版社和作家出版社出版的《川端康成小说集》《川端康成散文集》。此外如山东文艺出版社出版的《芥川龙之介全集》(五卷本,高慧勤、魏大海主编)、叶渭渠、唐月梅主持翻译的三岛由纪夫作品系列,叶渭渠、许金龙、杨伟等翻译的大江健三郎作品系列,金中翻译的石川达三作品系列,林少华翻译的村上春树作品系列,重庆出版社出版的日本反战文学系列,还有多种优秀的日本中、短篇小说译文集获得出版。在近三十年中国日本文学的译介研究事业中,许多出版社发挥了重要作用,除了上文提到的出版社之外,尚有上海文艺出版社、春风文艺出版社、浙江文艺出版社、海峡文艺出版社、中国文联出版社、云南人民出版社、江苏人民出版社、漓江出版社、青岛出版社、长江文艺出版社等。另外自 20 世纪 80 年代以来,翻译、介绍、评论外国文学的月刊、季刊等文艺杂志也一直或曾经发挥过重要作用,如《世界文学》《外国文艺》《日本文学》《译林》《译海》《外国小说》等。这些文艺刊物陆续翻译、发表了许多日本近、现代以来优秀的中短篇文学作品。

　　数十年来,参与日本文学译介工作的前辈、后学兢兢业业,一丝不苟,虽然风格有所不同,却为日本文学汉译的多样性、丰富性做出了各自的贡献。应当说,总体质量是在竞争中稳步提高。日本文学研究会前任会长高慧勤先生,在日本文学翻译界及全国大专院校日语专业的师生中口碑颇佳,她曾强调说,作为一名译者,无论对作者还是对读者都有一份沉甸甸的责任,在维护民族语言的纯粹性方面,翻译家有着义不容辞的责任。翻译理当忠实原作。但文学翻译不仅是文字语义的翻译,还包括原作风格、原文美感和诗意的转达,翻译中失去了这些就谈不上忠实。作为译者,应时时站在作者和人物的立场上,以理解的态度去阅读作品。"翻译要离形得似","入乎其内,出乎其外",在整体上把原作风格到位、贴切、传神地表达出来的,就是好的译本,这也需要译者付出终生的努力①。换言之,倘若日本文学的翻译、介绍未能达到相应的程度,日本文学的评论、研究也会缺少相应的氛围或基础,高水准的、活跃的研究活动也便难以为继。尽管当前对日本文学的译介认识上尚有这样那样的问题,但无论如何都应肯定三十年来日本文学译者们卓有成效的翻译工作。

二、莫言与村上春树

村上春树在中国走红的原因大致如下:

1. 以洗练、幽默、隽永和节奏控制为主要特色的语言风格。

2. 通过传达都市人的失落感、孤独感对人性领域的诗意开拓(把玩孤独,把玩无奈)。

3. 对自由、爱等人类正面价值的张扬和对暴力的追问(鸡蛋与高墙)。

4. 客观的历史认识。

哈佛大学教授杰·鲁宾(Jay Rubin)认为:村上春树那种脱

---

① 黄珺亮《他山之石,可以攻玉——高慧勤、罗新璋采访录》,《国外外语教学》2004年第4期,第61—64页。

胎于英文的语言风格是把双刃剑，"村上那种接近英语的风格对于一位想将其译'回'英文的译者来说本身就是个难题——使他的风格在日语中显得新鲜、愉快的重要特征正是将在英语翻译中损失的东西。"英语区的娘家人不稀罕，实在怪不得作家与译者，这会使村上不获诺奖成为宿命吗？

村上文学被译成三四十种语言，其语言特色并未引起明显关注，只有中译本除外。

过去说中国作家拿不到诺奖是因为译本不好，而十八位瑞典文学院院士中只有马悦然一人懂汉语。

作家毕飞宇说，文学翻译不同于文件翻译，是一加一大于二的翻译，骨子里是写作（再创作），是一种很特殊的写作。

文学翻译理当忠实于原作，但文学翻译又不是单纯的文字语义的搬运，而必须包括原文风格、美感和诗意的转达，翻译中失去这些便谈不上忠实原作。翻译要"离形得似"，"入乎其内，出乎其外"，从整体上到位、贴切、传神地表达原作风格。要准确、精到地解读作品，杜绝望文生义、印象式的解读。

文学翻译还要译出字面背后的东西，译出文字中潜伏的原作者的喘息、心跳、体温、气味、节奏和音乐感。翻译既可以成全一个作家，又可矮化甚至窒息一个作家。从这个意义上说，诺奖的评审不是原作的PK，而是译作的比拼。

2003年莫言与王尧的对话中，说到翻译有三种可能：

1. 二流作品被一流译者译成一流作品。

2. 一流作品被蹩脚的译者译成二三流作品。

3. 一流小说遇到一流翻译家乃天作之合。

"越是对本民族语言产生巨大影响的，越是有个性的作品，大概越难翻好，除非碰上天才的翻译家。"

莫言作品的翻译是幸运的：英文译者是美国汉学家葛浩文，

相当精准;瑞典语有陈安娜、马悦然。

翻译功莫大焉。翻译绝非林语堂所说的好比女人大腿上的丝袜,丝袜再好,曲线是大腿的。翻译是大腿,即曲线美。

莫言创作中的忏悔与救赎意识是作品的灵魂,而灵魂是不需要翻译的。

表面上看,莫言是土得掉渣的乡土文学作家;村上则是洗练的城市人,处理的都是都市文学的题材——足见"城乡差别",然而,他们骨子里却有相同的东西。

莫言受《聊斋志异》的影响,村上受《雨月物语》的影响。而日本的《雨月物语》又受《聊斋志异》的影响,是日本版的《聊斋志异》。两人的不少作品的主人公都自由穿越了阴阳两界或此岸与彼岸的世界之间,都具有对现实的超越性,从而为探索通往灵魂彼岸的多种可能性开拓了广阔的空间。

三、中国文化走向世界的
文学翻译问题

如今,翻译问题讨论的视角已不再局限于是"意译"还是"直译"等语言文字转换的层面,而是进入了广阔的跨文化交际的层面。

葛浩文不是逐字逐句逐段地译莫言的作品,而是"连改带译",甚至在《天堂蒜苔之歌》时,把结尾居然改成了相反的结局。

这使我想到日本文学史上的"翻案文学(即改写文学)",不论是吉川英治的《三国志》,还是上田秋成的《白蛇传》,还有大名鼎鼎的《水浒传》,日本人都做过相当的改动,其实从中我们可以看到日本民族接受外来文化时的一种态度。

从翻译界大谈严复的"信达雅"开始,忠实于原文,几乎成为

绝大多数人对于翻译的常识。但这种翻译理念有可能成为影响中国文化走出去的绊脚石。

常举的例子是，国内学界由著名翻译家杨宪益夫妇所翻的《红楼梦》英译本备受推崇，被公认为最严谨、准确的译本，但是有研究表明，在英语国家，无论是高校藏书、图书馆借阅量，还是专业学术研究的文本援引量，杨氏译本的接受度远不如英国翻译家霍克斯的《红楼梦》译本，而霍克斯的译本在国内翻译家眼中根本算不上好译本。

上海外国语大学高翻学院谢天振教授如是说："如果译者对接受地市场的读者口味和审美习惯缺乏了解，只是一味地抠字眼，讲求翻译准确，即便做得再苦再累，译作也注定无人问津。"同高翻学院院长柴明颎教授认为："翻译已蜕变为一种新兴的语言服务业。既然是服务，就必须引入服务对象的概念。"或许只有认识到这一点，卡在中国文化走出去途中的障碍才会消除（详见2013年9月13日《文汇报》报道）。

谢天振教授提出的莫言获奖背后的翻译问题有以下四个。

1. 谁来译？

莫言作品的主要外译者如下：

葛浩文（Howard Goldblatt）（英译）；

杜特莱（Noel Dutrait）（法译）；

尚德兰（Chantal Chen-Andro）夫妇（法译）；

陈安娜（Anna Gustafsson Chen）（瑞典语译）；

马悦然（Goran Malmqvist）（瑞典语译）；

吉田富夫（Yoshida Tomio）〔日译，日本佛教大学名誉教授，译《丰乳肥臀》、《檀香刑》、《四十一炮》、《生死疲劳》（译为《转身梦现》）〕；

藤井省三（Fujii Shozo）（日译，日本东京大学教授，译《酒国》《蛙》)。

2012年3月,为纪念中日邦交正常化四十周年,笔者率上海文联访日代表团访问了日本。在东京的庆应大学与坂上弘、关根谦、竹内良雄、吉川龙生(庆应大学教授)、饭冢容、渡边新一(中央大学教授)、佐藤洋一郎(作家)等交流文学翻译。这些热爱中国现代文学的日本教授、学者自己选择了中国当代作家苏童、王小波、王安忆、迟子建、李锐、韩东、阿来、刘庆邦、方方、林白的作品组成十卷本,由日本勉城出版社出版。这些作品反映了当代中国都市化与贫困、少数民族、"文革"、家庭羁绊、传统文化的毁灭等主题的创作,传达了中国的变化与困境,通过文学作品传递的不仅是信息和历史,还有日本民族不甚了解的"观念",有利于日本民众了解当代中国。诚如十卷本宣传资料上所说:即使"邻国"遥远,"邻居"一定不远,(这套书是)面向同时代的日本读者的十位邻居的心声。

经过3月26日一整天的研讨,我们得到的共识是:翻译得不好,就是谋杀作品。

虽然我们不乏外语水平出色的中国译者,但是中译外时,细微的用语习惯、文字偏好、审美品位方面,我们不得不承认国外译者有着难以企及的优势。如马悦然用方言翻译"洒家"就是一例。

2. 作者对译者的态度

莫言对外译者显得大度、宽容,充分理解且尊重。

不要把译者当作"奴隶",要放手。莫言说:"外文我不懂,我把书交给你翻译,这就是你的书了,你做主吧,想怎么弄就怎么弄。"

作者对译者的宽容大度,让译者得以放手"连译带改",最终使莫言作品的外译本跨越了"中西方文化心理与叙述模式差异"的"隐形门槛",成功地进入了西方的主流阅读语境(转引自刘莉娜，2012）。

对"连译带改"的译法质疑——譬如林纾的译作。

一个民族接受外来文化、文学的规律：中国花一百多年阅读西方，西方是在最近几十年刚开始阅读中国文学与文化。

饭冢容教授说：翻译外国文学的时候，最重要的是母语的能力。翻译中国小说，当然中文能力应该达到一定的水平，但最重要的还是母语……作品要用漂亮的日语表达出来，让日本读者看。这是另外一个事情。（《一个日本翻译家眼里的中国当代文学》，《中华读书报》2013 年 2 月 20 日）

3. 译本由谁出版？

莫言作品的外译本都由国外著名出版社出版，如法译本由瑟伊（Seuil）出版，它是法国最重要的出版社之一，很快进入该国的发行渠道。

国内的出版社已注意到这一点，正在加强与国外出版社的合作。

饭冢容说：中国新闻出版总署有（出版）基金资助，日本的十卷本申请了资助。拿到钱很有帮助，但日本有些人有意见，认为拿中国政府的钱就会受到制约，作品是中国政府选择的。其实不是，完全是我们自由选择。这样的想法很狭隘。

同样，多年来，中国接受日本国际交流基金出版资助、由中国译者翻译、中国出版社出版的日本文学名著亦不在少数，如高慧勤、魏大海主编的《芥川龙之介全集》就是个例子。

4. 作品的可译性问题

可译性不是指一般意义上的翻译难易，而是指翻译中的原有的风格、"滋味"的可传递性，能否通过翻译被译入语的读者理解与接受，如莫言的土得掉渣的语言为中国读者印象深刻并欣赏，但翻译后若"土味"荡然无存就不易获得中文语境中的接受效果。

贾平凹也很优秀,但很少被译往西方,原因就是可译性。

莫言作品译成外文后,既接近西方文学标准,又符合西方世界对中国文学的期待,就容易获得成功。

白居易、寒山诗外译超过李商隐和孟浩然,也是因为可译、浅显、直白,具有禅意。

文学翻译正从逐字逐句发展到跨文化交际的层面。

不仅要关注翻译,还要关注译著的接受与传播,要换个视角看问题。

我认为,关于中国文化走向世界的文学翻译问题的以下见解,也很值得我们重视和玩味。

——读者对语言是很敏感的,稍有不顺,便会否定这部译作。……语言不够好,必然会让评委觉得作品写得不好,得不到预期的效果。(上海师范大学教授郑克鲁)

——西方译者在翻译中国文学时通常采用归化,并多有删节,其译本能为西方读者广泛接受。(作家王周生)

——中国当代文学要具有世界的眼光,要从中国文化题材里看到世界文明,从世界视角里发现中国民族风情。(华东师范大学教授陈建华)

——可以说,真正好的翻译是汉学家与中国学者合作的产物。汉学家葛浩文和中国太太林丽君的组合就是最好的证明。莫言获奖从短期来看是有效果,但中国文学要真正走出去还有很长一段路要走。(苏州大学教授季进)

——我们在向外译介中国文学时,就不能操之过急,贪多,贪大,贪全,在现阶段不妨考虑多出节译本、改写本,这样做的效果恐怕更好。(上海外国语大学谢天振)

——当我们都在呼吁中国文学要走出去的时候,我们首先反思中国到底有什么道德观和文化价值值得输出，不能以其昏昏使人昭昭。……文化移植到其他土壤可能产生新的文化。随着全球化的进程，文化之间相互包容与交流，民主国家的界线在未来是否会逐渐淡化，人类文明能否真正打破部族主义，走向世界主义，我想这些都是可能的。（复旦大学教授王宏图）

——越是民族的就越是世界的。中国文学走向世界，无论是创作、评论还是翻译，都应多几分文化上的自觉。（上海大学教授朱振武）

谨以日本中央大学教授饭冢容（获中国图书特殊贡献奖）的话作为此次演讲的结语：

自古以来，阅读中国文人的作品就是日本知识分子的修身立世之道。中国文学在日本的出版规模在其他国家是看不到的。

我们应该考虑对方，多多了解对方的想法，这方面文学作品的作用非常大，我相信。

参考文献：

［1］《"从泰戈尔到莫言：百年东方文化的世界意义"国际研讨会》（会议手册），同济大学国际文化交流学院，2013 年 6 月。

［2］遂悦等《世界眼中的莫言》（编译），《外国文艺》2013 年第 1 期。

［3］林少华《翻译和翻译以外——兼谈村上春树》，《外国文艺》2013 年第 1 期。

［4］谢天振《换个视角看翻译——从莫言获诺贝尔文学奖谈起》，《东方翻译》2013 年第 1 期。

［5］《从莫言获诺奖看中国文学如何走出去——作家、译家和评论家三家谈》，《上海作家》2013 年第 2 期。

"Religion"东渐与
"宗教"概念变迁[*]

聂长顺

【摘要】　西方的"Religion"传到中国、日本之后,长期被译为"教""教法"等。译词"宗教"于明治初年在日本确立,并于清末传到中国。"宗教"本是中国古典词,指佛家教理;因与"Religion"对译而发生概念变迁。在这一过程中,"宗教"一词不仅传输了来自西方的"Religion"概念,而且生发或参与了相关的东方议题的探讨,从而被注入了东方意涵。"Religion"东传与"宗教"概念变迁是中西日共同参与的一段文化故事。

【关键词】　Religion　宗教　概念史　文化交流

长期以来,人们普遍将"宗教"归为日源词,认为它是近代日本人创制的新词,于清末民初之际输入中国。其实,"宗教"一词,中国古已有之,并非日本人新造。日本人所做的是借用这一中国古典词,超越其固有含义,使之成为西方"Religion"概念的汉字符号。"宗教"概念的古今变迁,实际上是中西日共同参与的一段文化故事。

＊　本文为教育部人文社会科学重点研究基地重大项目《近代新名词与传统重构》(13JJD770021)阶段性成果。曾以"'宗教'概念变迁初探"为题,载于贾德忠主编《中华思想文化术语论文集》(第二辑),外语教学与研究出版社,2019年。兹补充修改,易题再刊。

一、"宗教"与"Religion"的本义

"宗教"本是佛家用语,源自唐代僧人法藏法师所作《华严五教章》卷一中的"分教开宗"之说;而成词"宗教",则早见于北宋僧人释道原所作《景德传灯录》:"(佛)灭渡后,委付迦叶,辗转相承一人者,此亦盖论当代为宗教主,如土无二王,非得渡者唯尔数也。"①明代僧人居顶所作《续传灯录》:"老宿号神立者,察公倦行役,谓曰:吾位山久,无补宗教,敢以院事累君。"②佛教称佛之所说为"教",有客观教说之意;称佛之弟子所说为"宗",为"教"之分派,有个人主观信念之意;合称"宗教",佛门教理之意,既可涵盖佛教全体("宗"与"教"为并列结构),也可指一"宗"之教旨("宗"与"教"为偏正结构)。

"Religion"一词源自拉丁语"religio"。而"religio"一词在拉丁语中主要有两个来源:一是罗马哲学家西塞罗(前 106—前 43)的著作,一是罗马修辞学家拉克汤提乌斯(约 250—317)和著名哲学家奥古斯丁的著作。西塞罗在其著作《论神之本性》中曾用"relegere"和"religere"来表述今之所谓"宗教"。其中"relegere"意指在敬仰神灵上的(重新)"集中"和"注意";而"religere"的词义则是"重视""小心翼翼"和"仔细考虑"。拉克汤提乌斯在其著作《神圣制度》中、奥古斯丁在其著作《论灵魂的数量》中都用"religare"来表述"宗教",意为"结合""合并"和"固定"。"Religion"基本意涵是:人们通过虔敬的信仰,与超越的、无限的、绝对的主宰结合一体,达于美好境地,获得永恒幸福③。

---

① 《景德传灯录》卷十三《圭峰宗密禅师答史山人十问》之九。
② 《续传灯录》卷七《黄龙慧南禅师》。
③ 段德智《宗教概论》,人民出版社,2005 年。

二、"Religion"的早期汉译

可以说,早在唐代,西方的"religio"(拉丁语,宗教)概念便已经随着"景教"一起传入中国;《大秦景教流行中国碑》中所说的"教"和"法",或可视为其译词。明末耶稣会士入华后,仍用此名,并有合称"教法";日本亦然。晚清入华新教传教士,则多用一"教"字对译"Religion"(参见表1);至于"教门"一词,虽也出现在早期英汉词典中,但在传教士的语用实践中却少有采用,而多用"教"字。

表 1　早期英汉词典中 Religion 之汉译名

字 典 名	作 者 名	Religion 译名	出版地(者)	出版年
英华字典 (全 1 册)	[英] 马礼逊 Robert Morrison 1782-1834	教、教门 (p. 358)	澳门：Printed at the Honorable East India Company's Press	1822
英华韵府历阶 (全 1 册)	[美] 卫三畏 S. Well Williams 1812-1884	教(p. 235)	澳门：香山书院	1844
英华字典 (全 2 册)	[美] 麦都思 W. H. Medhurst 1796-1857	教、教门、门头 (卷二,p. 1069)	上海：墨海书馆	1848
英华字典 (全 4 册)	[德] 罗存德 W. Lobscheid 1822-1893	教、教门 (卷四,p. 1461)	香港：Printed and Published at the "Daily Press" Office, Wyndham Street	1869
上海方言词典	[英] 艾约瑟 J. Edkins, B. A 1823-1905	教门 (p. 98)	上海：美华书馆	1869
英华萃林韵府 (全 2 册)	[美] 卢公明 Justus Doolittle 1824-1880	教 (卷一,p. 402)	福州：Rozario, Marcal and Company	1872

(续表)

字 典 名	作 者 名	Religion 译名	出版地(者)	出版年
字语汇解	[美] 睦礼逊 W. T. Morrison	教、教门 (p. 389)	上海:美华印馆	1876
英华字典 (全一册)	I.M.Condit	教、教门 (p. 97)	上海:美华书馆	1882
华英字典集成 (全1册)	邝其照 (生卒年不详)	教、教门 (p. 289)	香港:《循环日报》承印 (1899)	1887
英华大辞典 (小字本)	颜惠庆 1877-1950	信心、靠托,信 仰、宗教 (p. 821)	上海: 商务印书馆(1920)	1908

　　1854 年 1 月,香港《遐迩贯珍》第拾号载《西方四教流传中国论》一文,其英文题名为"On the Four Forms of Religion,Which Have Entered China From Western Nations"。很显然,其中的"教"字,乃与 Religion 对译。其所谓"西方四教",乃指"挑筋教"(摩西所创犹太教)、"天方教"(伊斯兰教)、"景教"(Nestorianism,基督教聂斯脱里派,亦即东方亚述教会)和"天主教"(Catholicism,与新教、东正教并称基督教三大流派)①,它们被认为是 Four Forms of Religion(宗教的四种形式)。文曰:

　　　　天下之大,四方之广,其间立教训众,为民师表者,可胜数哉?《书》曰:"天佑下民,作之君,作之师。"君也者,为一时主持风会;师也者,为万世倡率教化。虽殊方异域,亦何莫不然?②

　　依作者之见,西方的"Religion"和中国传统的"教化"是一回

－－－－－－－－－－

① 《西方四教流传中国论》,《遐迩贯珍》第拾号,香港:英华书院,1854 年 1 月朔旦,第 7 页。

② 《西方四教流传中国论》,《遐迩贯珍》第拾号,第 7 页。

事,都是中国古典《尚书》所言"天佑下民,作之师"的具体表现,而且具有普遍性。

1870 年 4 月 9 日,上海《中国教会新报》第八十一卷载林青山所作《四教分编小引》,英文标题为"Tungchow-Differences of Sects and Religions"。其"教"字亦与"Religion"对译;其所谓"四教",乃指"儒、释、道三教及景教"①。亦即说,中国的儒教、佛教、道教和西方的景教,都被看成是 Religion 的具体形式。文曰:

> 人常说,道的根本是从天出来的。这就是说,道和天是一位了。又说是神,是理,到底是几位呢?虽有四个名,却都是指天地万物的大主宰说,还是一位,何必用四个名呢?有个分别,就是先天后天、体用、动静、一本万殊哟。但不可拿着就是体静一本,后天就是用动万殊。该知道,先天有先天的体用动静一本万殊,后天有后天的体用动静一本万殊。②

其中,"一本万殊"乃出典于《朱子语类》:"到这里只见得一本万殊,不见其他。"③意谓具体事物虽然千差万别,但其本源却是同一的。作者运用这一命题,将"儒、释、道三教及景教"统摄归一,揭示各种 Religion 的根本一致性。

此外,以"教"对译"Religion",论述宗教问题的文本还有浮萍生的《论教》(《教会新报》第二百二十四卷,上海:林华书院,1873年 2 月 15 日)、王素卿的《答浮萍生教论》(《教会新报》第二百三十一卷,上海:林华书院,1873 年 4 月 5 日)、无名氏的《瓯宾辩论八则·论诸教皆非圣人之教》(《寰宇琐纪》第五卷,上海:申报馆,

---

① 林青山《四教分编小引》,《中国教会新报》第八十一卷,上海:林华书院,1870 年 4 月 9 日,第 154 页。
② 林青山《四教分编小引》,《中国教会新报》第八十一卷,第 154 页。
③ 朱熹《朱子语类》卷二十七。

1876 年)、艾约瑟的《中国三教考》(*Signor Preini on the Chinese Religions*,《万国公报》第十一年五百四十六卷,上海:林华书院,1879 年 7 月 5 日)、李提摩太的《古教汇论并图》(*Anciented Religions*,《万国公报》第十三年六百三十八卷,1881 年 5 月 7 日)、萧信真的《何教最为真实无妄论》(*On Which is the True Religion?*《中西教会报》第一卷第二册,上海:美华书馆,1891 年 3 月)等。

如表 1 所示,"Religion"在晚清中国的汉译,大体经历了由"教"到"宗教"的转换过程;"教"用的时间很长,直到 1908 年"宗教"才出现在颜惠庆编的《英华大辞典》中。而"宗教"则是在日本与"Religion"达成对译,于清末传入中国的。

三、"宗教"与"Religion"对译

(一) 新名"宗教"的诞生

如前所述,创生于中国的"教"和"教法"等名,在当时为中日两国所共用。此外,在幕末日本的文本中,还可见到"法教""宗法"等名目。如玉虫左太夫《航美日录》卷二 3 月 16 日条关于美国旧金山的情况记曰:"设寺院,说法教,教谕民。"卷四 4 月 19 日条关于华盛顿的情况记曰:"是当日曜,说示教法,……男女数十人必来听宗法。"①其中,"宗法"一词,明治初期亦有用例。如1875 年 5 月东京诗香堂刊行的法学博士设尔敦阿谟私(Sheldon Amos,1835—1886)口授、日本权少外史安川繁成(1839—1906)编录《英国政事概论》(全 6 册)后编卷之二"第五编　表纪编制之

────────────

① 　玉虫左太夫《航美日录》卷二,《西洋见闻录》,第 55、113 页。

事"第十项即名曰"宗法",亦指英国的"Religion"。

　　明治初年,"Religion"汉字称呼有增无减,各式各样;甚至同一个人、同一文本,译名也不统一。如《英和对译袖珍辞书》译为"宗旨、神教";如西周 1870 年冬《百学连环》讲义云:"有种种 Theology 之学,行之者即 Religion(教法)。"又云:"汉土自太古三代之时,无 Religion 即宗旨。"①再如 1883 年 12 月出版的戎维廉达勒巴儿(John William,1811—1882)原著、小栗栖香平(伯熊)译

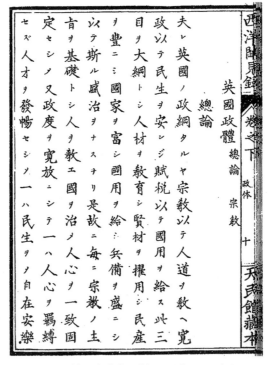

图 1　村田文夫《西洋闻见录》(1869 年)

---

①　西周《百学连环》,《西周全集》第四卷,第 112、117 页。

《学教史论》,亦申明"Religion"的译词"前后有异,如'宗教'、'教法'、'信向'、'信仰'是也"①。当然,在当时的日本,"Religion"还有其他译名,如"宗门"等;而政府的正式用名,最初则为"教法"。

明治日本"宗教"一词的用例,早见于 1869 年 4 月出版的村田文夫(1836—1891)纂述《西洋闻见录》。该书前编卷之下有《英国政体》一章,该章含"总论"和"宗教"两节。"总论"一节云:

> 夫英国之政纲也,宗教以教人道,宽政以安民生,赋税以给国用。……每以宗教之主旨为基础,教人治国,使人心一致固定。②

"宗教"一节云:

> 西洋各国所行之宗教虽繁冗,大别之为三教:曰耶稣教,曰马哈默教,曰犹太教。……别加 pagan 或 paganism 一教,则为世界之四大教。③

其中,"马哈默教"即回教;"pagan 或 paganism"今译"异教"。文中插有小字注云:"佛教等专信赖偶像之宗教属之。"④

1870 年代以后,新名"宗教"多为所用,如 1873 年 3 月东京南部利恭出版的长沼熊太郎译《英政沿革论》第二编中列"勉励行宗教之事"一条;同年 12 月文部省刊行的田中不二麿编《理事功程》(全四册十五卷)第二册卷三第二项"小学新令并教育部新则略千八百七十年"之下,列"于学校事务局设学校授宗教之事"一条;

① 戎维廉达勒巴儿著、小栗栖香平译《学教史论》"凡例",东京:爱国护法社,1883 年。
② 村田文夫纂述《西洋闻见录》(前编卷之下),广岛:井筒屋胜次郎,1869 年,第10 页。
③ 村田文夫纂述《西洋闻见录》(前编卷之下),第 12 页。
④ 村田文夫纂述《西洋闻见录》(前编卷之下),第 12 页。

1874 年 2 月刊行的川路宽堂译《政家必携各国年鉴》第一册中,设"澳风联邦之宗教、文学"专条,有"宗教自由之权利以国宪许之"①之语。1881 年,东京大学三学部出版的井上哲次郎等人编纂的《哲学字汇》,将"宗教"厘定为"Religion"的唯一译名。它标志着新名"宗教"的确立。

（二）"宗教学"的构筑

新名的确立,有赖专学的构筑与阐释;"宗教"概念的确立,则有赖宗教学的形成。

日本最早的宗教学著作,当推 1875 年 5 月刊行的黑田行元著《万国立教大意》(全二册)。依其题言所述,该书所谓"政科"和"教科"乃"二科之学","政科"即政治学,"教科"即宗教学;而该书乃"自地志中抄译万国立教之旨趣,使人知其概略。此则欲表彼政教源流之异同,古昔混乱,而晚近昭明也"②。书中称宗教为"教"和"教法",其"总括"部分对宗教作如下阐述:

> 无论文明夷俗之别,既为人,兹有教。随其土风民俗,而立教各不相同。唯以人智人力之不及者为神,不拘教法高卑,皆同一也。然至于开化人民之教,皆如出一辙,以天为宗,无不尊者。……凡万国人民,皆思考世界之开辟及其维持统括将如何,其立说谓之教法。③

最早以"宗教"题名的宗教学著作,当推 1877 年 11 月出版的小幡笃次郎(1842—1905)译《弥儿氏宗教三论》。其原著者为英国学者 John Stuart Mill(1806—1873);所谓"三论",即"天然论""教用论"

---

① 川路宽堂译《政家必携各国年鉴》第一册,东京:知新馆,1874 年,第 14、41 页。
② 黑田行元《万国立教大意》第一册"题言",大阪:冈田群玉堂,1875 年。
③ 黑田行元《万国立教大意》第一册,第 4—5 页。

"大极论"。小幡翻译此书,旨在使人认清耶稣教的真面目,结合日本国情沿革,懂得"立人道于宗教外"、"智德两全"的道理①。

1889 年 3 月,东京哲学书院刊行石川喜三郎(1864—1932)著《宗教哲学》。全书共七章,论及"宗教之本性",宗教与学术、哲学、美术等关系以及"宗教之发生"等问题。其核心观点是"成道德之基础、伦理之大本者,非万世不易真正完全之宗教不可"②。

1890 年 5 月,名古屋其中堂出版小泽吉行著《说教之刊》。该书第二十三章第一节题为"统计学与宗教学",此为"宗教学"之初见。关于"宗教学",该书引述法国人之言道:

> 宗教学为研究宗教自然之规律者,其为学也,研究人间与宗教之关系、万有与宗教之关系,智力的宗教、情感的宗教孰能否有势力于社会者也。③

1892—1895 年,米田庄太郎(1873—1945)译《比较宗教学》,三册四卷,在东京出版。原书为美国人 Isaac Dooman 所著 *The Philosophy of Comparitive Religion*。该书对埃及、以色列、美洲等古老民族的宗教进行了分述、比较与剖析,认为"宗教为人类独有之自然的一能力"④;以宗教为"折光镜",人们可以透视到各文明的优劣兴衰⑤。

1900 年 3 月,东京专门学校出版部刊行姊崎正治(1873—1949)著《宗教学概论》。该书绪论阐释了宗教学的概念、研究对象,并将该学科定位为"人文史的科学"。继而分三部论述了"宗

① 小幡笃次郎《教用论序》,《弥儿氏宗教三论》,东京:丸家善七,1877 年。
② 石川喜三郎《宗教哲学》,东京:哲学书院,1889 年,"序文"第 3 页。
③ 小泽吉行《说教之刊》,名古屋:其中堂,1890 年,第 122 页。
④ 米田庄太郎译《比较宗教学》第二卷,东京:大日本圣公会书类会社,1894 年,"绪言"第 2 页。
⑤ 米田庄太郎译《比较宗教学》第一卷,"绪言"第 1 页。

教心理学""宗教伦理学""宗教社会学"以及"宗教病理学"。后添附录，对宗教概念等问题予以解说。

至此，日本近代宗教学的构筑，规模大定；在此过程中，"宗教"一词得以稳固确立，人们对"宗教"蕴涵的认识得以增进。

四、清末中国"宗教"论

（一）新名"宗教"入华文

甲午战后，中国"师法强敌"，维新、"新政"皆以日本为样板；革命派亦首先以日本为策源地。日本新名词之进入中文世界，根本上乃由此大势所决定。新名"宗教"亦然。

1897年阴历十月二十五日，上海文摘性刊物《集成报》第二十一册"杂事"栏，刊载摘自《循环日报》的《宗教敕令》一则，曰：

> 基督降诞之祭，俄国皇帝向皇后问曰：卿有何志愿有益于宗教者，明以告我。后曰：国内惟婚姻、宗教二端，先帝禁令甚严。愿陛下将以前禁令裁去，特颁诏敕，与民更始。倘非同教者结婚，须先订誓约书，盖印收执为凭。誓约内注明结婚后，生子男则从父之教，女则从其母之教云。①

这里的"宗教"，显然不是佛门教理意义上的"宗教"，而是Religion意义上的宗教。此为新名"宗教"见于中国语文世界的较早用例。

新名"宗教"之能在中文世界流播开来，得力于"康梁一党"处颇多。因为无论是力行维新变法，还是力主保皇立宪，这一派人

---

① 《宗教敕令》，《集成报》第二十一册，上海：集成报社，1897年阴历十月二十五日，杂事三。

物皆以"保教"为其题中应有之义。

1898年,清末维新派在日本神户创办的《东亚报》设有"宗教"一栏。其第一期载日本学者桥本海关《孔子创造天地论 译世界十大宗教论》一文:

> 儒教虽言天,其伦理之学则令人皆可识也。虽间说理气,亦不流诡异,自然令人信服也。唯教人曰笃行宜力也,执事宜敬也。其立教如此,其宗旨在修己以治人也。儒学既以此立宗教,后人宜以小学堂所教修身学为宗教,以其言忠信行笃敬故也。①

此"宗教"实为明治日人从实际功能的角度理解、改造西方"Religion"而形成的新概念。这一新概念,不以超自然的神为其本质规定性,从而将创生于中国的东方伦理之教纳入其中。其实,这一新概念是有西方依据的。如前所述,1870年4月9日上海《中国教会新报》载林青山《四教分编小引》即将中国的儒教、佛教、道教和西方的景教都视为 Religion 的具体形式。而在力倡"保教"的中国人看来,这样的"宗教"概念无疑颇合符节。

(二) 中国宗教改革论

1899年,梁启超在《清议报》上发表《论支那宗教改革》。此当为出自中国人之手而见诸报端的第一篇有分量的论述中国宗教问题的专题文章。文章起笔云:"今日哲学会会合。仆以姉崎正治君之先容,得参末座。"可知该文是梁启超经《宗教学概论》的作者姉崎正治介绍,参加日本哲学会研讨会时宣读的文章。其对"宗教"的界说,也和日本学人一样,具有实用或功能主义意味:

---

① 桥本海关《孔子创造天地论 译世界十大宗教论》,《东亚报》第一册,日本神户:东亚报馆,1898年阴历五月十一日,第4页。

　　　　盖宗教者,铸造国民脑质之药料也。①

　　如此一来,中国也就有"宗教改革"或"宗教革命"问题可言
了。依该文所言,梁氏之此论题,乃由康有为的"哲学"生发而成:

　　　　南海先生所言哲学有二端:一曰关于支那者,二曰关于
　　世界者是也。关于支那者,以宗教革命为第一着手;关于世
　　界者,以宗教合统为第一着手。此其大纲也。今先论支那宗
　　教革命必要之事。②

　　该文依据所谓"天下之公言"及泰西史实例证,论说中国"宗
教革命必要之事":

　　　　凡一国之强弱兴废,全系乎国民之智识与能力。而智识
　　能力之进退增减,全系乎国民之思想。思想之高下通塞,全
　　系乎国民之所习惯与所信仰。然则欲国家之独立,不可不谋
　　增进国民之识力,不可不谋转变国民之思想。而欲转变国民
　　之思想,不可不于其所习惯所信仰者,为之除其旧布其新。
　　此天下之公言也。泰西所以有今日之文明者,由于宗教革
　　命,而古学复兴也。③

　　而就中国乃至整个东方而言,梁氏认为:

　　　　我支那当周秦之间,思想勃兴,才智灵通,不让西方之希
　　腊。而自汉以后,二千余年,每下愈况;至于今日,而衰萎愈
　　甚,远出于西国之下者,由于误六经之精意,失孔教之本旨;
　　贱儒务曲学以阿贵,君相托教旨以愚民,遂使二千年来,孔子

---

① 梁启超《论支那宗教改革》,《清议报》第十九册,日本横滨:清议报馆,1899 年阴历
　五月二十一日,第 1 页。
② 梁启超《论支那宗教改革》,《清议报》第十九册,第 1 页。
③ 梁启超《论支那宗教改革》,《清议报》第十九册,第 1 页。

之面目湮而不见。此实东方之厄运也。故今欲振兴东方,不可不赞明孔子之真教旨。[①]

其所谓中国的"宗教改革"或"宗教革命",就是要除去汉朝以降两千余年的不良影响,恢复、阐明"孔子之真教旨"。至于"孔子之真教旨",梁启超祖述康有为的"发明",阐述了孔门"六个主义":

> 进化主义,非保守主义。
>
> 平等主义,非专制主义。
>
> 兼善主义,非独善主义。
>
> 强立主义,非文弱主义。
>
> 博包主义(亦谓之相容无碍主义),非单狭主义。
>
> 重魂主义,非爱身主义。[②]

(三) 宗教、哲学长短论

1902 年 10 月 31 日,梁启超在《新民丛报》上发表《宗教家与哲学家之长短得失》一文。文章指出,哲学与宗教各具特质与长短:"哲学贵疑,宗教贵信"[③];前者长在"讲学""穷理",后者长在"立身""治事"[④]。宗教之所以"宜于治事",梁氏以大量篇幅论述如下"五因":

> 一曰无宗教则无统一;
>
> 二曰无宗教则无希望;
>
> 三曰无宗教则无解脱;

---

① 梁启超《论支那宗教改革》,《清议报》第十九册,第 1 页。
② 梁启超《论支那宗教改革》,《清议报》第十九册,第 1 页。
③ 梁启超《宗教家与哲学家之长短得失》,《新民丛报》第拾玖号,日本横滨:新民丛报馆,1902 年 10 月 31 日,第 7 页。
④ 梁启超《宗教家与哲学家之长短得失》,《新民丛报》第拾玖号,第 1、8 页。

> 四日无宗教则无忌惮；
>
> 五日无宗教则无魄力。①

梁氏认为，宗教信仰可促使人达于"至诚"；"至诚则能任重，能致远，能感人，能动物"；"能为惊天动地之事业者，亦常赖宗教"②。此为宗教之长之得。而宗教之短之失，则在于"与迷信常相为缘，故一有迷信，则真理必掩于半面。迷信相续，则人智遂不可得进，世运遂不可得进"③。

就哲学方面而言，依梁氏之见，哲学分"唯物""唯心"两大派："唯物派只能造出学问；唯心派时亦能造出人物。"欧洲历史上"其争自由而流血者，前后相接，数百年如一日；而其人物类皆出于宗教迷信"。而这种"夺人生死之念"的"迷信之力"，多半并非来自宗教，而是"有唯心派哲学以代之"。所以，他认为"唯心哲学，亦殆近于宗教"，"亦宗教之类"④。

就一国的生存发展而言，梁启超认为，学与教的关系应该是"为敌"而不"相非"，"功愈分而治愈进"：

> 言学术者，不得不与迷信为敌。敌迷信，则不得不并其所缘之宗教而敌之。故一国之中，不可无信仰宗教之人，亦不可无摧坏宗教之人。生计学公例，功愈分而治愈进焉，不必以操术之殊而相非也。⑤

亦即说，哲学乃至整个学术与宗教的关系，是批判的而不是否定的，是兼容的而不是排他的，对立统一于人类文明的发展

---

① 梁启超《宗教家与哲学家之长短得失》，《新民丛报》第拾玖号，第4—7页。
② 梁启超《宗教家与哲学家之长短得失》，《新民丛报》第拾玖号，第8页。
③ 梁启超《宗教家与哲学家之长短得失》，《新民丛报》第拾玖号，第8页。
④ 梁启超《宗教家与哲学家之长短得失》，《新民丛报》第拾玖号，第3页。
⑤ 梁启超《宗教家与哲学家之长短得失》，《新民丛报》第拾玖号，第8页。

之中。

> 天地间有一无二之人物,天地间可一不可再之事业,罔
> 不出于至诚。知此义者,可以论宗教矣。[1]

文章结尾一句,耐人寻味。梁氏在此,似将"至诚"视为"宗教"的本质属性。

(四) 孔教是否"宗教"

康、梁的"中国宗教改革论",其实属于尊孔论。而倡尊孔者,却非止康、梁。如 1903 年上海《新世界学报》"宗教学"栏刊载黄群《尊孔》一文,称:"孔子者,浑圆星球上至光明至中正至高尚至完美之第一大宗教家也。"至于孔教的特质,该文曰:

> 孔子之教,不托鬼神之说,不假上帝之灵,不为地狱、饿鬼、畜生、修罗、人间、天上种种之寓言,而惟兢兢焉,讲求道德彝常之原,研究社会国家之事。……众生不平也,欲拯而进之太平;世界之不同也,欲反而臻之大同。[2]

1904 年,刘光汉(师培)在《中国白话报》上发表《历史:宗教》一文,认为"有迷信就是有宗教",宗教是人类的普遍现象:

> 野蛮时代,没有一国没有迷信的。有迷信就是有宗教。就是到了现在,除得教育大兴的国,断断是不能把教育代宗教的。况且中国的百姓,没有一个不愚,岂有不信宗教的理?[3]

---

① 梁启超《宗教家与哲学家之长短得失》,《新民丛报》第拾玖号,第 9—10 页。
② 黄群《尊孔》,《新世界学报》第十三号,上海:新世界学报馆,1903 年阴历三月初一日,第 35 页。
③ 刘光汉《历史:宗教》,《中国白话报》第十四期,上海:中国白话报社,1904 年阴历五月二十日,第 9 页。

　　文章指出，中国的宗教包括"鬼神教""道教""佛教""邪教""杂教共回教"和"耶教"；中国宗教史的基本脉络："大抵中国古代，是个鬼神教大行时代；六朝以来，是个佛教大行时代；元明以后，是个邪教盛行时代；到了现时，又是耶教入侵时代。"①

　　依作者之见，作为人类普遍现象的宗教，其本质属性在于迷信超自然的神。据此概念，他将孔教置于宗教之外：

　　　　说宗教史孔教，这话便又错了。孔子本不是个宗教家，不过古代的一派学术。秦汉以后，因为中国有道教、佛教，也就说孔子是儒教。到了元朝，廉希善说受孔子戒，中国人就没有一个不说孔子是宗教家了。但这种说头，我实在是不承认的。②

　　1905 年，刘师培又在其《宗教学史序》一文中称"孔墨二家，敬天明鬼"；"孔子非特倡一教，乃沿袭古教者也"③。虽不否认孔子的宗教性，但也未给予他特别的宗教地位。

　　1904 年，民史氏在《政艺通报》上发表《宗教史叙》，也不以孔教为宗教：

　　　　谓炎黄至春秋，中国纯为鬼神术数之教；由春秋至今日，中国纯为孔子之教，可也？曰：是不然。盖孔子者教育家，而实非宗教家。藉名之曰宗教，其教亦只便于上流社会，而不便于下流社会。故在上等人，其君则隆礼之；其士夫则皈依之；而下等人，则瞢然不知，而别有一种之宗教，以为迷信。④

---

①　刘光汉《历史：宗教》，《中国白话报》第十四期，第 17—18 页。

②　刘光汉《历史：宗教》，《中国白话报》第十四期，第 9 页。

③　刘师培《宗教学史序》，《国粹学报》第一年第一号，上海：国粹学报馆，1905 年阴历正月二十日，第 12 页。

④　民史氏《宗教史叙》，《政艺通报》第三年第十八号，上海：政艺通报社，1904 年，第 6 页。

　　依作者之见,中国古代的"鬼神术数"是宗教;民间的各种各样的信仰、迷信也是宗教;但孔子之教严格说来不是宗教,只是"藉名之曰宗教"而已。其对宗教概念的把握,盖与刘师培同。

　　然而,孔教宗教论并未因有人反对而销声匿迹。1910年,杨士钦在《蜀报》上发表《论孔门宗教性质答国粹新民二报》一文,认为不能"以孔教不尚神权,谓其非宗教";"其所以超出于诸家者,正以其能摆脱神权,而独标真理";"孔子诚宗教家",其宗教的性质与佛教、景教、犹太教、回教等各不相同,"未可执一说,以为之例矣"①。

　　　　盖孔子之心,惟知救世。而其思想之转变,则凡历三阶:其始也,欲为政治家;其继也,欲为教育家;及道既不行,而传徒繁盛,始思因学立教,以达其救世之苦心。惟其如此,故其宗教之性质,必假途教育而范围天下之义理为先。②

　　依作者之见,历史地看,孔子乃是"因学立教","假途教育而范围天下";逻辑地看,孔门"宗教之统系"乃含于"孔门教育之中"③。

　　清末民初,有关"宗教"的论题很多。除上述论题之外,还有"宗教与科学""宗教与文化""宗教与教育""宗教与道德""宗教与国家"等等。就是在这些论题的论说中,新名"宗教"融入中国的语文世界。

五、民国"宗教"释义

　　1911年,北京《真道期刊》载林准《宗教与反宗教》一文。文中

---

①　杨士钦《论孔门宗教性质答国粹新民二报》,《蜀报》第一年第三期,成都:蜀报馆,1910年阴历八月十五日,第1页。
②　杨士钦《论孔门宗教性质答国粹新民二报》,《蜀报》第一年第三期,第2页。
③　杨士钦《论孔门宗教性质答国粹新民二报》,《蜀报》第一年第三期,第5页。

对"宗教"释义曰：

> 宗教乃维持人类对于真神所有关系的工具。就客观说，
> 包括吾人对于真神当信的一切真理，及事奉真神当尽的一切
> 义务。就客观说，则为感动吾人昭事真神之美德。①

这是清末少见的对"宗教"概念予以正式界说的文字。《真道期刊》为基督教刊物，其界说"宗教"概念，应该说是理所当然的。

新名"宗教"的使用开始于清末，但关于"宗教"概念的阐释，则主要展开于民国建元之后。这可能是因为清末需要讨论的问题多属迫切，学人们未及静下心来细细推敲；而就当时国人的整体知识水平而言，也少有能够做此探讨者；而民国以后，这种局面则有所改观了。

民国时期对"宗教"概念进行专心探讨的，是早年师从康有为、1911 年获哥伦比亚大学哲学博士学位的孔教徒陈焕章。1912年 10 月 12 日，陈焕章（1880—1933）在上海《协和报》上发表《论孔教是一宗教》一文，第一部分便是"何谓宗教"。1913 年，他又抽出《何谓宗教》，在《宗圣汇志》上发表。其"宗教"界说云：

> "宗教"二字，在英文为"厘里近"（Religion）。解释之者
> 虽各各不同，然大致偏重于神道。若以英文之狭义而求之中
> 文，则以"礼"字为较近。……盖礼之起原，始于祭祀，即西人
> 之所谓宗教，而我中国亦有礼教之称。盖礼即教也。然名从
> 主人，乃春秋之义。故吾今不必问西人之所谓教，只问中国
> 人之所谓教；不必问别教人之所谓教，而只问孔教人之所谓
> 教。……《中庸》曰："天命之谓性，率性之谓道，修道之谓

---

① 林准《宗教与反宗教》，《真道期刊》第二年第五十三——百零四号，北京：西什库天
　主堂印书馆，1911 年，第 2 页。

教。"此"教"字之定义也。①

陈氏的"宗教"界说,颇具"中国立场"。他不是依据 Religion 重新诠释"宗教",而是"以我为主",将 Religion 撇在一边,把"宗教"诠回到中国古典的"教",且定位于《中庸》之"教"。此一"中国立场",实则一种"工具理性",其意图在于建构"孔教宗教论"。

1913 年 1 月,上海《圣教杂志》载欧旅《宗教问题》一文。其"宗教释名界说"为"言人与造物主之相关。有束缚意,即相连之义也"②。而其"宗教指事界说"则为:

> 宗教也者,乃言人与造物主在伦理上之相关也。伦理相关,含有人在造物主前有当尽之义务也。即宗教指事界说之真义也。③

1915 年 2 月,《圣教杂志》又载张伯禄《宗教释义》曰:

> 宗者,尊仰之意,皈依之意,谓有所信仰而宗之也。复曰:谓其道之传具有统系者也。二说并举,未知孰是;然其以此译西语之"来利齐奥",则无疑也。……西语之谓"来利齐奥",论其母音原意,有联合、束缚之意。至于沿用依辞,亦有恭敬、寅畏之意。若以静立字用,则仅仅指神道学说及信奉神道学说之社会而言。夫以神道学说与信奉神道学说之社会,而取联合、束缚之名辞者,固不无故。盖其学说,在明人与神之关系及对神应尽之义务耳。④

---

① 陈焕章《论孔教是一宗教》,《协和报》第三年第二期,上海:美华书馆,1912 年 10 月 12 日,第 18 页。

② 欧旅《宗教问题》,《圣教杂志》第二年第一期,上海:圣教杂志社,1913 年 1 月,第 6 页。

③ 欧旅《宗教问题》,《圣教杂志》第二年第一期,第 7 页。

④ 张伯禄《宗教释义》,《圣教杂志》第四年第二期,上海:圣教杂志社,1915 年 2 月,第 49 页。

《圣教杂志》为基督教杂志,其先后所载二则关于"宗教"的界说,和 1911 年北京《真道期刊》的《宗教与反宗教》一样,颇具信徒色彩。

1915 年,《甲寅》杂志刊载 CZY 生的《宗教论》。该文引用英国人斐斯脱的"宗教"释义:

> 余谓"宗教"二字之解释,举凡足以熏陶一民族之道德,维系一民族之风化,范围一民族之精神者,即无不足为一民族之教,为一民族人民之宗。[①]

在此,"宗教"的内涵很小,外延很大,一切可以熔铸、指导民族道德、精神的,均可包括其中。其功能主义色彩是显而易见的,这与英国经验主义哲学气质不无关联。

1917 年 10 月,上海《青年进步》刊载陈安仁的《释宗教》。该文并未直接给"宗教"下定义,而是列述了十条"释宗教定义之标准":"宗教为超脱世间的","宗教为独具神秘的","宗教为维持灵体的","宗教为希望归宿的","宗教为神本主义的","宗教为爱力贯彻的","宗教为道的根本的","宗教为冲动能力的","宗教为进化无限的","宗教为超越科学的"[②]。可以说,这十条"标准",比较全面地揭示了"宗教"的特质。

1921 年 5 月 25 日,《东方杂志》自《民铎杂志》转载李石岑的《宗教论》。该文祖述、发挥德国学者施莱尔马赫(Schleiermacher,1768—1834)的宗教观:

> 宗教者,感情之事,非理知之事,亦非意志之事也。宗教实发于人之感情,而直观与感情为合一,由感情而得确认神

---

① CZY 生《宗教论》,《甲寅》第一卷第六号,上海:1915 年,第 5 页。
② 陈安仁《释宗教》,《青年进步》第六册,上海:青年进步编辑部,1917 年 10 月,第 2—7 页。

之存在;即由直观而得直接感知神性。故宗教恃敬虔,即恃依存之感情。此点殆与以把捉全体为目的之艺术相若。[1]

施莱尔马赫的"宗教"界说,体现了从斯宾诺莎到康德的思想路线的特色,又颇具德国浪漫主义的意味。

1925 年 4 月 19 日,太原《小学教育》刊载《公民常识:宗教》云:

> 凡是以神道设教,立定诚约,使各个人崇拜信仰,那就是个宗教。[2]

依其所述,宗教分两大类:一神教和多神教。基督教、犹太教、回教等为一神教;佛教、婆罗门教、道教等为多神教。而无论属于哪一类,"宗教的用意,就是借上鬼神的力量,教人为善去恶,普救世人"[3]。

值得注意的是,"宗教"的释义,至此已作为"公民常识"进入教育领域;故"宗教"释义史,至此可告一段落。

当然,"宗教"和"文明""文化"等词一样,均属人文术语,它们和"分子""原子""细胞"等自然科学术语(义项单一、固定)不同,其概念的界说,因时而异,因地而异,因人而异,随着人类活动的时空转换与主体变更,形成异彩纷呈的历史状貌,永无止息。

---

[1]　李石岑《宗教论》,《东方杂志》第十八卷第十号,上海:商务印书馆,1921 年 5 月 25 日,第 121 页。

[2]　《公民常识:宗教》,《小学教育》第七期,太原:山西教育厅编辑处,1925 年 4 月 19 日,第 27 页。

[3]　《公民常识:宗教》,《小学教育》第七期,第 27 页。

《百学连环》的译词与
近代抽象概念的形成*

张厚泉

【摘要】 "技术"与"艺术"、"演绎"与"归纳"等表达西方近代学术概念的术语,是西周在特别讲座《百学连环》中使用过的译词。这些具有对应关系的术语,不仅在学术领域沿用至今,而且作为日常用语融入进了现代日语中。《百学连环》的西周译词主要有以下几个特征:西方近代学术概念的词语解释从之前的"句形式"向更为简洁明了的"词形式"的进化;从训读的动词"学ぶ"到音读的词构成要素"～学(がく)"的转变;基于对儒学概念"理"的批判基础上产生的、从"理"到"物理"与"心理"的概念分化等特征。

【关键词】 译词 抽象概念 《百学连环》

一、序 言

明治初期的日语汉字音读词(以下简称"汉字词")的急剧增加,直接导致了汉字词汇超过了日语固有词汇,是近代日语词汇结构变化的一大特征①。增加的汉字词大多是明治初期在西方近代学术思想过程中新造的、抽象概念的汉字术语。其中,西周的

---

* 本文为教育部人文社会科学研究规划基金项目"儒学思想在《百学连环》抽象概念译词形成过程中所起作用的研究"(21YJA740049)的阶段性成果。
① 宫岛達夫《近代日本語における単語の問題》,《言語生活》1958年4月号。

造词数量之多尤为引人注目①。

《百学连环》是西周留学回国后第一次系统介绍西方思想的讲座手稿,留下了西周在翻译西方学术思想术语时的思考和译词确定的过程。从词语的来源角度对狭间直树等整理的《百学连环》用词数据库②进行研究后发现,《百学连环》的词语在形态上有:(1) 欧语的汉字词、日语固有词的译词,从"a"至"zoology"止,共有 1 851个;(2) 欧语的片假名译词,从"academy"至"Washington"止,只有225 个。对(1)的内容,再以汉字词、日语固有词、句的类型进行调查、归类,分别为 1 505 个、95 个、251 句。

在对西方近代学术思想和儒学思想进行比较时,西周针对儒学思想的欠缺,有意识地创造了诸如"技术""艺术"与"演绎""归纳"等具有逻辑对应关系的汉字新词。为了表达新的西方学术思想概念,西周在《百一新论》(1874 年)中首次使用了"哲学"一词,而早在 1870 年,西周的译词在其私塾"育英舍"举办的特别讲座《百学连环》中就已经大量出现了。

长期以来,由于《百学连环》是未出版的讲课笔记,其学术价值一直被低估。但是,西周在这个讲座之后,发表在《明六杂志》上的"知说"等一系列论文的观点和用词在《百学连环》中都可找到原形。可以说,《百学连环》是西周对西方近代学术思想的思考和方法论形成的里程碑,对其译词特征的考察,不仅对日语语言的研究具有学术价值,对西周和日本近代思想的研究也具有现实意义。

---

① 栗島紀子《西周の訳語》,森岡健二《改訂近代語の成立─語彙編─》,明治書院,1991 年,第 154 页。手島邦夫《西周の新造語について─〈百学連環〉から〈心理説ノ一斑〉》,国語学研究(東北大学文学部国語学研究刊行会),2002 年 41 号。

② 狭間直樹、宮原佳昭《〈百学連環〉の欧語・訳語対照表と、カタカナ語一覧表のデータベース》(2009),www.zinbun.kyoto-u.ac.jp /～rcmcc/renkan.xls,最后浏览日期:2016 年 11 月 15 日。

二、《百学连环》的构成与先行研究

《百学连环》是由西周的门生永见裕记录的八本笔记和西周亲笔手书的两本《百学连环觉书》组成,均收录于大久保利谦编《西周全集》第一卷(日本评论社出版,1945 年)和《西周全集》第四卷(宗高书房,1981年)。宗高书房版收录了《百学连环》"总论"的"甲本"和"乙本"。"乙本"是永见裕根据"甲本"进行整理、修改的《百学连环闻书》(以下简称《闻书》)。本稿所引之处,除了注明是从"乙本"引用之外,均引自"甲本"。

将"西周"作为关键词在日本国立情报学研究所的论文数据库(CiNii)[①]检索后发现:20 世纪 40 年代和 50 年代有关西周研究的论文分别只有 2 篇和 6 篇,60 年代到 90 年代分别为 29 篇、30 篇、26篇和 23 篇。但 2000 年以后的论文数量显著增加,达到了 110 篇以上,除与西周研究的重要性得到重视有关外,也与网络的普及不无关系。西周研究的论文标题里也有可能没有出现"西周"一词,所以实际上应该有更多的相关论文。另外,用"百学连环"作为关键词进行调查统计,共有 20 篇相关论文,由于篇幅的关系,在此不一一介绍。

表 1　用"西周"与"百学连环"在 CiNii 上检索的论文数量

年代 关键词	1940	1950	1960	1970	1980	1990	2000	2010	论文数
西周	2	6	29	33	26	23	110	111	340
百学连环	1	0	1	2	3	3	9	3	22

除了学术论文之外,近年来,还不断出现了研究西周或与西周有密切关联的专著。例如,铃木修次著《日本汉字词中国》(中

---

① http://ci.nii.ac.jp/,最后浏览日期:2022 年 2 月 22 日。

央公论社,1981 年)、莲沼启介著《西周哲学的成立》(有斐阁,1987年)、小泉仰著《西周与欧米思想的接触》(三岭书房,1989 年)、岛根县立大学西周研究会编著《西周与日本的近代》(鹈鹕社,2005年)、菅原光著《西周的政治思想——规律・功利・信光》(鹈鹕社,2009 年)、大久保健晴著《近代日本的政治构想与荷兰》(东京大学出版社,2010 年)、松岛弘著《近代日本哲学的鼻祖　西周——生涯与思想》(文艺春秋,2014 年)等。另外,印刷博物馆编《百学连环　百科事典与博物图谱的飨宴》(凸版印刷,2007 年)虽不是研究西周的专业书籍,但从卷首刊登的桦山纮一的论文——《百学连环,或曰西周的思想》一文可知,整个构思明显受到了西周《百学连环》的启发和影响。另外,山本贵光著《〈百学连环〉讲读》(三省堂,2016 年)详细调查了《百学连环》中引用的术语解释、原语出典。上述研究成果均为更好地研究西周思想和译词奠定了基础。

三、《百学连环》的术语

"哲学"作为 Philosophy 译词,是西周的造词。但是,西周对 Philosophy(西方哲学)概念的理解并非是一开始就全面掌握的,而是经历了一个由"希哲学"(1861)、平假名音读的"ヒロソヒ之学"(1862)、"宗教思想"和"神学"(原文荷兰语)(1863)、汉字音译的"比斐卤苏"(1870)到"哲学"(《生性发蕴》,1873 未刊)、"哲学"(《百一新论》,1874 年出版)的用词变化过程,词义也由抽象的"富国强兵的万能的学问"[①],经过"与宗教思想有异的学问"[②],到具体

---

① 西周《西洋哲学に对する关心を述べた松冈鏻次郎宛の书简》,大久保利谦《西周全集》第一卷,宗高书房,1960 年,第 8 页。
② 1863 年 6 月西周在赴荷兰的船上给霍夫曼教授的信,大久保利谦《西周全集》第二卷,宗高书房,1961 年,第 702 页。

的"百科学术的统一观"①，对西方"哲学"思想的认识经历了一个由浅渐深、逐步理解并确立下来的过程，而《百学连环》可以视作西周思想的转折点和西周独立的哲学思想的起点。

欧洲有许多关于 Encyclopedia 的书籍。因此，西周在《百学连环》的讲座中一开始就重点列举了与学术相关的西方概念，并与中日两国的学问内容进行了比较和讲解。

"学术"作为"某种学问"之义的用法古已有之。《说文》《广雅》《史记》《集韵》《后汉书》《唐书》《宋史》《康熙字典》等，都可以找到使用"学""术""学术"的例句。但是，正如西周在《明六杂志》上撰文批驳福泽谕吉的"论学者的职责"时所述，明治初期的学问不出四书、五经的范畴。而西方学术，即便是当时号称大家的学者也尚未究其蕴奥。为此，西周在讲稿里首先以 Encyclopedia 概念为切入点，对西方学术展开了论述，而论述是需要有与 Encyclopedia 相对应的日语概念支撑的，这是西周译词之所以大量产生的客观背景。

西周认为，大凡学问应该有一定的范围，地理学有地理学的范围，政治学有政治学的范围，不应混淆。如果向从事政治学的人请教机械的问题，纵然这个人具备机械的知识，也不应该请教这个人，而应该请教精通机械的人。汉（中国）在学问上不区分范围，是最迂阔的了②。

学问既然是有"学术范围"的，就不能将政治学和机械学混为一谈。这也是西周出于自身的经验由衷而发的感触。从森鸥外

---

① 继《百学连环》之后，西周在《尚白箚記》(1882)中，介绍了奥古斯特·孔德的实证哲学理论，论述了"哲学"是统一百科学术最高学问的观点。大久保利谦《西周全集》第一卷，第165—167页。

② 西周《百學連環》，大久保利谦《西周全集》第四卷，東京：宗高書房，1981年，第11—12页。

撰写的《西周传》和西周私记中可知,德川将军曾要求西周将当时稀罕的西洋电气灯的点灯方法和缝纫机的使用方法翻译出来。西周在尝试运转缝纫机时,不小心折断了一根针而感到窘迫不已。这件事让西周一直耿耿于怀,可以说是西周举办《百学连环》讲座的一个契机。西周认为,尽管自己精通西方的语言文字,然而这并不代表自己对西方的学问悉数通晓。摆弄器械是工匠的事,而绝不是学者的事。由此可见,西周对"学术范围"、"学"与"术"不同的认识的萌芽从那时就已经开始产生了。另外,句末"汉土更没有那种学术疆域的区别,何等迂腐至极"的批注,对传统儒学提出了明确的批判。

为了理清汉土与西方的"学术"之间的差异,西周首先着手分析了"学""术""学术"的概念。日语的"学"字原本是动词,"学道"(「道を学ぶ」)或"学文"(「文を学ぶ」)等,多作为动词使用,很少作为名词使用,名词多用"道"字。西周指出,"学"和"道"是同一类的汉字,在日本,常说"和歌之道"(「和歌の道」)、"学文之道"(「文学ぶの道」),但不说"和歌之学"。"术"的繁体字是有某种目的的、产生于"行其道"的"行",所以它的字形与字义正好吻合,"技""艺"的繁体字亦同。基于以上说明,西周引出了西方 Science and Art 的概念,并用"学术"与其对照,展开了论述。

Science(学、学问)是知识的积累。如果只是单纯掌握很多知识,那也算不上学问。所谓学问,在形式上需要有无懈可击的逻辑,在内容上需要具备真理的性质。而且,Science 需要有 definition 这一明确的定义。这种关于"学问"的思考,在儒教社会是前所未闻的。

从这一页的空白处的"学术技艺的四字,后世取学术二字包含其义"(「學術技藝の四字後世學術の二字を取り用へ其中ニ含蓄せしむ」)的批注可知,西周所说的"学术",取自"学术技艺",是

省略了"技艺"后的使用法。当时,比起"学术"一词,"学术技艺"和"学术器艺"的用法更为普遍。

继"学"之后,西周又用 Art 的概念来说明"术"的含义。Art is a system of rules serving to facilitate the performance of certain actions. 如英语原语,无论什么事,都要在实际工作上下功夫,将它的道理讲清楚,使之更加容易达到目的。"学"与"术"原本是很容易被混淆的两个概念,有必要区分、明确其意义。西周在《闻书》中用被子弹击中了的军人的手术作为比喻,医生掌握的人体的筋骨、皮肉和五脏六腑的构造是"学",而为了治疗被子弹击中的脚,如何取出子弹并进行治疗,则是"术"。

那么,"学"与"术"又是怎样的关系呢?

Science and Art(学术)可谓探究真理。但是,Science(学)是为了获得知识的探究,而 Art(术)是为了具体实施的行为。换言之,Science(学)是与更高的真理相关的,Art(术)是与相对低位的真理相关的。"学"与"术",都应该具备"theory 观察(上)"和"practice 实际(上)"的特征。

学术的根源到底在哪里? 西周指出,学术的根源在于"知与行"。但是,西周同时指出:"必须将知和行区分开来,不能视两者为一。""知"与"行"出自《论语》"为政篇"中的"先行其言而后从之",由于断句不同所引起的意义不同,后人对其做出了各种解释。"知行"作为儒家的重要思想概念,是最具争议的概念之一。宋代的朱子在其《朱子语类》中指出:"论先后,知为先;论轻重,行为重",提出了"知先行后"的观点。与此相反,明朝的王阳明则提出了反对意见。王阳明基于知行同为心的良知所发的认识,提出了"致良知"和"知行合一"的主张。到了近代,孙文主张的"先知后行",毛泽东主张的"实践论",也都是围绕"知行"而论的。

　　但是,西周并不满足于朱子、王阳明的议论。在西周讲稿的空白处,有一处"阳明的知行合一学说只是为了提倡自己的主张,知行并非合一"(「陽明の説に知行合一といふあり。然れとも爲メになす所ありていふものにして敢て合一なるものにあらす」)的朱批。西周用选文具来比喻"知行",我们在文具店选择笔的时候,从一百支毛笔中选择一支,要比从十支毛笔中选择一支,更有可能选择出好的笔。如果马上用那支笔书写的话,即是"行"。西周认为,"知"的根源来自"眼耳鼻口舌"的五官,是从外部进入人的头脑的,而"行"是知从身体内部向外部发出的东西。因此,知在先,行在后。知是过去,行是未来。另外,知是衡量广泛的概念,行是衡量精细的概念。学术和知行是最相似的,但又必须将其区别开来。因此,知行是学术的根源。

　　在论述了"学术"与传统的"知行"之间的区别后,西周继续对"学"提出了"单纯学"与"适用学"的概念。所谓"单纯学"是关于单纯的理的学,如 2＋2＝4。所谓"适用学"是关于实事的学,如 2只狗＋2 只鸟＝4 只动物。

　　如同"学"有两个区别一样,"术"也有 Mechanical art and$\overset{\text{器 械 技}}{}$ Liberal art$\overset{\text{上 品 藝}}{}$ 之分。如果按照原语意思的话,可以译为"器械的术"(「器械の術」)和"上品的术"(「上品の術」),西周分别译为"器械技"和"上品艺",并最终定为"技术"和"艺术"。但是,这在《百学连环闻书》中是"器械的术"(「器械の術」)和"上品的术"(「上品の術」)。大久保利谦将永见裕的《百学连环》和《百学连环闻书》进行了比较后指出,后者更为完整充分,因而是前者的修改版[1]。但

---

[1]　大久保利謙《西周全集》第一卷,日本評論社,1945 年,第 18 页;大久保利謙《西周全集》第四卷,第 616 页。

是,如果从"技术"和"艺术"的学术概念的形成角度考察,将这两种资料进行比较的话,不难看出,前者在逻辑上显得更加严谨和正确。

表 2　mechanical art and liberal art 与"技术""艺术"的译词

| (1) | 术亦有二分之区别：Mechanical art and Liberal art。按照原语翻译的话,即"器械之术""上品之术"之意。这么翻译的话不甚妥当,故译为技术、艺术。(術に亦二ツの区別あり。Mechanical art and Liberal art.原語に従うときは則ち器械の術、又上品の術と云ふ意なれと、今此の如く譯するも適當ならさるへし。故に技術、藝術と譯して可なるへし。) | 《百学连环》(《西周全集》第四卷,第15页) |
| (2) | 术亦有二分之区别,即 mechanical art and liberal art。按照原语翻译的话,应该是"器械之术"及"上品之术"之意,但这么翻译的话不甚妥当,现译为技术和艺术。(術に亦二ツの区別あり、mechanical art and liberal art है なり、併し原語に従ふときは、則ち器械の術及び上品の術と云ふ意なりと雖も、此の如く譯するも適當ならさるか故に、今技術及び藝術と譯して可なるへし。) | 《百学连环闻书》(《西周全集》第四卷,第46页) |

　　继"学"与"术"的关系之后,西周又提出了学术"两种性质"的概念,即学术上,有"普通(common)"(共通)与"殊别(particular)"(专门)的两种性质。所谓"普通",是指一理通万事的意思。"普通"在现代日语也有"共通""一般"的意思。这里所说的"普通""殊别"的两种区别,是关于学术性质的区分,而不是关于学习的区分。也就是说,具体在何时、何地、向谁学习的"学",不是学术性质的意思。"普通(common)"的"算术"也有可能成为"个别(particular)"的专业的数学。

　　接着,西周对"学"又从"心理上的"和"物理的"的角度进行了分类和解说。关于"心理上之学",西周认为当时的欧洲也没有固定的概念,所以有各种各样的术语,其中"物理外之学"的说法最为恰当,但也已经过时了。"物理外之学",即"心理学"。不过,心理学也有好几种类,当时还没有特别的界定。西周为了解释"心理学",以"蒸汽船"和"蒸汽车"改变了旅程时间为例,论述了物理因素的变动对心理变化产生的影响。

物理条件发生变化,心理也会随之变化,如同每年返乡一样,心理是根据物理变化的。"育英舍"是西周从家乡津和野(现岛根县津和野町)回到东京后开办的私塾,西周在讲课时或许回想起了自己回乡途中的经历,因而提出与心理相比,物理应该成为核心学问而受到重视的观点。但是,利用物理的是心理,物理是受到心理支配的。总之,只要理解物理和心理的区别就会明白,传统的佛教、神道所谓的"神力"或"祈祷力""狐狸"等,完全是荒诞无稽的。这种荒诞的想法,在欧洲已经没有立足之地了。对此,西周不禁发出感叹,汉儒至今仍然无法脱离这种愚昧。

由于朱子等汉儒提倡"理""性理""性即理""心即理",儒学世界没有"物理"和"心理"之分。在这个意义上,可以说西周的阐述推翻了儒学的基本世界观,是西周新造"哲学""物理""心理"等术语的动机。

四、"演绎"与"归纳"的术语化

西周创造的译词是如何在日语中固定下来的?又是如何成为汉语词语的?有关这一时期的汉字词研究,往往将《明六杂志》、西周的论著是否使用和《哲学字汇》(初版)是否作为词条采用,视为衡量该译词是否成熟的标志。例如,惣乡正明、飞田良文

合编《明治的词语辞典》(东京堂出版,1986 年,第 40、102 页)指出
"演绎法""归纳法"最早见于《哲学字汇》(初版于 1881 年)。手岛
邦夫也将西周译词是否被《哲学字汇》(初版)的词条采用作为衡
量西周译词是否成熟的标志①。

但是,《百学连环》是 1870—1873 年之间的讲义,发现时已是
1932 年,第一次被收录在全集时已是 1945 年,《百学连环》与《哲
学字汇》之间并没有任何关联。因此,仅就西周的论著或《哲学字
汇》是否出现了某个译词,很难把握西周译词形成和沿用的过程
全貌。特别是表达逻辑学的"演绎""归纳"等抽象概念的术语,是
如何将中国的启蒙思想家——严复的造词驱逐出去,并成为汉语
的,一直以来并没有明确的结论。但是,对于这个问题,似乎可以
从 1876 年发行的《东京开成学校一览》②(以下简称《一览》)找到
答案。

在《一览》的各种规则中,最基本的是"普通科"和"专业科"之
分。在"学科要略"的"第一 英国文学 修辞学 逻辑学"里,收
录了"逻辑学科学习演绎归纳两种论理法,间或讲授辩论法的历
史"(「論理学ノ科ハ演繹帰納の両論法ヲ課シ時々弁論術ノ歴史
ヲ講説ス」),使用了"演绎""归纳"等逻辑学的术语。在《百学连
环》中,西周在翻译密尔的《逻辑学》(System of Logic)时,用"演
绎"和"归纳"对 deduction 和 induction 进行了解释。但是在《百
学连环》"第二篇上",也留下了用"钩引法"翻译 deduction 的痕
迹③,说明这一时期的译词的不确定性。

---

① 手岛邦夫《西周の新造語について—〈百学連環〉から〈心理説ノ一斑〉》,载于東北
  大学文学部国語学研究刊行会《国語学研究》,2002 年第 41 号。
② 東京開成学校《東京開成学校一覧》,東京開成学校,1876 年。
③ 西周指出,古典的致知学只有 Deduction 钩引法,直至密尔发明了 System of
  Logic,才因 Induction 归纳法使该学完善,成为该学的基础。西周《百学連環》,大
  久保利謙《西周全集》第四卷,第 149 页。

　　之后,西周又在《生性发蕴》(明治六年)中论及"归纳致知之方法"和"演绎推论之方法"时,用"演绎"和"归纳"翻译了用片假名表示的 deductive 和 inductive。在《明六杂志》第 22 号(1974 年 12 月)刊载的"知説(四)"里,使用了"演绎(片假名表示的 deductive)之法与归纳(片假名表示的 inductive)之法"。另外,《致知启蒙》(1874)也使用了"演绎(deduction)"和"归纳(induction)"。特别是《致知启蒙》,是西周生前出版的代表作,也是日本第一部逻辑学著作,从出版年代上也可以说是《一览》(1876)使用"演绎""归纳"的决定性因素。

　　通过对上述论著的发行年代进行分析后可知,"演绎""归纳"的译词与"技术""艺术"相同,是经历了从"演绎之法"(「演繹の法」)、"归纳之法"(「帰納の法」)的"句"结构之后,逐步固定到"演绎""归纳"与"演绎法""归纳法"的"词"结构的。

　　其次,《哲学字汇》的编者井上哲次郎是以什么为依据,将"演绎法"和"归纳法"这两个词收录到该词汇集里的呢? 其原因尚未可知。从这个角度来看,《致知启蒙》和《一览》是解决这个问题的关键。井上哲次郎是 1885 年进入东京开成学校学习的,也就是说,他是按照《一览》的课程设置完成学业的。从 1877 年到 1880 年之间,井上在东京大学学习哲学和政治学,理所当然地学习了《一览》中规定的逻辑学,并熟知"演绎"和"归纳"的概念。因此,作为大学的知识,井上在编撰《哲学字汇》时收录这两个术语也是顺理成章的。

　　但是,《一览》的"演绎""归纳"与西周的《百学连环》之间又有何关联呢? 在 1870 年 10 月 25 日的西周日记里,有"大学条例校了"(「校了大学条例等」[①])的记载。西周在 1870 年被任命为"兵

---

① 　大久保利谦《西周全集》第三卷,宗高書房,1966 年,第 418 页。

部省出仕"时,同时也被任命为"兼学制调查专员"。此时的"大学"是废除以"国学""汉学"为中心的昌平学校、向洋学转型的学制改革的时期。在文部省尚未成立之前,"大学"除了是高等教育机构之外,同时也是文部省的前身。1871年7月18日,太政官发布了"废除大学,设文部省"(「大学ヲ廃シ文部省ヲ置ク」)的通告,从西周校阅大学条例一事可知,在成立文部省和制定学校制度的过程中,身居新政府高官的西周处于具有决策性作用的地位。

《一览》发行于1876年。在《一览》的序言"东京开成学校沿革略志"中,论及了东京开成学校与其前身的"洋学所"及箕作阮甫、堀辰(达)之助、西周的关系。第二年,东京开成学校和东京医科学校合并为东京大学,而这些学者当中,当时能对东京大学产生影响的,唯有西周。因此,1878年,东京大学毕业证书颁发仪式之所认邀请西周发表演讲也就在情理之中了。长期以来,西周与东京大学的关系被忽略,但从上述事实可知,西周作为当时为数不多的具有留学背景的政府官员,对东京大学的指导作用是不可忽视的。

那么,"演绎""归纳"又是如何传播到中国,在汉语里固定下来的呢?

清朝驻英公使郭嵩焘的日记显示,1878年1月,日本驻英国公使上野景范向郭嵩焘介绍了《一览》,郭嵩焘详细记录了"东京开成学校"的学科名称等内容。迄今为止,并没有任何文字可以说明郭嵩焘是否将东京开成学校的内容告诉过严复,但众所周知,严复在英国留学时经常与郭嵩焘交往,并深得其厚爱。严复在将赫胥黎的《进化与伦理》翻译为《天演论》(1898)时,将deduction译为"外籀(zhòu)",induction译为"内籀"。此后,"外籀"和"内籀"被日译术语的"演绎"和"归纳"所淘汰。严复在翻译 *A System Of Logic*(《穆勒名学》,1898)时,将"Of Trains Of

Reasoning，And Deductive Science"翻译为"论籀绎及外籀科学"，也有"induction 内籀（卷末注）按即归纳。deduction 外籀（卷末注）按即演绎"的注释。在《原富》的卷末，分别有 induction（内籀）"今译归纳"、deduction（外籀）"今译演绎"的批注。但严复在译著中并未注明所引"演绎"和"归纳"的来源。从严复与郭嵩焘在英国的交往时间和郭嵩焘对严复的赏识、信任程度看，严复从郭嵩焘处获得《东京开成学校一览》的信息是完全合乎情理的。现在，"演绎"和"归纳"已经完全融入进汉语，而严复的译词"外籀"和"内籀"早已成了死语。

　　词语的翻译有很多形式，既有从"句"到"词"的变化，也有诸如从"理"衍生出"物理"和"心理"、"术"衍生出"技术"和"艺术"那样从"一字词"转变为"二字词"的形式。此外，西周有意识地制造"二字词"的想法，从他翻译《心理学》和《利学》时留下的备忘录"哲学相关片断"中可以得到解读：

　　　　凡漢語同義異字甚多，然審其本義^{訓詁}間不無淺深厚薄之差、傾注偏尚之別，今倣漢訳梵語之例俻而以二字為一義。①

西周在"哲学相关片断"的"二十五""二十六""二十七"中，有意识地将表达感情的概念用二字词的形式翻译了出来。

　　　　順境即称意　　快楽ニ向フ者「喜悦」「好愛」「娯楽」「慈愍」「畏惶」「欽慕」「羞恥」「笑嚎」
　　　　逆境即不称意　　痛苦ニ傾ク者「愁憂」「悪憎」「悲哀」「忿怒」「恐懼」「怨恨」「悔懊」「驚愕」

西周之所以以二字的形式翻译，是因为在日语里，"喜"与"悦"、

---

① 西周《哲学関係断片二十三》，大久保利谦《西周全集》第一卷，第 199 页。

"忿"与"怒"等汉字的训读音相同。单个汉字,会导致意义难以区分,而新组成的二字词无论是字音还是词义,都起到了区别发音、词义和表达新概念的作用。

五、结　　语

《百学连环》是日本最初的近代学术体系论,也是西周哲学思想的原点和转折点。在此之前,西周执着地追求西方"哲学"时,陷入过深深的烦恼。《百学连环》成为西周形成其思想的出发点,而支撑这个出发点的是表达新概念的汉字译词。在这些汉字译词中,既有类似"学"式的、从训读的动词"学"变为音读的构词要素的"～学"的形式,更有从"器械之术"到"技术"、"上品之术"到"艺术"、"演绎之法"到"演绎"、"归纳之法"到"归纳"式的、从"句到词"的转变形式,以及类似"喜悦""娱乐""愁忧""惊愕"式的、由两个同训日语固有词的汉字组合而成的二字音读形式的汉字词。

此外,基于对儒学"理"的批判,从"理"派生出来的"物理"和"心理",不仅是术语的分化,更是对儒学"理"的概念进化的贡献,推动了汉字文化圈的近代学术思想的发展,这从此后的西周译词多为基于儒学批评而创造的抽象概念这一事实中也可得到印证。

中日品牌命名特点比较研究*
——以语言为中心

王　蕾

【摘要】　品牌命名的相关研究以西方语境下的居多,着眼于中日语境下的比较研究尚为少见。本研究从语言学视角出发,以语音、语义、形态、文字表记的语言学分支学科为四个维度,对既有的相关研究进行梳理比较,发现中日品牌命名的语言特点,对基于西方品牌命名研究的惯例进行确认和修订。中日经济贸易往来日益频繁,该研究是对现有品牌研究理论的补充和发展,为中日国际营销人员提供有益的参考。

【关键词】　品牌命名　语言学　比较研究　中国　日本

一、引　　言

品牌名称是企业最重要的资产之一(Aaker,1991),是构建品牌识别的所有品牌要素中最核心的内容(Keller,2006)。Zinkhan和 Claude(1987)发现消费者对品牌名的态度独立于产品态度和品牌态度,品牌名本身就在一定程度上影响和决定着消费者的态度。

---

* 本文曾发表于《日本研究》杂志(《中日品牌命名特点比较分析》,《日本研究》2013年第 1 期,第 29 - 36 页)。本次做了版面和个别文字调整,得到东华大学中央高校基金科研业务费"儒学与近代词研究基地"(20D111410)的资助,是上海市高等教育学会 2018 年一类项目"'一带一路'视域下的服饰与语言文化的课程案例研究"(GJUL1803)的阶段性成果。

二、如何通过品牌命名创建强势品牌

2.1　优秀的品牌名与构建强势品牌的关系

Keller 提出的"基于顾客的品牌资产"成为品牌研究的基本理论框架（恩藏直人、龟井昭宏，2002）。其定义是：品牌知识对于顾客对品牌营销的反应所产生的影响作用（Keller，2006）。品牌知识包括品牌认知和品牌形象两方面，即强势品牌就是为广大消费者所熟知（品牌认知），且具有优秀形象的品牌（品牌形象）。所以品牌资产并非在企业一方，而是存在于顾客的头脑当中。品牌知识决定品牌资产，因此，品牌管理的目标或课题也就是如何对顾客头脑中的品牌知识进行管理。品牌命名对品牌认知和品牌形象直接产生重要影响，是实现战略品牌管理目标的一个重要手段。

2.2　品牌名的定义

恩藏直人和龟井昭宏（2002）提出，品牌名应该是：（1）具有含义的语言；（2）简短拼写的单词；（3）具有能够发声的特征。即可以从语言（含义）、文字（拼写）、声音（音响）三个侧面来考察品牌名。

2.3　品牌命名及其标准

由于品牌名称对于品牌本身具有很大的影响力，所以历史上不少著名企业都不惜巨额代价实施品牌名的变更。如宏碁将英文品牌名由"Multitech"改为"Acer"，松下将"NATIONAL"统一为"PANASONIC"，"Kanebo"将中文品牌名由"嘉娜宝"改为"佳丽宝"等都是典型案例。可以说，Chanel、Ford、丰田等以创始人的名字进行品牌命名的时代已经一去不复返。

那么如何命名一个优秀的品牌？关于品牌命名的方法，众多研究者及营销人员已在各类书籍和研究中有所描述。本文列出三个代表性的研究[①]。

(1) Keller(2006)：a. 记忆方便；b. 对产品类别及特质、优点等具有定位性的说明；c. 有趣味；d. 富有创造力；e. 易于向更广泛的产品种类和地域背景转换；f. 含义持久；g. 在法律和竞争上都能获得强有力的保护。

(2) Perreault 和 McCarthy(2004)：h. 简短；i. 容易拼读；j. 容易识别和记忆；k. 容易发音；l. 只有一种发音方法；m. 能被各种语言发音(国际市场)；n. 让人联想到产品的好处；o. 适合包装和标签的需要；p. 没有令人不快的含义；q. 保持适时(不过时)；r. 适合任何广告传播媒介；s. 合法使用(未被其他公司使用)。

(3) Kotler 和 Armstrong(2001)：t. 暗示产品的好处；u. 容易发音；v. 能够迅速识别；w. 容易记忆；x. 醒目；y. 容易翻译成外语；z. 能够进行商标登录且有法律保护。

如前文所述，一个优秀的品牌名称应该在提高品牌认知和构建品牌形象两方面都起到积极作用。而以上这些优秀品牌名称的衡量标准，也正是直接针对提高品牌认知和构建品牌形象两个方面的。可以说，优秀品牌名称的衡量标准为打造一个优秀品牌提供保证。同时，概观上述著名营销学者们提出的品牌命名标准不难发现，品牌名中所包含的语言要素对于实现一个优秀品牌命名的重要作用。在下一节将利用语言学维度对以上品牌命名标准进行一个整理分类。

---

① a—z 是笔者为方便后文整理所加标注。

2.4　优秀品牌命名标准的语言学维度分类

基于语言学的品牌命名,正如品牌名的定义所示,包含语音、语义、形态(构词法)等三个维度。此外,在品牌国际化趋势下,不同语言背景下的品牌名的文字表记问题也渐渐受到研究者们的关注,如 Hernandez 和 Minor(2010)等。本研究将文字表记也列入考察品牌命名标准的一个维度。

**Table 1 The principles of brand naming classified
by four linguistic aspects**

表 1　依据语言学维度进行分类的品牌命名标准

品牌命名标准	合　并　项	语言学维度			
		语音	语义	形态	文字
易发音	k. /u.	○			
唯一发音法且适合所有语言发音(产品出口时)	l. /m.	○			
保持含义持久不过时	f. /q.		○		
无令人不悦之义	p.	○	○		
反映产品的优点	b. /n. /t.	○	○		
简短	h.			○	○
适应包装及标签的需要	o.			○	○
易拼读	i.	○		○	○
易识别及记忆	a. /j. /v. /w.	○	○	○	○
具有趣味性	c.	○	○	○	○
富有创造力(新颖、独特)、醒目	d. /x.	○	○	○	○
易转换	e. /y.	○	○	○	○
适合任何广告传播媒介	r.	○	○	○	○
在法律和竞争上受到保护	g. /s. /z.	○	○	○	○

由于上述三个代表性品牌命名标准有部分相似或重复的项目,所以先进行一个合并工作。然后,如表1所示,将合并结果依据以上四个语言学维度进行整理分类。结果显示,首先,语言学是与品牌命名联系最为紧密的学科,即每一项品牌命名标准都离不开语言学维度上的考量。其次,在14项品牌命名标准中,有11项均需要两个以上的语言学维度进行衡量。可见从无数可能的名称中为产品选出一个符合优秀品牌命名标准的理想品牌名称绝非易事,不是由单一的语言学维度决定,而是需要从语言学的多个维度进行衡量比较。并且四个语言学维度也并非相互独立,它们之间相互作用,交叉影响,与品牌命名打造品牌的整个过程都有着千丝万缕的联系。在下一章中将对迄今为止的中日品牌命名的主要研究成果,按照四个语言学维度进行分类综述和评论,以期发现中日品牌命名的语言特点。

三、语言学视角下的中日品牌命名研究综述

3.1 语音维度的中日品牌命名研究

在既往关于品牌命名的研究中,围绕语音问题的研究历史最为悠久,内容最为丰富。一个品牌名发音的基本构成单位是音素。这些音素有两个作用,第一,组成音节乃至词语来表示这个品牌名最为消费者容易认知和诠释的含义;第二,音位本身可以产生某些含义,这被称为"语音象征"(phonetic symbolism),它为品牌名表现某些特别的属性特征提供线索。

凯勒(2006)将西方品牌名在语音方面的特色总结为:(1)头韵法;(2)谐音;(3)辅音韵;(4)阳性韵;(5)阴性韵;(6)弱/不完整/倾斜韵;(7)拟声词;(8)缩减法;(9)混合法;(10)首音爆

破。在市场营销学的研究领域,就单个辅音、元音对品牌名称所产生的印象和效果有过不少实证研究成果,如 Schloss(1981),Klink(2000),Lowrey、Shrum 和 Dubitsky(2003),Lowrey 和 Shrum(2007)等。

相对于西方学者在品牌命名语音方面的研究成果,中日品牌命名在语音方面的研究,各自呈现出不同的特点。

3.1.1 汉语品牌命名在语音方面的特点

汉语品牌名研究中尚少有关于音位的"语音象征"的研究。相关研究主要集中在以下几个方面。

(1) 音节

汉语多为简单结构的音节:"CV"或"CVC"(C 代表声母,V 代表韵母),没有辅音连缀。Chan 和 Huang(1997)发现汉语品牌命名中 90.5%以上为双音节。由于汉语中同形同音异义词的大量存在,单音节的品牌名称往往不能实现新颖、独特的效果,而双音节是多音节中最为简单的音节结构,故其在确保品牌名新颖、独特的同时,又实现了品牌名容易发音、容易拼读、容易识别和记忆的效果。毛强(2009)指出汉语拼音中的"zh、ch、sh、r、x"等,在不同民族语言乃至方言的语音模式和发音效果上具有重大差别,如"Chonghong、Zhixin"等品牌名称,不同母语的人读出来的发音会有很大的差异,自然不利于全球传播。

吴水龙、卢泰宏、苏雯(2010)发现三音节的老字号名称比例占到 51.61%。由此可见,虽然简洁的双音节名称更容易记住,但是,三音节词作为汉语最大的韵律词,在平仄的运用上,更容易合成语调抑扬顿挫的词汇,如全聚德、王致和、老凤祥等,并在意义表达方面更具自由度,承担更多的语言表达任务。然而在现代传媒的宣传方式下,三音节名称的平仄优势难以体现,传播效果也大大减弱。

（2）声调

Chan 和 Huang（1997）指出汉语是声调语言，91.08％的品牌名中至少含有一个高音（一声或二声）。汉语母语者更为倾向高声调的名字，让人觉得朗朗上口，容易发音。Fan（2002）指出汉语的四声会产生"音同调不同"的音节，所以即使一个新品牌的发音决定下来了，而实际却可能存在两组以上的组合模式。且汉语不同的声调会带给品牌名不同的含义，既有积极的，也有消极的。并且在汉语汉字中，还存在同音同调不同义的现象。因此，即使发音与声调都确定下来，仍然面临选择什么汉字的问题。吴水龙、卢泰宏、苏雯（2010）发现最后一个音节的声调是阴平或者阳平的老字号名称占总样本的 72.4％。升调音节使得这些老字号读音高扬，听起来响亮、悦耳。Huang 和 Fan（1994）指出汉语中命名的两条原则，一是响亮，二是意义深远。其中，响亮的程度靠的是语音与声调，韵母比声母更为响亮。王伟（2006）提出为了品牌发音响亮，一是要多选择开口呼的字词，少用闭口呼或撮口呼的字词；二是要注意品牌音节之间的搭配，争取做到平仄相间，于整齐中求变化等。

由以上研究可见，汉语品牌命名的语音研究当中，似乎也存在"语音象征"。不过与英语的音位研究不同，汉语的声调会暗示某些品牌名表面含义以外的积极或消极等抽象含义。此外，在前文提到的西方学者提出的一般品牌命名标准中并未出现的项目——"响亮"，却被汉语品牌命名的研究学者频频提及。仔细推敲可以发现，实际上，对"响亮"这一标准的考察可分为两个途径：一是由口中说出的感觉，二是由耳朵听到的感觉。在前文西方学者提出的一般品牌命名标准中并未包括听觉方面的衡量标准，虽然包含"容易发音"这一项从读出或说出品牌名的角度出发考虑的标准，但却与"响亮"的含义以及考察的角度相去甚远。笔者认为,这点应该可以看作是在品牌国际化背景影响下,对原有建立在西方语言背景下的品牌命名标准进行的一项补充。

3.1.2　日语品牌命名在语音方面的特点

日语品牌命名在语音方面的研究分为两个方面:

第一,沿袭西方学者提出的"语音象征"的音声学理论的研究。朴(2010)发现:a.子音比母音对属性联想的影响更多;b.相关联想更容易发生在"大小""形状"两个方面;c.除词头之外,词尾的发音同样会对商品属性产生不可忽视的影响;d.不同性别、不同年龄消费者对发音的属性联想也不同。

第二,依据日语学框架下的"音象征"研究。田守育启(2002)以短歌、童话、俳句等中的拟声拟态词为对象进行研究,提出:某个声音有时会含有与其所在的特定词语固有含义所不同的象征性含义,被称为"音象征"。关于这种语感产生的原因,金田一春彦(2004)举出两点:一是由于过去的记忆,二是由于对其他词语的类推或是词源的解释。

在此基础上,岩永嘉弘(2002)、丹野真智俊(2005)、越川(2009)基于实际操作经验、问卷调查或商品名称语料库,对日语品牌名的音象征问题进行了实证研究。分别关于母音和子音提出了音象征的调查结果,如,"a"具有明亮、强劲、大而柔和的印象;"f、h、l、p、r、w、y"给人明亮、宽广的感觉;促音则给人以快速的感觉等。并指出英语与日语中相同语音所产生的印象有所不同,日语品牌命名中采用特殊拍[①],包括拨音、促音、长音等的效果明显。

这些研究证明,在语音方面,与汉语相比,日语的品牌命名特

---

① 拍是日语中最小的发音单位。

点与西方相对接近。音位及音节的"语音象征"也同样体现在日语的品牌命名当中,但与消费者所产生的印象相异。然而,"语感"作为一种感觉,个体主观因素比较大,其研究结果在客观性和普遍性方面的验证还有待进一步探索。此外,日语品牌名称的语调、拍等其他语音要素,还有待考察。

3.2　语义维度的中日品牌命名研究

3.2.1　汉语品牌命名在语义方面的特点

从英语的角度来看汉语的品牌命名特点时,Pan 和 Schmitt (1996)指出,汉语母语者倾向于将口语信息编码为一个"视觉精神码",是基于其视觉表现来评价一个品牌名的。而英语母语者则主要依赖"音声编码",是基于其声音表现来评价一个品牌名。

Chan 和 Huang(1997,2001)指出为了给消费者留下印象,品牌命名需要注意选择具有积极含义和为消费者所熟悉的词语。属于同一时代的名称往往比那些过时的素材更为消费者所熟悉。他们将汉语品牌名分为积极含义、消极含义和中立三种。结果发现,在 500 个品牌名中只有 1 个是消极含义,而 66.03％以上的品牌名都含有积极含义。经对十类商品品牌名进行语言分析后发现,在品牌名满足汉语通用品牌命名框架(即形态:双字组合的"修饰词＋名词";语音:带高音的双音节;语义:具有积极含义)的情况下,一个特殊类别的产品命名主要基于其在语义方面是否能够反映产品特点和功能、目标消费者、消费者社会文化。对饮料产品的品牌名称进行的研究提出,白酒、啤酒、软饮料三组饮料品牌的命名都是分享与水有关的语义的词汇或汉字,而它们的不同决定于各自的文化要素、产品的发展过程及次语义领域。

Zhang Yi(1999)发现显示中国文化价值取向中的"缘"和中国管理者在营销方面的信念影响着他们的品牌命名行为的范围。

此外,品牌命名的实际操作还显示出与中国文化价值之间的紧密联系,例如吉利、对权力的尊奉、面子、传承、与他者的和谐以及宗教。另外,还显示管理者的品牌命名抉择与产品特点等内在要素,以及工业特性、政府监控法律体系、目标市场在中国市场所处水平等外部因素有关,还提出西方品牌命名理论并不适合中国。这些结果支持并发展了品牌命名的先行研究。Williamli Chang、Peirchyi Lii(2008)指出在亚太地区人们深信名字与命运存在着很重要的关系。在超过 50%的案例中,品牌名称的创建都在一定程度上依赖于某个"吉利"的数字,这个数字则能代表品牌名称所阐释的整体风格。还发现,与不确定性低的市场环境相比,那些包含一个代表整体风格幸运数字的品牌名称更多地被用于不确定因素高的市场环境。卢泰宏(2001,2004)指出老字号的四个命名特征:注重文化内涵、文化认同;避忌求吉;以创业者或者产地命名以及注重文化审美。大量的老字号名称具有褒义,频繁使用"仁""和""德""信"等字,不仅体现出商家的经营思想,也寄托了对消费者人格精神的美好期望。

汉语品牌命名的研究中,重视语义是最重要的特色之一。这点与西方以及日本的品牌命名对语音的重视形成鲜明的对照。此外,中国文化价值在品牌命名方面具有深远的影响,鲜明的民族文化和传统是创建适合中国市场的品牌名称的关键因素。

3.2.2 日语品牌命名在语义方面的特点

与西方品牌命名相比,汉语与日语在品牌命名的语义方面都同样表现出很高的重视程度。山口仲美(1985)指出江户时代多以汉方药为主,药的命名方法呈现两个特点,一是具体功效,二是神秘性,如"不老不死""长寿丹"等,抽象地暗示出药效之强大。到了新旧药共存的明治时代,人们不再为皆治百病的神秘的灵丹妙药所蛊惑,汉方药的命名转向强调实际功效。

　　此外,"片假名＋汉字"的药名正好体现出该过渡期的特点。新药品的命名特点包括:a. 用外语表达症状或症状的位置(比率最高);b. 用外语表达功能;c. 用外语表达药的有效成分。大正时期,制药行业竞争愈发激烈,药品广告居于所有广告之首。

　　此时的药品命名开始倾向于科学性,药品命名也出现与所含有效成分、功效、病症、药材相关的多样化的趋势。大正时期至今,日本的药品名称呈现出以片假名"ン"作为词尾的倾向。究其原因,主要是由于药品的有效成分名称多以片假名"ン"结尾。以此类推,即使并非成分名称,只要以片假名"ン"结尾就会给人以科学性很高的印象。即药品厂家为迎合消费者,巧妙地利用消费者追求科学性的心理进行药品命名。且"ン"与"运"同音,承载了药品厂商希望自己的产品好运、畅销的愿望。

　　此外,在药名中加入新的词头词尾以及罗马字母和数字等也是一种命名方式,它给消费者以该药品是不断改良的最新产品且疗效最为显著的印象。然而这些新药名中的罗马字母或数字对于一般人来说很难理解,且名称本身也多令人费解。如由英语、德语、拉丁语、西班牙语等各国语言组成的名字,或省略或转换了两个以上词语后合并而成的药品名。现代日本的新药中愈发泛滥着主观臆断、令人费解的药名。

　　山口仲美指出那些用外语将成分和功效合成的药品名称对于一般人而言,仅仅是无意义的一个个连续的音节而已。尽管命名煞费苦心,可却很难为消费者所记忆。相反,那些一开始追求容易记忆的药品名称却能够长年畅销。语感好、容易记忆对于药品命名来说非常重要。然而,日语音节数有限,如何在容易记忆发音的基础上找到具有匹配语义的词语成为课题。山口的观点是,药品最重要的是疗效,由此推测,在日本药品命名的历史沉浮当中,恐怕最终又将回到曾经重视功能性命名的原则。他建议不要使用那些人们不熟悉的外语,而是使用大众所熟知的外来语、和语或汉语较为适宜。

迄今为止,尚没有关于日语品牌命名方面的较为系统的研究。其中最具代表性、最有体系的当属山口仲美对日本药品名的研究。它通过一个纵向的梳理和考察,发现时代变化当中日本消费者对品牌命名的需求的变化。

3.3 形态维度的中日品牌命名研究

3.3.1 汉语品牌命名在形态方面的特点

现代汉语的构词主要通过组合的方式,即将两个以上的字组合在一起。汉语大约有 9 400 个字,其中 3 500 个字最为常用。品牌名的构成严格从 3 500 个常用汉字中提取进行组合。Chan 和 Huang(1997)对汉语在构词方面的特征总结如下:汉语的音节结构非常简单,通常为"CV[①]"或"CVC"。然而英语却允许甚至如"CCCVCC"一样包括三个辅音连缀的情况。在构词方面,汉语多采用复合的方法。在汉语品牌名的构词形态方面,存在十四种组合:"名-名、形-名、动-名、形-形、动-动、名-形、名-动、动-形、形-动、数-名、数-形、名-动、数-数、名-数。"其中,77.61% 为"修饰词+名词"的组合形式,且其中 51.61% 为"名+名"的组合形式。吴水龙、卢泰宏、苏雯(2010)的研究得出老字号品牌的两种命名模式:第一种命名模式是"三音节+升调+褒义词+含吉利字";第二种命名模式是"双音节+降调+中性词+未含吉利字"。

3.3.2 日语品牌命名在形态方面的特点

奥田芳和(2007)以洗涤剂产品为例,提出"商品命名的统一表述方法模型",并对品牌命名的倾向与制约进行定量分析,指出

---

① C 表示辅音(Consonant),V 表示元音(Vowel)。

竞争商品的数量越多,其命名方面则越注重对差异化的表现。

山口仲美(1985)发现明治时期的新药名称多使用经省略后的外语(一种)。虽然当时的人们对此类新药名的含义一知半解,但因其具有西欧传入的印象而受到广大患者的信赖。大正时期,开始常见两种外语合成的药名,命名法呈现出大幅度的复杂化。最为显著的特点就是药名都以片假名"ン(n)"作为词尾并一直保持至今,以致日本人看到以片假名"ン"结尾的名称,就会认为是药名。昭和时代是新药的全盛时期,仅仅科学性已经不能再满足消费者对新药的追求,需要创造一种更新的科学性的印象。于是出现众多词头冠以"新-"、"强力-"、"-ハイ(High-)"或词尾加上"-プラス(-plus)"的新药名。

从以上研究可以看出,在形态方面,汉语的构词形式比较规范,比较严格遵守汉字的构词规律。然而与之相对,日语品牌命名的构词方式呈现出多样性,构词的要素除了通常的日语中的和语、日语中的汉语以外,还包括一种外语或几种外语,并存在与英语类似的与多种词缀的组合方式。

3.4 文字表记维度的中日品牌命名研究

3.4.1 汉语品牌命名在文字表记方面的特点

汉语的文字表记以汉字为主,偶尔使用拉丁字母和数字。汉字是中国悠久历史文化的积淀,作为表意文字,每个字都各有其相应的音、形、义,平仄起伏,书写优美,表达精练。正如前文所述,中国人自古商号取名时,便注重选用具有吉利、好兆头等文化含义的汉字。而这种传统也流传至今。此外,数字在中国也蕴含着其独特的传统文化。中国人深信数字对个人的发展和取向具有深远影响,自古至今,数字都是很多商家进行商号取名时必须考虑的内容。中国的不同地区的人们对数字的解读也有所不同。

随着中国消费市场产品的不断丰富,除了用汉字命名的品牌名以外,还出现了大量"字母＋数字"组合的新品牌名。Swee Hoon Ang(1997)发现中国消费者认为"A、S"是幸运的字母,"F、Z"则为不幸运的字母;"8"是幸运数字,而"4"则被认为不吉利。并发现与字母相比,中国消费者更容易受到数字品牌名的影响。

3.4.2　日语品牌命名在文字表记方面的特点

日语的文字表记种类非常丰富,包括汉字、平假名、片假名、罗马字母,此外还有数字。这当然也影响到日语的品牌命名。纵观日语品牌名称,包括数字在内的五种日语表记文字的各种排列组合,构成数不胜数、多种多样的日语品牌名称,即使懂日语的人也难免望洋兴叹。和汉语品牌命名相比,日语品牌名称在表记方面呈现出的多样性实属一大特色。

Simmon(1987)曾对日本包含数字的品牌名称进行过研究,指出在日本"1、3、5、8"是吉利数字,而"4、9"被认为是不吉利的数字。山口仲美(1985)发现,江户时代97％以上的药名是以符合药效的汉字或"汉字＋平假名"来表记的。而明治时代,则"片假名"或"片假名＋汉字"的表记开始增加,到大正时代,比率激增到66.7％。昭和是新药的全盛时代,甚至还出现"片假名＋罗马字(或数字)"的新药名,即"片假名""片假名＋汉字""片假名＋罗马字(或数字)"的药名,已经达到95％左右,这恰恰与江户时代形成鲜明的比照。可以说,随着时代的变化,药名也从以汉字为中心向以片假名为中心转变。昭和时期,为了创造新药的最新科学产品的形象,还通过在命名中加入罗马字母和数字予以强调。对于今后的药品命名课题,山口指出,片假名仅是表音文字,没有具体含义,现今的状态可以说已经达到了它的极限。汉字比片假名具有更多的信息量,应该更多地利用作为表意文字的汉字。

四、结　　语

本研究从语言学的四个维度对主要的中日品牌命名研究进行了回顾。可以发现，中日品牌命名的共同点是，命名活动区别于其他语言活动，是一个以目标市场特征为出发点，以实现一定经济效益为最终目标的命题式的语言活动。

语音、语义、形态、文字表记四个语言学维度，在品牌命名的过程中以及通过品牌名构建品牌资产的过程中，纷繁交错，相互作用。也正因为如此，中日品牌命名都受到各自语境的语言特征以及文化传统的影响，是一个与国家历史并行的发展历程。语言是最重要的文化表征，语言视角下的该研究对于跨文化国际品牌的构建具有一定参考价值，是对品牌命名理论的有益补充。对于亚洲内部不同语境市场进行的深入比较研究，有助于重新审视现有的以西方为中心的品牌命名的战略标准，得到更具客观性、普遍性的结果，并为中日企业以及其他国家的企业及营销人员在有效选择品牌名称及品牌战略方面提供有益的参考。

显然，现有文献尚未对中日品牌命名做出系统的研究，对一些重点课题的研究还不够充分。比如，日本品牌命名的相关研究较少，就商品类别而言，仅限于药品命名的演变历程的研究。此外，如何将品牌命名与产品特性相结合也是其中一项重要课题，需要对不同的品牌类别进行广泛的考察和研究。品牌名称的接受者是消费者，品牌命名应该考虑消费者的认知心理，还要考虑到除了中日语言特点之外的社会文化背景等因素，而所有这些考虑最终都仍将是以语言表征来实现的。总之，中日品牌命名的比较研究方兴未艾，还有待中日及各国研究者从不同学科领域出发,运用多种研究手段方法,展开更为广泛而深入的研究。

致　　谢

本文获得中央高校基本科研业务费专项资金资助(项目代码:12D11410)。

参考文献:

[1] Aaker David, *Managing Brand Equity*, New York: Free Press, 1991.

[2] Kevin Lane Keller, *Strategic Brand Management*, second edition, China Renmin University Press, September 2006.

[3] Zinkhan, G. M. and Martin Jr. C. R., "New Brand Names and Inferential Beliefs: Some Insights on Naming New Products," *Journal of Business Research*, vol.15, issue 2, pp.157-172, April 1987.

[4] 恩蔵直人,亀井昭宏.ブランド要素の戦略論理.早稲田大学出版部, 2002 年.

[5] Perreault, W. D. Jr and McCarthy. E. J., *A Basic Marketing: A Global-Managerial Approach*, 15th Edn, Irwin, McGraw-Hill, 2004.

[6] フィリップ・コトラー,ゲイリー・アームストロング.コトラーのマーケティング入門(第 4 版).株式会社ピアソン・エデュケーション, 2001 年.

[7] Monica D. Hernandez and Michael S. Minor, "Consumer Responses To East-west Writing System Differences: A Literature Review And Proposed Agenda," *International Marketing Review*, vol.27, no.5, pp.579-593, 2010.

[8] Schloss Ira, "Chickens And Pickles," *Journal of Advertising Research*, vol.21, no.6, pp.47-49, 1981.

[9] Klink, Richard, "Creating Brand Names With Meaning: The Use of Sound Symbolism," *Marketing Letters*, vol.11, issue 1, pp.5 - 20, 2000.

[10] Tina M. Lowrey, L. J. Shrum and Tony M. Dubitsky, "The Relation Between Brand-name Linguistic Characteristics And Brand-name Memory," *Journal of Advertising*, vol.32, no.3, pp.7-17, Fall 2003.

[11] Tina M. Lowrey and L. J. Shrum, "Phonetic Symbolism And Brand Name Preference," *Journal of Consumer Research*, 34 (3), pp.406 - 414, 2007.

[12] Allan K. K.Chan and Yue Yuan Huang, "Brand Naming in China: A Linguistic Approach," *Marketing Intelligence & Planning*, 15 / 5, no.6, pp.227-234, 1997.

[13] Qiang Mao, "'Three Big Hard Laws' of Brand Naming Globalization," Reform & Openning, pp.69-71, 2009.

[14] Wu Shuilong, Lu Taihong and Su Wen, "Study on Naming Characteristics of Chinese Historical Brand Name Based on The Chinese Historical Brand List By the Ministry of Business of China," *Chinese Journal of Management*, vol.7, no.12, pp.1799-1804, 2010.

[15] Ying Fan, "The National Image of Global Brands," *The Journal of Brand Management*, vol.9, no.3, pp.180-192, 2002.

[16] Huang, Y. Y. and Fan, K., "The Grammar of Chinese Personal Names," paper presented at the 3rd International Conference of Chinese Linguistics, Hong Kong, June, 1994.

[17] Wei Wang, "Culture Elements and Linguistical Strategies of Brand Naming," *Enterprise Vitality*, pp.40-41, July 2006.

[18] JaeWoo Park, "Basic Analysis of Product Attribute Associations by Brand Name Pronunciation," *Keizaikei*, vol. 245, pp. 80 - 99, October 2010.

[19] 田守育啓.オノマトペ擬音語・擬態語を楽しむ.岩波書店,2002 年.

[20] 金田一春彦.金田一春彦著作集(第二巻).玉川大学出版部,2004 年.

[21] 岩永嘉弘.ネーミソグの成功法則コンセプトづくりから商標登録まで.PHP 研究所,2002 年.

[22] 丹野眞智俊.オノマトペ《擬音語・擬態語》を考える.あいり出版,2005 年.

[23] 越川靖子.ブランド・ネームにおける語感の影響に関する一考察——音象徴に弄ばれる私達.商学研究論集,第 30 号,pp.47-65,2009 年.

[24] Yigang Pan and Bernd Schomit, "Language and Brand Attitudes: the Impact of Script And Sound Matching in Chinese and English," *Journal of Consumer Psychology*, 5(3), pp.263-277, 1996.

[25] Allan K. K. Chan and Yue Yuan Huang, "Chinese Brand Naming: A Linguistic Analysis of the Brands of Ten Product Categories," *Journal of Product & Brand Management*, vol.10, no.2, pp.103-119, 2001.

[26] Zhang Yi, "Brand Naming Practices in China: An Exploratory Research Into Brand Naming Process of Companies in Guangzhou and Shanghai," A thesis submitted in partial fulfillment of the requirements for the degree of Master of Philosophy, Hong Kong Baptist University, July 1999.

[27] William Li Chang and Peirchyi Lii, "Luck of the Draw: Creating Chinese Brand Names," *Journal of Advertising Research*, pp.523-530, December 2008.

[28] Taihong Lu, *Unscramble the marketing in China*, China Social Sciences Press, 2004.

[29] 森岡健二,山口仲美.命名の言語学—ネーミングの諸相.東海大学出版会,1985 年.

[30] 奥田芳和.認知的観点による商品名の分析一商品命名研究に対する一提案.言語科学論集,第 13 号,pp.15-32,2007 年.

[31] Swee Hoon Ang, "Chinese Consumers' Perception of Alpha-numeric

Brand Names," *Journal of Consumer Marketing*，vol. 14，no. 3，pp.220-233，1997.

[32] Simon，H. and Palder，D. M.，"Market Entry in Japan-some Problems and Solutions," *Journal of Marketing Management*，vol.2，pp.225-239，1987.

中国古诗在亚洲的传播及影响

张 曦

【摘要】 中国古典诗歌是中国乃至世界的宝贵文化遗产，在其对外传播的过程中，对日本、越南、韩国、朝鲜等亚洲国家的诗歌产生了深远的影响。中国古诗"以物观物""主体虚位"等道家美学尤其体现在日本诗歌中，包括日本的古典诗歌总集《万叶集》、汉诗集《怀风藻》、以寒山诗为代表的五山诗以及短小精悍的俳句，都从中国古诗词表达风格中汲取了大量营养。充分了解中国古典诗歌的特色及其对外传播的方式，有助于我们加强民族自豪感，同时为中国传统文化走出去寻觅更为有效的途径。

【关键词】 中国古诗 日本诗歌 道家美学 俳句

中国古诗对多国文化有着深远的影响。美国现代主义诗人庞德从中国文化中获取灵感，创造出了崭新的美学体验，其作品《在地铁车站》（"人群中这些面孔幽灵般显现；湿漉漉的黑树枝上花瓣数点"）被誉为英美现代诗歌的里程碑，庞德在巴黎协和地铁站看到许多面孔，比照鲜明，之后选择湿润的黑色树枝上的花瓣来比喻闪现过的脸，在读者眼前勾画出一幅色彩丰富的画面，留下了瞬间阴影重重、漂浮不定、闪现无形的特性，给人以深刻的印象。诗歌运用人间景象和自然景象的并置，花瓣和美丽面孔对应，黑色枝条和庸常人群对应，美丑褒贬，互相映照，在读者心理上产生了强烈的冲击。同时诗歌采取逻辑的飞跃，避开了明确序次关系，从空间上切断，语法上不加连接，从人群到脸的闪现，从湿黑的枝干到鲜艳的花瓣，物像交替显影，投射在读者想象的屏幕上，让读者在意象中自由跨越，互相比照，互相重叠，加强氛围，产生浓烈的诗情。庞德的诗歌体现着中国古诗的美学经验，意象并置、逻辑飞跃、语法切段、空间切断都是中国古诗的语言策略。

一、中国古诗的道家美学

西方哲人认为人可驭天，取片面为全体，取概念为自然全貌，以知性试图理天机，以语言试图接近具体事物。中国的道家美学则不同，道家强调宇宙的整体性。宇宙自然万物、人际经验无穷无尽，自然生命世界无需人的管理和解释，人只是世间万象中的存在的事物之一，不是万物的主宰者，不是宇宙秩序的赋予者。只有不过分强调自我、不凌驾于万物之上，人视自己为万千事物中的一员，才能获得完整的体验。道家强调"主体虚位"，主体和客体、意识和自然互参互补，同时显现，物和人、物和物互相映照，形成美的体验。道家"以物观物"，避免用人的主观来主宰物象，老子说"以天下观天下"，庄子说"藏天下于天下"，就是要"主体虚位""以物观物"，恢复宇宙的整体性。人只有化入万事万物，才可以破解天机，才能与自然合一，呈现物象的本来模样。

自然的事物直接呈现，不需要知性的分析，中国古诗运用充分展示道家美学，让读者直接参与美的感悟。如温庭筠的"鸡声茅店月，人迹板桥霜"，杜甫的"星临万户动"都让我们从多个不同位置去看同样的事物，越过语言回到现象本身，进入自然的丰富律动。英语语言的分析性特性破坏了原文的多视角"以物观物"，如"国破山河在"的多个英语译文（Though a country be sundered，hills and rivers endure.）（A nation though fallen，the land yet remains.）（The state may fall，but the hills and streams remain.）把读者置于高处进行理性逻辑分析,而原文两个画面并置,没有关系说明,却在两个意象之间潜藏无穷可能的感受和解释。庞德在论及中国古诗特色的时候,认为"艺术家找出明澈的细节,呈现它,不加陈述",直接呈现观照看见的事物,剔除说教,是中国古诗的鲜明特色。

二、中国古诗对日本文化的影响

(一)《万叶集》

中国的古诗文化秘通旁响,对日本文化产生了极大的影响。《万叶集》是日本最早的诗歌总集,称为日本古典中的古典,是日本文学之源头,也被尊为日本的《诗经》、日本上古社会的"百科全书"。《万叶集》共收录和歌四千五百余首,歌人不分高下贵贱,上有天皇、皇后、皇族,下有士兵、农夫、乞丐等。《万叶集》深受汉诗的影响,当时盛行汉学汉诗文,许多万叶歌人都兼作汉诗,在汉诗五言、七言的启发和影响下,整合成五七音,短歌形式固定在五七五七七的五句体,文字有的直接使用汉语词汇、佛教术语等。《万叶集》歌风古雅质朴,舒明天皇的和歌《登香具山望国之时御制歌》歌颂山川之美:"大和群山多,夫香具山最郁秀。登高望国时,平原烟升海鸥飞,伟哉秋之大和国。"写景抒怀,语言简朴。天智天皇的妃子额田王身世坎坷,诗歌"恋昔杜鹃鸟哀啼,吾今念汝如鸟悲",表达了沉郁的悲伤。穗积皇子怀念恋人悲伤作诗:"风吹秋田穗倾倒,何惧人言君来抱",流露出深切的情爱。笠金村目睹漫山遍野绽放的秋花:"伊香山野秋花香,触景生情倍思乡",表达了浓烈的乡情。车持千年赞颂吉海边景观"白浪千重拍岸边,住吉赤土吐芳香",体现自然的风雅闲寂。这些诗歌中,以自然为依托,把人置身于广袤的自然中,语言朴素、准确、浓缩,不卖弄辞藻,情真意挚,深受中国古诗的影响。

(二)汉诗集《怀风藻》

7世纪中叶,孝德天皇以中国唐文化为典范,实行大化革新,派遣遣唐使、留学生、留学僧前往中国学习文化和文学。天智天皇要求贵族、官人熟悉使用汉字,学习唐代文献。浓烈的汉族文化氛围促成了汉诗集《怀风藻》的问世,成为现存最古的汉诗集。

大津皇子因谋叛罪名被捕,面对死亡作出《五言临终一绝》:"金乌临西舍,鼓声催短命。泉路无宾主,此夕离家向。"借用中国汉诗的语句,借鉴中国汉诗的形式。文武天皇咏月诗歌《五言咏月》:"月舟移雾渚,枫楫泛霞浜。台上澄流耀,酒中沉取轮。水下斜阴碎,树除秋去新。独以星间镜,还浮云汉津。"诗歌咏物述怀,中国古诗的印记十分明显。

在汉诗作者中,天武天皇的皇孙长屋王所占的地位极高,"长屋王时代,在古代诗史上是一个划时代时期",怀风藻后期,以长屋王为中心的汉诗群,学习初唐诗句,经常与文人雅士相聚于作宝楼,举行诗宴。初唐王勃《滕王阁》诗云:"滕王高阁临江渚,佩玉鸣鸾罢歌舞。画栋朝飞南浦云,珠帘暮卷西山雨。闲云潭影日悠悠,物换星移几度秋。阁中帝子今何在,槛外长江空自流。"诗歌描写画栋上云彩升腾,珠帘外山雨降临,潭里悠悠闲云,槛外滚滚江水,无限空间和物换星移的绵长时间,凸显了滕王阁的雄迈气魄,对自然景物的聚焦中体现雄放刚健的气概。长屋王的诗歌《初春于作宝楼置酒》学习了初唐王勃、骆宾王的咏物诗风:"景丽金谷屋,年开积草春。松烟相吐翠,樱柳分合新。岭高闇云路,鱼惊乱藻浜。激泉移舞袖,流声韵松筠。"以物观物,意象彼此烘托,映照出深远豪迈的意境。

《文华秀丽集》是第二部汉诗集,嵯峨天皇虽从未踏上过唐土,但是诗歌《江上船》("一道长江通千里,漫漫流水漾行船。风帆远没虚无里,疑是仙界欲上天")描写想象中的长江,并且将老庄的无为自然思想融入其中,幻想长江的风帆通向千里以外的仙界,抒发自己对理想世界的憧憬,明显是唐诗的构思,是唐诗的表现手法。

平安时代《白氏长庆集》对日本文学影响最大,文集传入日本后广为流传。日本嵯峨天皇甚至大量抄写吟诵白居易的名篇佳句,对其尤为钟爱。平安时代后期的汉诗内容和题材借鉴白氏的风雅、乐土、遁世等题材,辅仁亲王仿造白居易的《卖炭翁》作《见卖炭妇》:"卖炭妇人今闻取,家乡遥在大原山。衣单路险伴岚出,日暮天寒向月还。白云高声穷巷里,秋风增价破村间。土宜自本重丁壮,最怜此时见首斑。"全诗描写具体生动,历历如绘,已完全把白居易的精神消化并融化其中。

(三) 五山诗

五山是中国南宋的官寺制度,即由朝廷任命住持的五所最高等级的禅寺。中国的禅宗传入日本以后,南宋的五山制度对日本的禅寺制度产生了重大影响。中国寺院建于山中,日本仿造立"五山十刹",促进了中国五山诗歌的推广和影响。

论五山诗,一位中国高僧寒山对日本诗歌影响极大。寒山是中国佛教文化最有代表性的诗人。佛教文化通过对清寒生活的向往和对自然的热爱,通过对超出需求的欲望的制约,通过向宇宙和自然本身的回归,使人类从自恋中得到某种程度的清醒,认清自己的位置,从而孕育出清寂超然的古典诗歌。寒山在诗歌中,与云雨为伴,与山川结友,他在潇潇雨夜中聆听雨打芭蕉,在茫茫雪原中感悟冻叶翻飞,在潺潺小河上欣赏满眼芦苇,闲寂安谧,静清寒幽,他的诗歌少有艳丽的桃花、杏花、绮罗、锦绣,而更多的是岩石、霜冻、冰雪、寒月、老松、孤鹤、冷泉、幽涧、残烛、寒井,冻云冷雪在寒山的眼中比绿叶红花有更深邃的美感和启迪,清冷的艺术境界极具禅意。

寒山诗充满哲理,充溢着宇宙本体人生终极伦理的沉思。寒山拊掌狂歌、悠然自得的形象也成为日本艺术中常见的主题。日本典型的民族情绪带着"物之哀"的基调,"稻作文化"要求日本人对季节变化有特殊的敏感,因而培养了日本人情绪的易感性,平安朝时代贵族阶级文化没落,更加剧了易哀的情绪。《源氏物语》的基调就是"哀",男女老少,贫富贵贱,迎送离合,观花赏月,无不泪水伴随,是"物之哀"的生命写照。寒山以孤独为乐,以贫穷为乐,以山居为乐,谛观人生,参透生死,不媚俗流,以山为友,以岩为伴,孤而不苦,孤而不悲,这样的乐观照亮了日本灰蒙蒙的悲情,对日本民族的僧人、歌人都极具吸引力。五山禅僧的汉诗有着中国禅师的文学色彩,如别源圆旨《夜座》:"人生天定在身前,穷达升沉岂偶然。指上数过多日月,心中游遍日山河。秋风白发三千丈,夜雨青灯五十年。靠壁寻思今古事,一声新雁度凉天。"其中"三千丈"直接引用中国诗或典故,出自李白《秋浦歌》"白发三千丈",这也说明中国古诗对日本汉诗文的影响之深。

五山诗无杂纯一,开拓了日本五山诗的新路。虎关师炼(1278—1346)八岁无家可归,投身佛门,在名刹修行。观照月下秋景,硕大自然之境,秋之寂却在其中,他写道:"薄暮天边云霽收,乾坤灏气满空浮。明虽似昼清于昼,爽为宜秋约此秋。池净或疑有行地,地宽何必用登楼。通宵剩听丛草响,蝴蝶遂无入寸晖。"雪村友梅(1290—1346)曾赴中国元朝,广结朝野文人学士,受到中国文化熏陶。两国关系恶化后,他被软禁长安三年,流放四川,十年埋头读书,大赦回国后,云游各寺。他超然物外,以禅心观照人生和自然,将感情移入自然,他的《七月朔立秋》写道:

"细细乾坤同是客,匆匆岁月仅堪惊。悟边叶为秋传语,蘋末风催暑饯行。岷岭但看寒雪色,汶江犹未静波声。维舟何处鸣蝉急,山阁苍茫倚晚晴。"虽然处于逆境,但是在流放的困境里,在四季的轮回中,波声与蝉鸣都浸入他的心间,让诗人慨叹人生匆匆。

中岩圆月(1300—1375)八岁即为僧童,留元修道七年,以诗文会中国文人学士,倾慕李白、杜甫。回国后被指为叛教者,辗转各地,居无定所,后来险遭暗杀。他的《东海一集》写道:"窗间吐月夜沉沉,壁角光声藤一寻。穷达与时俱有命,行藏于世总无心。梦中谁谓彼非此,觉后方知古不今。自笑未能除僻病,逸然乘兴发高吟。"他在流离失所中看透世事,练就了古诗文的造诣。

义堂周信和绝海中津被称为五山诗文双璧,两人的诗歌,把日本文学推向新高峰。义堂周信的《对花怀旧》写道:"纷纷世事乱如麻,旧恨新愁只自嗟。春梦醒来人不见,暮檐雨洒紫荆花。"诗歌描写了河岸远近群峰笼罩朦胧的秋雾,飘拂着苍茫的烟云,并借用了《洛神赋》的女神形象,抒发河上的美女神在空蒙中若隐若现,创造出含蓄美、空寂美的意境。

一休宗纯(1394—1481)传说是小松天皇的私生子,六岁入寺为僧。十三岁赋诗,每天一首,持之以恒。他在关山派隐士谦翁宗门下学习,师傅去世后,他失去精神支柱,痛不欲生,投湖自尽未遂。后来投入大德寺派继续参禅修行,学习师傅清贫孤高的精神,自称"狂云"。其作品《狂云集》共560首汉诗,大多是七言绝句,他的许多作品中可以窥见禅的宗教色彩,充满求道的真挚与热情,如:"山林富贵五山衰,惟有邪师无正师。欲把一竿作渔客,江湖近代逆风吹。"

良宽(1758—1831)是近古江户时代的汉诗人,勤奋好学,出家后云游各地,托钵坐禅。中年回故里,不皈依宗门,不依附五山,蛰居于附近闲寂的空庵,度过孤独清贫的岁月。他对中国文学由衷地热爱,时常引用王维的诗句,他的诗歌:"静夜草庵里,独奏没弦琴。调入风云绝,声和流水深。洋洋盈溪谷,飒飒度山林。自非耳聋汉,谁闻希声音。"应和着王维《竹里馆》:"独坐幽篁里,弹琴复长啸。深林人不知,明月来相照。"充分展示了他在草庵生活中悠闲自是、自在潇洒的心境。

(四)中国古诗与日本俳句

日本的俳句是世界文学中最短小的格律诗之一。日本俳句的创作在表达风格上从中国古诗词中汲取大量营养。俳句短小精悍,每个俳句由五言、七言、五言三行组成,在短小的篇幅中展现完整而丰富的思想感情,语言简约,表达含蓄,诗人往往和中国古典诗人一样,借助景物表达思想情感,使景物具有言外之意、弦外之音。中国古典诗歌的传统在日本俳句中得到了充分的展现。诗歌的目的不是说教,而是要让万事万物生动地呈现在我们面前。在日本被称为"俳圣"的松尾芭蕉的著名俳句《古池》写道:"古池や蛙飛びこむ水の音。"(蛙跃古池内,静潴传清响。)古池塘、青蛙入水、水声响,三个句子,三个物象,似乎参透了天机。清幽的古池塘,静穆的氛围,平和的水面,青蛙蓦然跃入,发出清脆的扑通声,打破了静谧之境,余音追随逝波,古池塘复归静寂。瞬间中,动与静、寂与响,无隙结合,读者体验到广袤的静寂所蕴含的自然节律,永恒在瞬间,瞬刻即永恒,禅意盎然。

芭蕉经常在俳句中表达深远的禅意。途经立石寺,芭蕉写道:"静寂啊,蝉声渗到岩石里。"动与静完美地结合,"此处有声胜无声",表达了这比无声更沉静的意境。动极而静,静极而动,静穆的观照和飞跃的生命互相包容,相得益彰,让读者产生对生命本原的沉思冥想。芭蕉俳句平易简练,古朴自然,其间"以物观物""主体虚位",以具体的艺术形象表现深邃的禅理,而不用陈述

或比喻,这与中国古诗的艺术风格如出一辙。如:"庭掃きて雪を忘るる帚かな"(扫庭抱帚忘雪),"雪間より薄紫の芽独活哉"(雪融艳一点,当归淡紫芽),"蛸壺やはかなき梦を夏の月"(壶中梦黄粱,天边夏月)等等,皆非从创作者的视点观照世界,而是从内心和宇宙合一的立场观照整个自然,集合多方视点谱成一幅闲寂空灵的画境。

(五) 中国古诗与日本近现代文学

日本的近现代文学,主人公往往在孑然一身的孤独中经历悲哀和痛苦的心路历程,他们力图离开群体文化主导的日本社会,实现个人的圆满,却形影相吊,痛苦相伴。寒山是乐观的化身,如其诗所云:"自乐平生道,烟萝石洞间。野情多放旷,长伴白云闲。有路不通世,无心孰可攀。石床孤夜坐,圆月上寒山。"他的笑成为这些作家孤独苦闷心境中的依托,寒山诗使近代文学作家夏目漱石、芥川龙之介等都深受影响。

夏目漱石患结核病,去镰仓园觉寺参禅养病。他曾写下有关寒山和拾得的著名俳句:"有人被蜂蜇,是寒山还是拾得?"(《我是猫》)日本作家冈松和夫认为漱石的作品深得寒山的禅境:"一提起'纯粹的笑',我就会想起一种笑,那就是寒山的笑。我在读《我是猫》的时候,时常想起寒山,猫所讲述的人物也许和寒山一样脱俗,如果没有笑的能量,如何能够脱俗呢?"

日本著名小说家芥川龙之介 1917 年写过一篇《寒山拾得》,说乘电车时看到两个奇妙的男子,样子古怪,胡子邋遢,衣衫褴褛,扛着扫帚。旁边的人说,你看寒山拾得在那里呢。1920 年他又写了一篇题为《东洋之秋》的作品:"我"在东京的公园散步,暮色降至,"我"卖文为生,深感疲劳倦怠,孤苦伶仃,远处两个男人在静静挥舞扫帚,扫着梧桐落叶,"我"的心里弥漫静谧的快乐,消除了疲劳和倦怠,喃喃自语,寒山拾得还在,阅尽永劫,在公园里清扫落叶。万事万物,皆为幻象,何苦如此?

寒山是孤独的典范,为日本近现代作家提供了理想的孤独人生的状态:"我向前溪照碧流,或向岩边坐磐石。心似孤云无所依,悠悠世事何须觅。"

三、中国古诗和韩国

古朝鲜与中国国境相连,政治、经济、文化、社会都有着密切的联系。尤其是文化方面,汉字和中国文学形式不断受容用以创作文艺作品,古朝鲜时代就可以看到乐府诗存在,如汉乐府《箜篌引》:"公无渡河,公竟渡河。堕河而死,公将奈何。"

三国时代接受儒家、佛家、道家等思想文化,尤其是汉诗有较大影响。高句丽第二代琉璃王作《黄鸟歌》可见一斑:"翩翩黄鸟,雌雄相依。念我之独,谁其与归。"高句丽将军《与隋将于仲文》:"神策究天文,妙算穷地理。战胜功既高,知足愿云止。"雄壮健实,流利通畅。

统一新罗时代,王家派遣留学生去唐朝学习,接受五七言近体诗影响,崔致远的五言绝句《秋夜雨声》写道:"秋风唯苦吟,世路少知音。窗外三更雨,灯前万里心。"表达孤寂无依的心怀,脍炙人口。七言绝句《海印读书堂》:"狂奔叠石吼重峦,人语难分咫尺间。常恐是非声到耳,故教流水画龙山。"则勾画出其隐遁自得的晚年。

四、中国古诗和越南

自古以来,受中国文化的影响,越南不同时代的帝王或国家领导人都有用汉文创作诗文的爱好,李朝的李公蕴、陈朝的陈太宗、黎朝的黎圣宗到共和国时期的胡志明等,都有着深厚的汉学造诣。伴随汉文化的影响,汉语言文字也逐渐进入越语,于 12 世纪全面在越语中采用。在中国文化的长期影响下,汉语借词约占当今越南语全部词汇的 60% 以上。越南的华人族群也一直传承着中国的诗歌传统,在越南华人现代诗歌中,我们能够清晰地看到中国古典诗歌的踪影。在越南出版的现代华文诗集《西贡河上的诗叶》《诗浪》等合集中,有的直接引用或者化用中国古诗的题目,如诗人刀飞的诗歌《松下问童子》《千山鸟飞绝》《落日故人情》《白头搔更短》分别出自中国唐代最负有盛名的几位诗人的诗句,包括贾岛的《寻隐者不遇》、柳宗元的《江雪》、李白的《送友人》、杜甫的《春望》,这些诗歌都倚靠着中国古典诗歌优秀的传统和意象,又融入了对现代族群的思索与对文化寻根的乡愁。刀飞的《千山鸟飞绝》写道:"千山加千山是万重山,重重难关……正是山山难过,关关难闯,什么时候能够归去,沽饮一瓢,黄河深情的流水……云海中,只见一群归雁,都向我的眼底飞来。"这些诗歌杂糅了对故国的向往、在本土的乡愁,情真意挚。

五、结   论

　　中国古典诗歌是中国古代文学的重要形式,也是中国乃至世界的宝贵文化遗产。中国古典诗歌在对外传播的过程中,对亚洲多国乃至欧美国家都产生了深远的影响。充分了解中国古典诗歌的特色及其对外传播的方式,有助于我们加强民族自豪感,同时为中国传统文化走出去寻觅更为有效的途径。

参考文献:

[1]陈国正主编《西贡河上的诗叶》,越南胡志明市:越南世界出版社,

2006 年。

［2］洪瑀钦《韩国文学接受中国文化影响的历史》，《吉林师范学院学报》1999 年第 3 期。

［3］李思达主编《诗浪》，越南胡志明市：越南世界出版社，2011 年。

［4］马文波《从松尾芭蕉的俳句看中国文化对日本俳句的影响》，《苏州大学学报》2010 年第 1 期。

［5］区鉷、胡安江《寒山诗在日本的传布与接受》，《外国文学研究》2007 年第 3 期。

［6］彭恩华《日本俳句史》，上海：学林出版社，2004 年。

［7］吴波《日本传统韵文学的光点：俳句影响下的庞德意象诗文艺理论》，《日本问题研究》2012 年第 3 期。

［8］吴小英《开拓中日文学比较研究的新境界——评〈日本俳句与中国诗歌——关于松尾芭蕉文学比较研究〉》，《浙江社会科学》1998 年第 1 期。

［9］项楚《寒山诗注》，北京：中华书局，2003 年。

［10］谢振煜《越华文学三十五年》，《华文文学》2011 年第 3 期。

［11］叶渭渠《日本文化史》，桂林：广西师范大学出版社，2005 年。

［12］张石《唐代诗僧寒山与日本近现代文学》，《文学研究》2009 年第 1 期。

文化交流为何重要？

——以端午习俗为例

蔡敦达

【摘要】 本文以中国、韩国和日本的端午习俗为例，论述文化交流的重要性。第一是对于不同国家、不同民族间的文化，要做到互相尊重。国家和民族有大有小，但文化没有大小之分，更没有先进落后之别。第二是互相了解。不但要正确认识自己国家，而且还要客观了解其他国家乃至世界。有了互相了解就会做到互相尊重。第三是互相交流。因为缺乏交流，才会产生了解上的障碍，导致对对方的不信任。互不尊重由此产生。因此，互相交流就显得非常之重要。交流就好像走亲戚，礼尚往来多了，了解也就加深了。交流不仅加深互相间的了解，而且在发生问题时，也可得到及时沟通，化解矛盾，进而平和地解决问题。

【关键词】 文化交流 互相尊重 互相了解 互相交流

端午习俗在东亚地区都有不同程度的存在，本次同一个亚洲财团捐赠讲座《亚洲共同体论》主要以中国的端午节、韩国的端午祭（단오제）和日本的端午节（端午の節句）为例，阐述文化交流的重要性。

1. 中国的端午节及其剖析

端午习俗在中国的历史可追溯到公元前后，例如，端午节吃粽子习俗在东汉末应劭的《风俗通义》就有记载，另南朝梁人宗懔（约501—565）的《荆楚岁时记》也记录了荆楚地方即今湖南、湖北地区夏至吃粽子的情况。

有关端午，《荆楚岁时记》中是这样记载的："五月五日……四民并踏百草之戏，采艾以为人，悬门户上，以禳毒气。……是日，竞渡，采杂药。以五彩丝系臂，名曰辟兵，令人不病瘟。又有条达等织组杂物以相赠遗。取鸲鹆教之语。""屈原以夏至赴湘流，百姓竞以食祭之。常苦为蛟龙所窃，以五色丝合楝叶缚之。"纵观以上所述，端午习俗主要有三项内容，一是踏青、采草药，预防天气湿热后疾病的产生和流行；二是游戏，包括采摘花草、划船比赛、逮鸟送手镯等等；三是吃粽子。

原本产生于长江流域的端午习俗经过南北各地方文化的交融、演变，发展成为现今中国主要传统节庆之一种。例如，其中的吃粽子习俗一直保留至今，被赋予纪念屈原的含义。但据考证，这只是一种传说，表明人民大众对爱国诗人的敬仰和爱戴，实际上是一种附会而已。除吃粽子以外，近年为恢复和弘扬中国传统文化，端午赛龙舟活动也十分盛行。

现今我们中国人自称是龙的传人，但封建王朝时代龙只是中国皇帝的象征物。中国历代帝王都称自己为"真龙天子"，龙也是至高无上的权力象征。深受中国文化影响的周边国家，例如日本、朝鲜、越南以及以前的琉球王国等汉字文化圈国家的君主也使用龙作为权力的象征。同时龙也成为中华文化的精神象征。

考古成果表明，最早的中国龙形图案发现于约八千年前辽宁阜新的查海遗址，为砾石堆塑龙，即用红褐色石块砌筑摆放的龙，全长近二十米，宽约两米，位于聚落遗址的中心广场。还有内蒙古赤峰的红山文化玉龙，距今约五千多年。而在南方长江流域所发现的较早的龙，著名的有距今约五千多年前浙江余杭良渚遗址的玉猪龙等。从地域上来看，中国的北方和南方都存在龙的信仰（图腾）；而从时间上来看，北方早于南方（但仅就红山文化的玉龙和良渚文化的玉猪龙来看,两者时间上的差异不大)。

　　假若龙信仰产生于北方,那南方即长江流域远古时的图腾又该是什么呢? 应该是鸟和蛇吧。在浙江余姚发掘了距今七千年的河姆渡遗址,在出土的八件象牙蝶形器中,"双鸟朝阳"纹象牙蝶形器尤其引人瞩目,正面中间阴刻五个大小不等的同心圆,外圆上端刻有熊熊的火焰纹,象征太阳的光芒,两侧各有一引吭的钩喙鸷鸟拥载太阳,器物边缘还雕刻羽状纹。这件器物图像不仅雕刻技术娴熟,形象逼真传神,同时也是古人心目中鸟信仰的具体表现,耐人寻味(此器物现被放大镌刻在巨石上作为河姆渡遗址博物馆的象征)。另外还有四件鸟形的圆雕,鸟首低垂,圆目钩喙,似鹰类猛禽。此外,在良渚文化的骨器和玉器中,鸟的形象也频频出现,有鸟形立体圆雕,也有雕刻在器物上的鸟纹。同样在四川三星堆遗址也出土有众多青铜鸟和站着十只鸟的"青铜神树"。可以想见长江流域的古代中国人有着鸟图腾崇拜的鸟信仰,在神话传说中,东海是鸟的国度,有"人面鸟身"之神,他们不仅崇拜鸟,而且自称是"羽人"的子孙。因为鸟是拥载太阳东升西落的使者,同时也是人类与神灵沟通的信使。

　　那蛇信仰又是怎么回事呢? 蛇不同于龙,龙是人创造的集各种动物特征于一体的想象的神兽,而蛇却是一种实实在在的地球生物。在中国神话尤其是在长江流域的传说和民间信仰中,蛇被视为神兽而受到民众的崇拜。传说中的华夏始祖伏羲和女娲就是人面蛇身之神,先秦神话地理书《山海经》所记载的五十八个信奉图腾的部落中,有八个以蛇为图腾。怪物中的蛇有十多种,除了以颜色命名出现的赤蛇、黄蛇、青蛇、大青蛇、黑蛇以外,还有长蛇、鸣蛇、巴蛇、育蛇、蠕蛇等。共工之臣相柳氏九首人面,蛇身面青;博父国人右手操青蛇,左手操黄蛇;雨师妾国人两手各操一蛇,左耳有青蛇,右耳有赤蛇。至于各类神兽与蛇的关系就更密切了，奢比尸国神兽身人面大耳，珥两青蛇；黄帝所生的禺豸虎神，人面鸟身，珥两黄蛇，践两黄蛇；不廷胡余神，人面，珥两青蛇，践两赤蛇；弇兹神，人面鸟身，珥两青蛇，践两赤蛇；禺强神，人面鸟身，珥两青蛇，践两赤蛇；强良神，衔蛇操蛇；夸父神，珥两黄蛇，把两黄蛇；共工之臣相繇神，九首蛇身；烛龙神，人面蛇身而赤；延维神，人首蛇身，等等。这些人面神，或蛇身，或双手操蛇，或双耳环蛇，总之都与蛇有着难解之缘（其实在《山海经》里还有许多有关鸟和鱼的记载，在此从略）。对蛇的崇拜在远古时代是常见的人类多神论信仰之一种，蛇在古人心目中是神圣的、值得敬畏的生物。

由此看来，自古以来长江流域流传的主要是鸟和蛇的信仰，而北方起源的龙崇拜和南方的鸟、蛇信仰，这两者之间理应存在交流和融合，从龙这种想象出的动物的诞生背景中不难看出鸟和蛇的影子，而其本身就包含着鸟和蛇的基本特点。即便到现在高唱"龙的传人中国心"的时代，在长江流域的云贵地区等少数民族聚集的地方，依然保持着对鸟和蛇的信仰。顺便提一下，在日本和朝鲜半岛，蛇的出现远远地早于龙，龙是在以后才出现的。在日本，绳文时代的土器（不施釉的陶器）纹饰和造型中就出现有蛇的不同形象。在现今韩国，民间把蛇看作是吉祥、长寿、富贵以及繁殖和财富的象征。这些都与同属汉字文化圈互相交流、融合和影响有着密切的关系，同时还具有各自不同的地域特色。

端午习俗在中国的演变又是怎样的呢？因为时代和地区之不同，发生过很大的变化。如马明奎先生《端午节的龙蛇结构和南北文化差异研究》一文（载《民族研究》2010年第4期），论述的就是端午节的龙蛇结构以及南北文化的差异问题。在论文中，马明奎先生提出了"端午节起源于吴越蛇图腾民族向中原龙图腾民族的涵化（acculturation）过程"的观点，我以为很有启发意义。如前所述,端午节最早发源于长江流域(或者说是南方),这一地域主要崇拜鸟和蛇。因此,"吴越蛇图腾民族""中原龙图腾民族"的提法应该是中肯的。(若就广义而言,能否说成长江流域的蛇图腾民族和包括中原在内的北方龙图腾民族?)

　　端午节采艾禳毒气的目的之一就是用来驱蛇的,而我们吃的粽子本来是喂给鱼吃的,这里强调的是屈原等忠孝节义之士,投喂粽子给鱼吃为的是不让鱼吞噬他们的身体。于是产生了由人而鱼的变化过程,那蛇和鱼之间又有何种关系呢? 最早蛇化鱼的记载出现在《山海经》中:"有鱼偏枯,名曰鱼妇,颛顼死即复苏。风道北来,天乃大水泉,蛇乃化为鱼,是为鱼妇。"鱼化龙的故事理应更多,典型的有鲤鱼跳龙门的传说。"在鱼化龙及人化鱼的过程中,蛇始终是一个不可忘失的情结,正与蛇图腾向龙图腾融合的民族心理过程非常吻合。"马明奎先生还用苗族施龙洞传说解说了蛇—鱼—龙这种文化涵化的原型结构。他指出:"端午节对蛇的禁忌,显示了龙图腾对于蛇图腾的文化规避:投粽食鱼、祭奠屈原的习俗则蕴含了蛇民族对于自己古老图腾的刻骨怀念和深深眷恋。"有关端午节的南北变异,他例举了现今南北方不同的端午节习俗,提醒我们"重视龙与蛇的涵化方式:并非吞噬,而是嫁接,不同地域的文化地形分化为南北两支端午节"。接着他又举例论述了端午节的三次变异(限于篇幅,在此省略)。

　　此文对我来说,具有启示意义的就是蛇图腾和龙图腾分别代表南北方文化,二者存在不同和差异,但又互相融合、互相影响,恰如中华文明的两大组成部分——长江文明和黄河文明,二者相辅相成,缺一不可。中华文明的形成是这样,端午节的演变也是这样。马明奎先生在论文中还引用了鲁迅先生总结过的中国历史上的一个现象:历代王朝多是由北方征服南方,先定中原,再定天下,但文化却总是由南而北增长。"从蛇与龙的文化关联看,正体现了儒家正统文化对于道家隐逸文化的吞噬和道家隐逸文化对于儒家正统文化的蚕食。"在我看来，无论是"吞噬"还是"蚕食"，两者间的交流和融合是必然而重要的。

　　端午节吃粽子的含义和作用，通过以上述说大家应该有所了解。那端午赛龙舟即所谓的竞渡又是怎么回事呢？古人云：北人跑马，南人行船。西、北多山，北人性格如山，故北方出仁者；东、南多水，南人性格如水，故南方出智者。跑马即为赛马，而行船即为竞渡。这既是南北生活方式的不同表现，也是两种不同文化的显著标志。因此，端午竞渡比赛的舟船形式引发我的思考，现在所说的赛龙舟，顾名思义，舟船的形状像条龙，船头仿照龙头，船尾颇似龙尾，船身画满鳞形的图案。但是否一开始就是这种形式？事实并非如此。首先，如前所述，长江流域远古的南方民族尤其是吴越民族崇拜的是鸟和蛇而不是龙，即所谓的蛇图腾民族；崇拜龙的龙图腾民族是包括中原在内的北方民族。其次，《荆楚岁时记》中对竞渡的舟船有三种称呼，但唯独不见龙舟的字样，可见在当时荆楚乃至长江流域当无龙舟之称。最后，龙舟形式的诞生是蛇图腾和龙图腾两种文化冲撞、融合、交流、演变的结果，同时由于龙图腾文化的不断强化，赛龙舟成为端午竞渡的重要活动之一。万建中先生《龙舟竞渡习俗渊源新探》一文（载《四川文物》1996年第2期），对龙舟竞渡的起源进行了考察，有其独到的见解。万先生认为，竞渡是从远古的"魂舟"（载魂之舟，用舟船载运魂灵上归天堂）的仪式演变而来，其印迹被保留在南方大部分地区的铜鼓上。铜鼓本为祭器，是招魂送魂的主要工具，巫师通过对铜器念咒语以期达到与神灵的沟通。铜器上的主要纹饰是羽人船纹：舟船两头高翘，为月牙形，船头和船尾都装饰成鸟喙和鸟尾的形状。换言之，羽人船饰无论是船头还是船尾都是鸟的装饰，而非龙的装饰。鸟信仰和蛇图腾一样，都是南方民族的崇拜物，鸟纹饰出现在铜器上也是顺理成章的事。

2. 韩国的端午祭、日本的端午节及其特点

接下来让我们来考察一下韩国的端午祭。以江陵端午祭为例来看现今韩国的端午习俗，就会发现其与现在中国的端午节存在很大的不同。据说江陵端午祭已有一千多年的历史，每年从农历三月二十日到五月六日，前后持续一个半月。其中有几项活动颇具特色，一项是祭祀，包括迎神、祭神和送神等；另一项是民间传统的竞技表演，包括跳绳、假面制作、巫俗表演、假面舞和农乐表演等；还有一项就是端午风俗体验。这样看来，江陵端午祭中，祭祀、演戏、游艺是其主要内容，而其中的祭祀仪式保存有完整的形式和内容，可以说是江陵端午祭的核心。

在韩国，端午习俗之所以被称作"端午祭"，突出的就是其祭神的特质。江陵端午祭的祭祀主神是大关岭山神、国师城隍神和国师女城隍神，其原型据当地的传说，即为古时朝鲜在统一三国时建立卓越战功的新罗名将金庚信、新罗名僧梵日国师和被老虎叼走的郑氏少女。主要仪式由神酒谨酿、大关岭山神祭和国师城隍祭、女城隍祭、迎神祭、端午祭本祭、送神祭组成，仪式由巫师巫女或祭祀官、地方长官主持，巫师巫女主持宗教仪式，而祭祀官和地方长官则主持儒教祭礼。端午祭可以说是集朝鲜半岛古时的萨满教信仰与儒教文化为一体的祭祀仪式（用现今的话说就是节庆活动）。朝鲜半岛的先民也主张泛灵论，认为大到山川、小到岩石树木等自然界万物皆有灵魂。他们认为善良的神灵会给人们带来吉祥，而邪恶的神灵则会带来厄运。萨满教是韩国人的基础宗教之一，现在民间仍部分地保留着其信仰。吸引现代人眼球的无外乎萨满教仪式中表现力丰富的驱妖降魔的内容，这些成为音乐、舞蹈、戏剧等艺术领域的素材源泉。端午祭的演戏部分就直接取材于这一部分。而儒教千百年来，其伦理道德和哲学思想一

直影响着朝鲜半岛。现今,儒教思想已渗透、扎根于韩国社会的方方面面,在韩国的现代化进程中发挥着重要的作用(有关韩国的端午祭,可参阅张国强《韩国江陵端午祭研究》,载《湖北民族学院学报》(哲学社会科学版)2009年第5期)。

现在日本的端午节,即阳历5月5日的儿童节(开始时为江户幕府制定的"五節句"之一的"男子の節句",1948年定为男童女童共同的节日"こどもの日"。另,明治政府将明治五年十二月三日改为明治六年一月一日,自此1873年起日本实行阳历,农历节庆换算成阳历)。因"菖蒲"和"尚武"在日语中发音相同,均为"syoubu",为祝愿男孩苗壮成长,也有称之为"尚武の節句"。节日前后,家家户户都在户外升起象征鲤鱼跳龙门的鲤鱼旗。挂鲤鱼旗是日本端午节的重要标志。

日本早在飞鸟时代就接受了端午习俗,当时主要是在宫廷贵族中举行,内容诸如采草药、骑马射箭等,宫中也举行端午节会,这种习俗持续至奈良时代,当时仍以骑射、走马为主,因此又称为骑射节。平安时代,宫中的相关仪式有献菖蒲、赐续命缕、骑射、走马、杂技、奏乐等活动,端午是宫廷贵族宴饮骑射交际游乐的节日。人们采集菖蒲、艾蒿等插挂在宫中屋顶上用来装饰,女官也用菖蒲装饰成头饰即菖蒲鬘。镰仓时代,人们注意到"菖蒲"与"尚武"发音相同,又注意到菖蒲形状似剑,于是,菖蒲就不仅只是驱邪禳毒之物,而且被赋予了"尚武"的意义。这种转变决定了之后日本端午节的发展走向,它一方面继承了平安时代端午比武练兵的传统,另一方面体现了武士阶层的崛起,使原有的端午习俗得以注入武士阶层的理念元素。这种理念即为后来制定"五節句"之一的"男子の節句"的依据所在。到了江户时代,端午习俗延续尚武之风,在屋外挂军旗、陈兵器变成挂鲤鱼旗或绘有武士形象的旗帜,而这些又附会鲤鱼跳龙门的中国传说,成为勇敢善战、出人头地的象征。由此可见,现今日本的端午节与它的演变历史密不可分,有其独立的发展轨迹。日本端午节的重要标志——挂鲤鱼旗既不同于中国的踏青采草药、游戏(如赛龙舟)和吃粽子,也不同于韩国江陵端午祭中的祭祀、演戏和游艺。

当然,无论韩国的端午祭还是日本的端午节最初受中国文化的影响是客观存在的。韩国在端午这天吃"艾子糕",喝"益仁汁",妇女喜用"菖蒲妆"(用菖蒲汤洗头发或饮用菖蒲水,或用菖蒲露化妆)等。日本至今有洗"菖蒲浴"或在屋檐下挂菖蒲和艾蒿驱邪的习俗。不仅在古代,即便现在这种受中国文化影响的现象也有存在,例如在冲绳有"爬龙船""排龙"的竞渡活动,长崎有"飞龙""白龙"的赛船比赛等等,这些都与中国台湾、福建一带的习俗存在很大关系,估计传入日本的时间不会很长。而且日本也有粽子,长长的、细细的形状,不是用糯米包裹的,而是用磨碎的米粉做成的。此外,在阳历5月5日前后(也就是端午节),也有卖用槲栎树叶包裹的豆沙黏糕,我在京都的繁华街河原四条一家传统日本糕点店里见过这种点心。

3. 几点思考

无论是韩国的吃"艾子糕"、喝"益仁汁"和妇女喜用的"菖蒲妆",还是日本的"爬龙船""排龙""飞龙""白龙"的竞渡比赛和粽子、槲栎树叶包裹的豆沙黏糕,这些虽与现今中国端午习俗中吃粽子、饮雄黄酒和龙舟赛等不完全相同,然也有几许相近。起源于中国长江流域的端午节在被周边的国家和民族所接受和吸收的过程中,加入了这些国家和民族的固有元素,在各自的文化根基上形成了各国各民族独特的节庆习俗。如前所述,韩国端午祭的核心是祭祀,日本端午节是以挂鲤鱼旗为重要标志的儿童(男孩)节,这些都与中国现今的端午节有着根本的不同。这点是必须承认和肯定的。

发源于长江流域的端午习俗，由于时代和地区的不同，在中国就已发生了很大的变化，增加或改变了原来的节庆成分。而周边的国家和民族在接受和吸收的过程中，由于接受年代和民族特性的关系，在保留其原来的节庆成分的基础上，还加入这些国家和民族固有的节庆要素。韩国江陵端午祭可谓是个典型，江陵端午祭是集祭祀、演戏、游艺于一体的综合性节庆活动，具有完整的形式和内容。我在想，通过日本和朝鲜半岛的端午节（祭）产生、演变的历史能否管窥到某些源自中国，但中国已不复或很少存在的东西，即其原始面貌？我曾在以前相关的论文中对这点进行过初步的探讨。例如，一些祭祀仪式、假面表演等等，年代理应可溯至远古，中国的云贵地区及长江流域省份的偏僻农村地区应该还有存在。它们相互之间的关系如何？从促使各国各民族间文化交流的目的来看，值得研究（参阅蔡敦达《日本节庆初论——兼与中国之比较》，载《日本学研究》，华东理工大学出版社，2009年；蔡敦达《京都祇园祭及其中国元素》，载《日语教育与日本学研究》，华东理工大学出版社，2010年）。

文化交流对构筑亚洲共同体具有重要意义，我们的讲座题为亚洲共同体论，所谓共同体，就是要大家学会如何和平地相处，如何共享地区的共同文化，如何共享地区经济发展的成果，从而使我们的生活、各国的关系变得越来越好。所以，我在这里要特别强调的是，所谓的中国也好，韩国也好，日本也好，这是我们现在根据国家的概念划分的。假如把它放在五百年或一千年或更长的时段来看的话，这种概念就没有现在这么清晰，在看待传统文化的时候必须要注意到这一方面。撇开现时的政治外交，光谈文化的话，这点就显得更加重要。比如说这个文化是中国的文化，这个文化是韩国的文化，这个文化是日本的文化，这样就会比较狭窄。假如把这个文化放在亚洲这样一个大的地域环境来看待的话,我们就能更加清晰、更加客观地看待我们这个地区的传统文化。

众所周知,在中国、韩国和日本的端午习俗中,以中国的端午节和韩国的江陵端午祭最负盛名,分别于 2009 年和 2005 年成功入选《世界人类非物质文化遗产代表作名录》。2006 年,端午民俗经中国国务院批准列入第一批国家级非物质文化遗产名录。自 2008 年开始,端午节正式列入中国国家法定节日。2009 年,由湖北秭归县的"屈原故里端午习俗"、黄石市的"西塞神舟会"以及湖南汨罗市的"汨罗江畔端午习俗"和江苏苏州市的"苏州端午习俗",即由湖北、湖南、江苏三省联合提出的端午节申遗成功。但是在韩国江陵端午祭成功申请为世界人类非物质文化遗产后,曾在中国引发很大的反响。从时间顺序上看,中国有关端午节的以上行动一定程度上可以说是受到韩国江陵端午祭申遗成功的"刺激"而引发的。如前所述,韩国的江陵端午节具有韩国的文化内涵,日本的端午节具有日本的文化内涵,而中国的端午节自然具有中国的文化内涵。但要是把这些放在亚洲这个地域环境来看的话,它就是这个地域文化或者说是亚洲文化的一个组成部分,因为它们之间存在互相交流、互相融合、互相影响的关系。

有关这个问题,刘晓峰先生《端午节与东亚地域文化整合——以端午节获世界非物质文化遗产为中心》(载《华中师范大学学报》(人文社会科学版)2011 年第 3 期)论之甚详。刘晓峰先生在文章中这样写道:"历史上中国古代文化作为这一地域文明的文化核心,对周边的民族和社会发展具有强大的影响力。这份影响在漫长的历史中已经演化为一种事实上的文化共享。……以端午节为例,在世界上真正和我们共同拥有端午文化的民族和国家,毕竟是少数,把眼光放大放远,我们会看到拥有共同的非物质文化遗产实际上是文化亲缘性的结果。……在此意义上,超越民族国家框架,思考东亚地区区域合作的文化基础,是一个理论问题,同时也是一个现实问题。立足于东亚发展的历史中,我们必须清楚地意识到,我们不能仅仅依靠现代民族国家的主权概念来思考非物质文化遗产的文化产权问题,并依此划定非物质文化遗产的文化边境。"所谓的"文化共享"在这里强调的就是我们亚洲文化的共享,亚洲文化圈有着共同的文化基础,是由共同的文化组成的。一个国家有一个国家的边界,我们大家都是这样讲的,中国有这么一个边界,韩国也有这么一个边界,日本也有这样一个边界,但是在文化层面,我觉得应该是没有边界的。

通过这件事,引发了我如下的思考:我们该如何对待不同国家、不同民族的文化? 这或许是个老生常谈的话题,但要真正做到正确对待并非易事。以江陵端午祭的例子来看,在从中国引入后的一千余年期间,当地民众在端午祭中融入了许多朝鲜民族的固有元素,且非常重视对这一节庆的保护,每年举行盛大而隆重的庆典活动,进而发展成为了具有韩国民族特色的传统节日。

为此,在这里我想重点谈三点:第一是对待不同国家、不同民族的文化,首先必须做到互相尊重。国家和民族有大有小,但文化没有大小之分,更没有先进落后之别。中国的端午节在成为现今中华各民族的节庆之前,远古时期就是长江流域某些地区的民俗活动,经过变化和发展才具有了现在的形式和内容。中国的端午节、韩国的端午祭和日本的端午习俗,都有自己不同的变化和发展的历史,都应得到尊重,做到互相尊重。

第二是互相了解。不但要正确认识自己国家,而且还要客观了解其他国家乃至世界。有了互相了解就会做到互相尊重。韩国的江陵端午祭申遗成功时,不少国人担心端午节会被人"抢走"之心态可谓典型的不了解。中国的端午节和韩国的端午祭二者间形式和内容很不相同,并不影响我们的申遗,因为二者都是优秀的世界人类非物质文化遗产。韩国的江陵端午祭申遗成功,客观上也促进了中国对非物质文化遗产的保护和传承,最终二者双双成功入选《世界人类非物质文化遗产代表作名录》便是一个明证。

第三是互相交流。因为缺乏交流,才会产生了解上的障碍,导致对对方的不信任,互不尊重由此产生。因此,互相交流就显得非常之重要。交流就好像走亲戚,礼尚往来多了,了解也就加深了。交流不仅加深互相间的了解,而且在发生问题时,也可得到及时沟通,化解矛盾,进而平和地解决问题。

最后简单介绍一篇有关文化的中心与周缘关系的文章——王勇《东亚文化圈:中心与边缘》(载复旦大学日本研究中心编《复旦大学日本研究中心成立二十周年庆典暨复旦大学日本研究中心第 20 届学术研讨会论文集》,2010 年 11 月)。王勇先生在文中写道:"东亚文化圈不等同于中国文化圈,就如佛教文化圈不等同于印度文化圈。东亚文化圈是个笼统的概念,其实可以细分为许许多多层面,虽然几大部分的源头在中国,但并不是所有的层面的中心,自始至终一直在中国。……中心与周缘的关系,也可为我们构建'东亚共同体'的参照。"他在文章中列举了大量事例证明了他的这一结论,我以为其中的两个事例很说明问题。一是他列举的爱德华·谢弗(Edward H. Schafer)著《撒马尔罕的金桃》(*Golden Peach of Samarkand*,汉译本有吴玉贵先生译《唐代的外来文明》)。原来在盛世唐朝,有许多物产并非产自本土,如从北方输入了马、皮革制品、裘皮和武器;从南方进口了象牙、珍贵木材、药材和香料;又从西方运来了纺织器、宝石和工业用矿石,甚至还有美女。唐朝的繁盛和富强是建筑在与其他地域交流、融合的基础上,不仅如此,"正仓院的部分藏品虽然源头在西域或者南亚,但遣唐使带回日本时大概不会在意其来龙去脉,而这些文物也确确实实作为大唐文明的有机部分对日本文化产生影响"。二是佛教的传播。佛教源自印度，但对朝鲜半岛和日本等产生影响的是中国的禅宗，这是不争的事实。印度是佛教的发源地，但汉唐之际的佛教中心在中国而非印度。唐末灭佛，佛寺、佛像和佛经遭受毁灭性破坏，失去了佛教的中心地位。五代至北宋，朝廷多次遣使到高丽、日本求取佛经。然至南宋禅宗盛行，大批僧人自高丽、日本前来江南求学，在日本即所谓的入宋僧、入元僧。中心与周缘在不断的变化中，没有始终不变的。"源头未必一定是中心"，"中心不是一成不变的"，"中心始终处于流动之中，周缘也处于不断变迁之中"，而这些都离不开互相交流、互相融合、互相影响。大唐文明之所以伟大，原因就在于此。时至今日仍具有重要的现实意义，值得我们深思。

总之，创建亚洲共同体，政治、经济方面的合作固然重要，但文化交流必不可少，且并非一朝一夕就能成就，须持之以恒、不懈努力方能造就。要做好各国各民族间的文化交流，互相尊重是前提，否则无法进行交流；同时，互相了解是文化交流的基础，互不了解对方，也就不知道为何交流；互相交流的目的是达到互相学习、互相帮助和共同提高。因此，文化交流对创建亚洲共同体的重要性不言而喻。

附记：本文系旧文，原题为"文化交流对构筑亚洲共同体的意义——以端午习俗为例"，为数次讲座演讲稿修改而成，主要参考文献已在文中标出，不再另列，并向相关作者表示感谢。此次承蒙张厚泉教授厚爱，对论文稍作修改，以"文化交流为何重要？——以端午习俗为例"为题收录本书中，在此表示谢意。

"东亚文化圈"是一个幻想吗？

徐静波

【摘要】 大约在 6—8 世纪,也就是中国的隋唐时代,曾经在中国及朝鲜半岛、日本列岛、越南北部形成过一个"东亚文化圈",其核心大致内容是:(1)农耕文明(农耕生活、以氏族血缘为基础的村落以及部落国家的形成、相应的礼仪祭祀等);(2)汉字和汉文;(3)儒家思想以及部分的道家思想;(4)汉译或部分中国化的佛教;(5)以律令制为代表的政治法律体系;(6)大部分起源于中国的艺术(包括建筑、庭园、书法、绘画等)。以此作为基盘,在以后的文明进程中,在中国之外的区域也形成了各自独特的文化,东亚文化圈的色彩渐趋斑驳多元。大航海时代,尤其是 19 世纪起,西方文明开始强烈冲击东亚文明,东亚文化圈逐步瓦解。虽然如此,东亚地区依然享有着深厚的共同的传统文化资源,今天应该如何挖掘并活用这一资源来试图构建一个东亚共同体,是一个值得思考的课题。

【关键词】 东亚文化 中国 朝鲜半岛 日本 越南 琉球

一、什么是"东亚文化圈"?

首先提出"东亚文化圈"概念的,是日本和韩国的学者,且是比较晚近的事情。1962 年,日本历史学家西嶋定生在论文《6—8 世纪的东亚》一文中首次提出了"汉字文化圈"的概念,意为自中国皇帝那里获得册封的周边民族，以汉文为媒介，将中国的文化引入本地并加以发展、确立自己自立的区域。2000年，日本出生的韩国学者、早稻田大学教授李成市出版了《东亚文化圈的形成》一书，明确提出了"东亚文化圈"的概念。在该书中作者认为，朝鲜半岛、日本列岛和中南半岛的越南地区，共同享有作为交流工具的汉字，并以此为媒介接受了儒教、汉译佛教、律令制度等起源于中国的文化。该书将包含中国在内的这一区域认定为东亚文化圈。2009年，复旦大学教授韩昇出版了《东亚世界形成史论》，运用大量详加考订的史料，对这一主题展开了有力的论述。2010年，日文、韩文、中文均极佳的京都大学教授金文京在其出版的《汉文与东亚：训读的文化圈》中坚持了"汉文文化圈"的概念。历史上是否存在过"东亚文化圈"，作为一个学术问题，自然还可作进一步的探讨，但近年来日本、韩国、中国的学者都不约而同地对此表现了重大的关切，其实这不仅是一个历史研究的取向，也与今天东亚的现实紧密相连。

　　我自己基本上是这一领域外的人，但同样对此抱有浓厚的兴趣。以我自己粗浅的理解，这一文化圈的核心内容，应该有这样几个方面：（1）农耕文明（农耕生活、以氏族血缘为基础的村落以及部落国家的形成、相应的礼仪祭祀等）；（2）汉字和汉文；（3）儒家思想以及部分的道家思想；（4）汉译或部分中国化的佛教；（5）以律令制为代表的政治法律体系；（6）大部分起源于中国的艺术（包括建筑、庭园、书法、绘画等）。

二、"东亚文化圈"在历史上的形成

　　"东亚文化圈"的形成或成立，其基本的政治基础应该是朝贡体系和册封体制。《后汉书》记载，公元57年曾有来自日本列岛

（当时尚无"日本"的名称）的使者来谒见光武帝刘秀，刘秀赐"汉委奴国王"金印，这是中国与日本列岛之间曾存在过册封体制的一个明证。江户时期，日本"国学"问世，民族意识抬头，有人怀疑《后汉书》的记载未必真实，结果 1784 年在福冈志贺岛耕作的一位农民从土中掘出了一颗金印，经考证，确实是当年光武帝下赐的原物。这一册封关系一直断断续续维持到 502 年。607 年，摄政的圣德太子向隋派遣使者，其国书称"日出处天子致书日没处天子"，表现出了分庭抗礼的姿态，以后虽然有遣隋使和遣唐使，努力学习中华文化，但除了室町时代的足利义满为了贸易曾接受过明王朝的"日本国王"称呼外，可以说日本一直游离于东亚的册封体制之外，但早期的册封格局已经为日本吸纳东亚大陆文化奠定了政治基础。朝鲜半岛的北部，曾有过汉王朝的统治时期，以后三国崛起，也一直接受中原王朝的册封，372 年和 384 年，佛教以汉译佛经的形式正式从中国传来，儒学也在这一时期正式进入半岛，设立了五经博士，在政治制度上仿效大陆。稍后，儒学和佛教经由半岛传入日本，圣德太子颁布的十七条宪法和冠位十二阶，都是以儒家思想为基调，也表现出了部分的佛教色彩。8 世纪时，日本建立了用儒家经典培养官吏的"大学寮"。

　　另一方面，在公元前 111 年汉武帝平定南越国后，现在的越南北部地区就一直在中国的版图内，自然在政治和文化上与中国本土并无大的差异，938 年独立之后，仍为中国的藩属国，通用汉字，保留科举制度。而朝鲜半岛则在 918 年建立了高丽王朝，统一了半岛，这一时期研究儒学的官学和私学都颇为兴盛，985 年仿照中国设立了科举制度，此后的 12 世纪，又有汉文史书《三国史记》等的编撰。而到了朝鲜王朝时期，儒教的影响更甚，1368 年建立了颇具规模的儒学教育机构"成均馆"（今天的韩国还有成均馆大学），以至于后来诞生了诸如李滉、李珥这样著名的儒学家。日本在 10 世纪前后起,儒学虽有相当程度的式微,但在 15 世纪中叶却在今天东京北部栃木县境内的足利诞生了一所"学校",教科书为四书六经、《列子》、《庄子》、《史记》、《文选》等,我曾去踏访过,建筑大抵为宋代的风格,还有一座颇为气派的孔庙。江户时代,朱子学成为幕府的官方意识形态,1797 年在江户(现东京)建立了昌平坂学问所,后称"昌平黉",是一所儒学的教学研究机构,现在一般称为"圣堂",二战时毁于战火,战后重新修建,我也曾去踏访过,内有宏大的孔庙和孔子石像。

说起东亚文化圈,后起的琉球王国也应列在其中。1372 年,在琉球三国尚未统一时,朱元璋派使臣去最大的中山国册封,中山国随即派使臣去朝贡。琉球统一后继续向明称臣,同时使用明和清的年号,使用汉字,政治制度等大抵模仿中国,史书的记录也都用汉文。1392 年,受朱元璋之命,福建一带三十六姓等较有知识和技能的中国人移居到琉球的久米村,1429 年,尚巴志统一三山,琉球国宣告成立,此后一直至清王朝同治时期 1866 年止,中国共派了二十四次册封使来琉球,至于琉球来朝贡的次数就更多了,以至朝贡成为一种贸易。战后复建的首里城内,用模型展示了琉球国王率领百官接受来自中国的册封使册封的仪典。今天的那霸市内,仍完好地保存了当年的孔庙等设施,我也曾去一一踏访。

当年这些文化圈内的国家,彼此交往的官方文件均使用汉字和汉文,最典型的就是 14—18 世纪间派往日本的朝鲜通信使,日本和朝鲜之间沟通的工具就是汉诗文,朝鲜方面留下的旅行记、考察记等文献均用汉文写成,日本最初的史书《古事记》(712 年)、《日本书纪》(720 年)以及现存的朝鲜最早的史书《三国史记》(1145 年)和越南的《大越世纪》(13 世纪末)也都是用汉文撰写。由此可见,在近代以前,确实存在过一个东亚文化圈。

三、"东亚文化圈"的式微和
近代以后的瓦解

　　在中华文化的基盘上,在漫长的历史长河中,东亚各国也培育出各自独特的文化,并且因中原王朝的盛衰起伏,各国的民族意识也逐渐觉醒和强烈。日本在 10 世纪以后逐渐从汉字中衍化出了假名,书写文字逐渐过渡到由汉字和假名共同组成的日文,并诞生了自己独特的和歌文学。朝鲜王朝在 1443 年创制了朝鲜自己的文字"训民正音"。满清入关建立清王朝后,朝鲜出于对清廷的鄙视而逐渐疏离中国,并认为自己传承了正统的儒家文化而自命为"小中华"。越南也在汉字的基础上逐渐衍生出了书写文字喃文。总之,到了 15 世纪前后,在传入的中华文化的基础上,东亚各国渐趋形成的民族文化已呈现出成熟和灿烂的景象。

　　而导致东亚文化圈瓦解的根本缘由,是 15 世纪以后大航海时代开启的西风东渐以及 19 世纪中叶以后西方文明的大规模涌入。日本人从利玛窦绘制的《万国坤舆全图》中看到了中国也不过是世界的一部分而已。19 世纪中叶开始,日趋衰败的中国对朝鲜的影响力也明显降低,1895 年甲午战败后,中国的势力被逐出了半岛,1910 年被日本吞并后,与中国疏离的进程加剧。二战后,尤其是朝鲜战争后半岛在形式上基本脱出了"东亚文化圈",汉字的使用基本被废止。琉球王国在 1879 年被日本用武力强行消解,归入了日本的版图,于是中国文化的影响迅速褪色,今天在行政上和文化上已可视作日本的一部分。在越南人看来,他们是被迫接受中国的统治和文化影响的,虽然中国文化极大地促进了越南的文明进程,但对中国的抗拒一直存在。19 世纪中叶以后,法国的势力强势进入中南半岛,1884 年与中国的战争,解除了历史上越南与中国的藩属关系，并广泛使用 17 世纪中叶后由西方传教士创造的拉丁文的越南语，1945 年正式定为国语。西方文明的进入加速了中国文化影响力的减弱。

"东亚文化圈"的核心文化基本上是农耕文明的产物，进入近代、现代社会（工业化和后工业化）后，它的部分价值渐渐与今天的社会乖离，其部分的衰败和淘汰是时代变化的结果。西方式的民主制度在日本和韩国等地的建立，加速了这一趋势。就如同拉丁文在欧洲的命运一样，当民族国家和民族文字创建以后，民族意识的日益觉醒也决定了东亚国家逐渐摈弃了对汉字的使用。今天日文中的汉字虽然大部分源于中国，但今天中日两国所使用的汉字词语很多已是两国共同创造的。中国在近代一百多年的衰败，极大地减弱了它在"东亚文化圈"的核心地位。今天它的重新崛起，坦率地说，尚未建立起相应的软实力魅力（这一魅力应该来自先进的价值体系和知识体系以及令人向往的生活方式），对位于东亚区域的国家而言，东亚传统文化也许能成为一定程度的精神纽带，但近代史上的创伤和当前的利益冲突却在撕裂着这一纽带。文化圈前景究竟如何，是否能成为东亚共同体的文化基础，目前很难有定论。

东亚地区文学与文化之交流*
——以 20 世纪 80 年代前中期中国新时期
小说在日本的译介为中心

孙若圣

【摘要】 1979 年,中国重新进入世界市场。对于日本而言,如何了解与认识封闭了数十年之久的中国,也成为一种解决地缘政治和经济文化交流上产生的诸问题的现实需要。在这样的历史语境下,发轫于 20 世纪 70 年代末的新时期文学被译介到日本,成为日本的汉学家与普通民众了解中国的一个窗口。在本文中,笔者参照藤井省三编撰的《中国文学研究文献要览 近现代文学 1978—2008》(日外アソシエーツ2010)、松井博光编撰的《中国现代文学研究の深化と现状—日本における中国文学(现代 / 当代)研究文献目录 1977—1986》(東方书店,1988 年)等目录文献,辅以日本国立国会图书馆的检索系统,整理出 80 年代前中期(1985 年以前)新时期小说在日本的译介情况,并归纳出这一时期新时期小说译介中存在的"出版形式单一化,译者职业多元化"这一主要特征,并分析特征产生的原因。

【关键词】 新时期文学 中日文学交流 译介

东亚各民族之间的交往历史源远流长,不绝如缕。先驱者们

---

* 本文得到东华大学中央高校基金科研业务费"儒学与近代词研究基地"(20D111410)的资助,是上海市高等教育学会 2018 年一类项目"'一带一路'视域下的服饰与语言文化的课程案例研究"(GJUL1803)的阶段性成果。

筚路蓝缕,跨越崇山峻岭,远涉大川重洋,维系着各民族间文化交流的纽带。19世纪以降,民族国家及殖民体系的大潮席卷世界,东亚一部分国家经历了具有自身特质的近代化过程后异变为帝国主义国家,推行扩张政策,给自身及比邻之邦的人民带来了深重的灾难。战后以美苏军事集团对抗为核心要素的冷战体制迅速确立,东亚诸国长时间以来无法跨越冷战的结构性障碍,建立正常的国际关系。然而,即使在国际关系处于最黑暗的时期里,东亚各民族间文化及文学的交流都未彻底断绝,有识之士们前仆后继,通过各种方式维系着文化沟通的血脉。以中日两国文学交流为例,中国十七年文学中的经典作品"三红一创,青山保林"中大部分在20世纪60年代即被译介至日本,在青年学生中引发了强烈共鸣。

1972年,时任美国总统尼克松(R.Nixon)访华,中美两国签署《中美上海联合公报》,由此建交。受此影响,同年9月,时任日本首相田中角荣来华,两国签署《中日联合声明》,实现邦交正常化,结束了自二战后持续近三十年的国家间对抗状态。1978年,《中日和平友好条约》缔结,两国关系随之进入傅高义(E.Vogel)所说的"十年蜜月时期"。同年10月,邓小平赴日换约,此行中邓对日本在经济发展上的成就表现出了强烈的热情,在会见日方宾客时明确提出"为寻求日本丰富的经验而来"①。邓小平访日后数月的1978年底,十一届三中全会形成公报,强调全党工作的着重点转移到社会主义现代化建设上来②。由此中国尝试重新融入世界贸易体系,与邻国,特别是与当时现代化水平远胜中国的日本间的关系日趋受到重视。另一方面,对于日本而言,如何了解与

---

① 田桓《战后中日关系文献集》,中国社会科学出版社,1997年,第247页。
② 王振川《中国改革开放新时期年鉴·1978年》,中国民主法制出版社,2015年,第874页。

认识封闭了数十年之久的中国，也成为一种解决地缘政治和经济文化交流上产生的诸问题的现实需要。在这样的历史语境下，发轫于70年代末，与共和国共同"步入春天"的新时期文学作为一种文化，一种艺术形式，亦作为一种"社会学的材料"，于80年代被大量译介到日本，成为日本的汉学家与普通民众认识中国的重要路径。

本文中笔者详细考察了截至80年代中期中国新时期文学在日本译介的状况，并归纳出这一时期译介中存在的"出版形式单一化，译者职业多元化"现象。这种现象既反映了新时期文学自身的某些特质，又与当时中日两国在世界贸易体系中的位置密切相关。叙述并阐释这一现象，不仅有助于厘清中日历史上的这段文学交流史，更对当下亚洲文明间的相互理解、相互对话具有建设性意义。

1. 80年代前中期新时期小说在日本译介的"出版形式单一化"现象

洪子诚认为，"文革"结束后的一段时期内，写作者的文学观念、取材和艺术手法，仍旧是"文革文学"的沿袭。出现对于"文革文学"的明显脱离，是从1979年开始。当然，在此之前，已有一些作品预示了这种"转变"的发生①。正是这样一些预示转变的作品，如《班主任》《伤痕》等，通过各种途径进入日本译者的视野，成为新时期小说在日译介的滥觞。自1978年开始，时任岛根大学副教授的西胁隆夫与日中友好协会常任理事工藤静子分别以"真山下""志木强"为笔名，在《中日友好新闻》报上开始新时期小说的译介工作。两人采用共同选材、一人翻译、一人校对的实践模

---

① 洪子诚《中国当代文学史》（修订版），北京大学出版社，2007年，第200页。

式①，翻译了当时的主流文学思潮——伤痕小说中的部分精品。1980年，两人将译文集结出版，定名为《伤痕》，《伤痕》译本包含了《班主任》《伤痕》《神圣的使命》等六篇伤痕文学作品，成为新时期文学在日本的最初单行本。

西胁和工藤开始连载新时期小说的同时，另一部新时期小说合集译本也在筹备之中。1979年夏天，时任岩波书店编辑的田畑佐和子在北京结识了回归文坛的丁玲，而后丁玲将新出版的杂志《清明》寄给田畑，其中的《天云山传奇》等作品深深打动了田畑，也巩固了田畑将新时期小说译介至日本的决心②。经与时任东京通讯社（TBS）驻北京记者的丈夫田畑光永商议，两人合译了《天云山传奇》《调动》《人妖之间》三篇小说，于1981年由亚纪出版社出版，书名定为《天云山传奇——中国告发小说集》。从作品来看，这里的"告发"指的并非是对过去的"文革"灾难的控诉，而是对"文革"后中国现有社会矛盾的展示。所选作品中，《天云山传奇》塑造了在"文革"前的政治运动中遭难的知识分子形象，后来被公认为反思文学的开山之作。《调动》则通过青年转移工作关系的故事，一方面描绘了"文革"后大批知青所遭遇的现实困境，一方面揭露了中国行政体系中的官僚化作风和不正之风。《人妖之间》则揭露了在中国东北某地发生的权钱勾结的腐败问题。这三篇小说全非直接描写"文革"所造成的灾难的作品，而是聚焦于当时中国社会的现实矛盾。甚至《天云山传奇》中的吴遥、《调动》中的谢礼民等代表着"文革"后某种保守势力或者不正之风的艺术形象，恰恰是"文革"的受害者，是伤痕文学中需要同情、需要关注的对象。可以说，日本的译者已经察觉到新时期小说与当时主

---

① 2013年11月15日笔者与西胁隆夫的邮件交流。
② 2013年12月8日笔者与田畑佐和子的邮件交流。

流意识形态之间内在关系的变化,通过译文的选择对以批判"文革"为核心目标的伤痕文学和其他文学作品进行朴素的分类。这种分类方式今天看来略显简单化,但确实是伤痕文学和反思文学二分天下的 1979 年中国主流文坛的真实写照。

从选题标准来看,如果说西胁和工藤选择了当时受到中国官方和民间一致肯定的主流文学作品的话,田畑夫妇则选择了官方与民间在接受态度上存在分歧的作品。这种选择体现了田畑夫妇对新时期文学是否能够健全发展的忧虑。这种忧虑既源于 1949 年以后中国政治运动不断发生的历史过程,也源于在 1979 年社会上确实掀起了对部分文艺作品的批判风潮。在译后记中田畑光永写道:

> 中国的作家们又迎来了严峻的年代……现在"1979 年文学"的旗手们不得不暂时陷入沉默的状态,这个"暂时"是多久委实难以预测,我们作为外国读者唯一能做的,就是期待"1979 年文学"早日复苏。①

《伤痕》译本和《天云山传奇》译本选材上互为补充,从而将新时期小说中的优秀作品译介到日本,在向日本的各阶层人士提供一个管窥中国普通民众生活状态的窗口的同时,也宣告了中国文坛正在发生巨大的变化,将相当一部分中国文学爱好者的目光引向了当代。在这两部译作之后,新时期中短篇小说合集译本以每年一至二部的速度在日本出版。1983 年,上野广生翻译出版了《现代中国短篇小说选》,全书分为三个主题:"党群关系""代沟"和"爱情",共收录了反思文学和改革文学十篇代表作,几乎所有入选作品都是人民文学出版社评选的全国优秀短篇小说。1984

---

① 田畑光永、田畑佐和子《天雲山伝奇》,東京:亜紀書房,1981 年,第 298 页。

年,永田耕作翻译出版了《ひなっ子》(鲁琪小说《丫蛋》),全书分为"文革体验""精神文明""与日本的交流"与"其他"四个主题,也收录了十篇新时期短篇小说。但与《现代中国短篇小说选》不同的是,《ひなっ子》所收录的译文既没有参考中国国内的权威评奖制度,也没有展现出作者独特的选择标准,而多是译者偶尔参与或经中国朋友推荐的结果。全书除了玛拉沁夫的《活佛》、邓友梅的《喜多村秀美》等少数作品外,大部分是让新时期小说的资深研究者也会感到陌生的作品。因此,无怪为此书撰写书评的松井博光对其选材标准提出了质疑①。

　　除了上述综合性题材的译本外,日本还相继出版了一些专门题材的新时期小说合集。小林荣于 1982 至 1988 年连续翻译出版六册《中国农村百景》选集,译介了 1980 至 1985 年山西省作协的机关刊物《汾水》(1982 年更名为《山西文学》)的部分作品,代表作有郑义的《老井》等。1985 年辻康吾编译的《キビとゴマ》(戴厚英作品《高的是秫秫,矮的是芝麻》)则将目光投向活跃在新时期的女性作家群体,选取了五篇具有代表性的女性文学作品。与短篇小说翻译的活跃状况相比,新时期中长篇小说在日本可谓译作寥寥。1981 年,相浦杲以单行本的形式翻译出版了王蒙的意识流作品《蝴蝶》;另一部新时期文学早期的代表作《人到中年》由于被改编成电影在日本上映,引起一定的社会反响,因此由田村年起和林芳分别译出。其中田村的译作题为"北京の女医",林芳的译作题为"人、中年に到るや",两部译作皆于 1984 年出版。

　　笔者将 20 世纪 80 年代前中期新时期小说在日本的译介情况整理成一览表(表 1)如下:

---

① 松井博光《書評　永田耕作『最新中国短篇小説集　ひなっ子』(朝陽出版社)》,《中国研究月報》1984 年 8 月 25 日,東京:社団法人中国研究所,第 41 页。

表 1

出版形式	译作名(出版年)	译　者	出版社	收录作品数	册数
中短篇合集	《傷痕》(1980)	工藤静子 & 西脇隆夫	日中出版	7	1
单行本	《胡蝶》(1981)	相浦杲	みすず书房	1	1
中短篇合集	《天雲山伝奇》(1981)	田畑光永 & 田畑佐和子	亚纪书房	3	1
中短篇合集	《中国農村百景》(1981—1988)	小林荣	亚纪书房	7 /8 /5 /6 / 8 /4	6
中短篇合集	《現代中国短编小说選》(1983)	上野广生	亚纪书房	10	1
中短篇合集	《ひなっ子》(1984)	永田耕作	朝阳出版	10	1
单行本	《北京の女医》(1984)	田村年起	第三文明社	1	1
单行本	《人、中年に到るや》(1984)	林芳	中央公论社	1	1
中短篇合集	《キビとゴマ》(1985)	加籐幸子 & 辻康吾	研文出版	5	1
合计				76*	14

　　* 茹志鹃的《儿女情》、张洁的《爱,是不能忘记的》、谌容的《人到中年》分别有两个译本,因此被译介的新时期中文小说原有 73 篇,而译出的新时期小说日文文本共有 76 篇。

　　通过一览表可以发现,80 年代前中期新时期小说在日本译介的一大特征是"出版形式单一化",即绝大多数译本都是中短篇小说的合集。通过合集形式在日本传播的中短篇小说共有 71 篇,而通过单行本译介的中长篇小说只有 2 篇。这种出版形式上的悬殊差别表明中短篇作品更受日本译者的青睐。

　　2."出版形式单一化"的原因

　　新时期小说的译本篇幅大约都在 300 页左右,这里可能有出版社的考量在内。然而需要注意的是在同样篇幅下为何选择短篇小说的合集而不是长篇小说的单行本呢？笔者联系了几位尚能接受采访的译者，以下是译者们的回答（表2）：

表 2

译　者	回　　　答
西胁隆夫	没有翻译长篇的想法。我想在有限的篇幅内尽量多介绍几篇新时期小说
永田耕作	没有翻译长篇的想法……我的想法是，在日本的汉文学研究者还没注意到新时期小说之前，由我先来译介，等他们注意到了，还是交给研究者去翻译比较好
辻康吾	那时候新时期小说似乎没有长篇

再加上被《天云山传奇》打动的田畑佐和子，可以看出在短篇合集和长篇单行本的取舍上，日本译者们没有经过太多的犹豫，这种毫不犹豫的选择固然与80年代前中期新时期小说的固有特征有关，也与日本的社会文化状况有着直接的联系。

从固有特征来看，80年代前中期的新时期小说具有两个特点。其一，绝大多数作品（无论篇幅）都是采用现实主义写作手法的平铺直叙的文本。20世纪发祥于欧美的各种现代派文学思潮和表现方法虽然已经在国内产生了萌芽（如王蒙的一系列意识流作品、高行健的先锋戏剧探索等），但真正形成规模要等到80年代中后期，80年代前期的中国文坛还是现实主义空气所充斥的"空旷寂寞的天空"（冯骥才语）。其二，短篇小说的艺术成就最高。洪子诚谈到1977年以后，小说创作的发展繁荣是从短篇开始的。然后，中篇小说加入这一发展的潮流中，并越来越显示其重要性。长篇虽然在1977年后的那几年中出版的作品并不少，每年达到几百部之多，但能给读者留下深刻印象的并不多。在若干年中,长篇小说的思想和艺术没有多大的进展,作家的生活观和艺术观表现出相当停滞、陈旧的状态①。确实,当我们于三十年后重新回眸时,《班主任》《陈奂生上城》依旧耳熟能详,而80年代初期的长篇小说却所知者寥寥了。归纳而言,80年代前中期新时期小说以现实主义表现手法为主,其中短篇小说成就最高。笔者认为,造成新时期小说这种写作手法单一、体裁发展不平衡的原因大致有以下两点。

第一,当时小说创作的主力军由"文革"时上山下乡的知识青年和在历次政治运动中被打倒的老一辈作家(又称"归来者")构成。其中知识青年绝大多数都没有完成有体系的初中等教育,更遑论接受专业写作的指导。而"归来者"的写作方式和艺术观念早已定型,而且经过历次的知识分子改造运动,不免对西方资本主义现代派心存顾虑。再加上之前对西方人文科学著作长期的严格管控,这样的主客观条件合力下,无论是知识青年还是"归来者"都无法在短时期内实现对自身艺术观念和写作手法的突破,对具体事件平铺直叙的现实主义成为他们抒发创作欲望时几乎唯一的选择。第二,除了美学价值外,新时期文学还有更急迫的社会功用,当时的普遍观点是,新时期文学是"五四"文学的延续,肩负着"五四"文学尚未完成的启蒙国民的历史使命。正如曹文轩所说,对中国来讲,反精神意义上的封建主义的历史任务远没有达成。因此"文学要求社会承认人的价值始于七十年代末,文学要求个性解放始于八十年代初,因为后者的要求比前者更进了一步,它的提出显然比前者的提出需要更加民主自由的空气,也需要更大的勇气"②。在这种强调启蒙作用的历史背景下,作品的

---

① 洪子诚《当代中国文学的艺术问题》,北京:北京大学出版社,1986年,第156页。
② 曹文轩《中国八十年代文学现象研究》,北京:人民文学出版社,2010年,第27页。

文学性一定程度上势必让位于思想性。孟繁华指出，面对重重社会问题，文学家们还来不及思考艺术表达和形式的问题，艺术创新被悬置一旁，他们只能借用传统的话语形式参与社会传统的问题。文学的功能被单一化了，它所有的轰动来自文学之外的因素，一切均是时代使然①。

另一方面，日本的社会文化状况也决定了译者对于新时期小说"重短篇，轻长篇"的态度。随着次文化元素的兴起，80年代的日本在文学上进入了村上春树和村上龙主导的"两村上时代"。前者专注于对现代社会的都市人寂寞烦躁、无所依靠的个人感情进行书写；后者则着力表现战后日本经济高速发展时期的青年男女所面临的种种困惑、压抑和无奈。有这样一些作家走红的日本战后文学界在80年代越来越内向，越来越忽视（或者说摒弃）文本与社会政治间的关系。也就是说，在小说是否应该积极介入公众的政治文化生活这一点上，中日两国当时的主流文学思潮之间存在着针尖对麦芒般的相互对立。这种思潮上的对立不可避免地导致了日本读者在阅读新时期文学时，无法从作品中获得共鸣。

但是，迅速了解对岸那个不久之前还紧锁国门的大国，已成为日本国民当时的迫切需要。首先，随着中日之间一系列文化经贸合作的开展，中国逐渐成为日本各类海外业务的目的地。了解中国的风土人情有利于避免交流中由文化摩擦带来的障碍，维护与中国有业务往来的日本国民自身的经济政治或文化利益。其次，由于主政数十年之久的自民党政府长期追随美国敌视中国，导致了日本民间对政府外交政策的强烈反动和对外交处境艰难的中国的深切同情。1978年中日和平条约签署后，被压抑许久的中日民间友好交流热潮爆发，也让两国的外交关系迅速进入蜜月

---

① 孟繁华《1978 激情岁月》，济南：山东教育出版社，1998年，第152页。

期。日本外务省主持的舆论调查表明，对中国抱有好感的日本国民在 1980 年达到峰值，占全体国民的 78.6％。可想而知，这其中想要了解中国的普通日本民众大有人在。在这样的历史背景下，译者考虑到"不定的大多数"读者的需求，也倾向于把新时期小说作为一种了解当下中国社会的窗口。其依据是，几乎所有新时期小说译本的后记里，译者都明确表示所译的文本表达了当下中国人的生活状况、所想所为。

在这种日本读者对作品内容的兴趣要大于写作手法的时代背景下，译者自然偏向于在同样篇幅中选取描写万花筒般生活片段的短篇小说。

3. 80 年代前中期新时期小说在日本译介的"译者职业多元化"现象

一般情况下，外国文学译介的主力军应该是高校或研究机构中的相关领域学者。然而在 20 世纪 80 年代初中期的日本，新时期小说译者的职业呈现出多元化的态势。笔者按出版的时间顺序进行介绍：《伤痕》的译者西胁是大学教授，但他的专业方向是中国少数民族文学与神话，《伤痕》译本是他学者生涯中唯一与新时期文学有关的学术成果。另一名译者工藤时任日中友好协会常任理事，负责协调安排中日之间的各种民间交流活动。《蝴蝶》的译者相浦杲时任大阪外国语大学中文系教授，是接触新时期文学的为数不多的日本汉学界权威之一。

《天云山传奇》的译者田畑佐和子时任岩波书店（此为日本著名出版社）的编辑，曾参与《岩波日中词典》的编撰工作，以翻译《天云山传奇》为契机，佐和子开始了对新时期文学的研究工作，著有各类学术成果多部。另一名译者田畑光永时任东京通讯社驻北京记者，专业方向为中国近代历史及政治，是日方报道 1972年中日邦交正常化的记者团中一员。

　　《中国農村百景》的译者小林荣在长野县都筑制作所工作。《现代中国短編小説選》的译者上野广生供职于伊势实业高校（相当于国内的中专或职校），具体职务不明。《ひなっ子》的译者永田耕作就职于日本朝日新闻西部本社通信部。分别翻译《人到中年》的两位译者中，田村年起时年七十二岁，已离开工作岗位；林芳时任公司职员，并兼任早稻田大学汉语课外聘老师。《キビとゴマ》的译者辻康吾时任每日新闻社东京本社外信部编辑委员；另一名参与者加藤幸子是曾获得过芥川奖的日本著名作家，但她并不会中文。据笔者对辻康吾的采访得知，加藤主要在翻译过程中负责对日语译文的润色工作。

表3　新时期小说译介当时译者职业一览表（按出版时间）

作 品 集 名	译 者	译者职业（翻译时）
《傷痕》	工藤静子	日中友好协会常任理事、日本民主主义文学同盟员
	西脇隆夫	岛根大学副教授
《胡蝶》	相浦杲	大阪外国语大学教授
《天雲山伝奇》	田畑光永	东京通讯社北京支局记者
	田畑佐和子	岩波书店编辑
《中国農村百景》	小林荣	长野县都筑制作所职员
《现代中国短編小説選》	上野广生	伊势实业高校职员
《ひなっ子》	永田耕作	朝日新闻西部本社通信部
《北京の女医》	田村年起	无职业、《外语文学》杂志供稿人
《人、中年に到るや》	林芳	早稻田大学外聘老师、KDD（公司名）职员
《キビとコマ》	辻康吾*	每日新闻外信部编集委员

　　＊加藤幸子由于不懂中文，在此不列入译者表格。

　　以上就是新时期小说译者的职业综述。可以看出，被认为是外国文学译介的传统中坚力量的学者所占比重不大，十一人中仅占二席；媒体从业人员占三席，其他职业者（包括无职业者）占了六席，整个译者群体呈现出职业多样化的态势。从汉语教育背景来看，这些译者可以分为三个类型：母语为中日双语（工藤静子、林芳），高等院校中文专业出身（相浦杲、田畑光永、田畑佐和子、田村年起、辻康吾），自学汉语（小林荣、永田耕作、上野广生）。在此可以看出译者的中文教育背景和职业有一定的内在联系：具有高等院校中文教育背景的译者多为大学教师和与中国相关的媒体工作者。唯一的例外是田畑佐和子参加过《岩波中日词典》等编纂工作，并在离职后担任过东京大学、早稻田大学的中文外聘老师，足可见其汉语造诣之深。

　　而自学中文的译者所从事的全是与中国毫不相关的工作。

　　4.“译者职业多元化”现象的原因

　　铁木志科曾说，无论是译者还是研究者，都是活生生的人，他们对文本的认知和语境、价值观、意识形态以及他们自身所受的训练等有关[1]。因此，如要探究这些职业多姿多彩的译者之所以成为译者的原因，还需要从当时目标语社会的历史语境、意识形态等超越文本的社会文化因素着手。经过考证，笔者认为造成80年代初期日本译者职业多元化的原因主要有以下两点。

　　其一，当时日本尚未建立对中国现当代文学的研究体系。据汉学家宇野木洋回忆，他读书时（1985年以前）日本开设有中文系的高等院校很少，绝大多数的汉学研究者都集中在“旧帝大”（即战前日本政府所指定的帝国大学，在日本本土共有七所，战后“帝

---

① Tymoczko. M.，“Difference in Similarity,” In Arduini（ed.）. *Similarity and Difference in Translation*. Roma：Edizinoi di Storia e Letteratura，2007，p.34.

国大学"的称谓被废除)。而"旧帝大"的研究传统是以汉学古典为中心,1949年后的中国文学由于其意识形态的"激进化"和写作方法上的"单一化"被认为并无多大研究价值①。这样的观念是否正确有待商榷,因为"文革"以及"文革"之前存在着非常多元化的"潜在写作"(参照陈思和等人的相关研究),只是由于传播途径的有限导致其中的绝大多数无法被国外学者所知晓。

　　这种"重古典,轻现代"的研究传统导致当新时期文学在七八十年代之交喷涌而出时,日本的汉学界因缺乏对其进行研究的人才储备而"短时间失语"。这种失语客观上为日本的民间人士进行新时期文学的翻译出让了空间。正如永田耕作在接受笔者采访时所说,"当我的译作(《ひなっ子》)出版的时候,日本的新时期小说译本极少。我的想法是,在日本的汉文学研究者还没注意到新时期小说之前,由我先来译介……"②。时任东京都立大学教授的汉学家松井博光也提到,在研究者迟迟不介入新时期小说翻译的情况下,新时期小说的译者分散在民间,虽然数量不多,但从这批译者的出现可以推测出日本对新时期小说译介的潜在需要已经形成③。在这里,松井表现出了一定的历史局限性:他只注意到学术界在新时期小说译介上的缺位导致民间译者的活跃,却没有意识到学术界在新时期小说译介上缺位的根源是日本汉学研究中的"重古典,轻现代"这一学术传统。

　　另一个原因是当时日本社会中弥漫的中日友好的氛围。正是由于这种和古老邻邦友好交流的渴望在日本各阶层民众中具有强烈的共鸣,才会使新时期文学吸引了那么多的民间译者(以

---

① 2014年1月26日笔者与宇野木洋的对谈。
② 2013年11月21日笔者与永田耕作的邮件交流。
③ 松井博光《書評　永田耕作『最新中国短篇小説集　ひなっ子』(朝陽出版社)》,《中国研究月報》1984年8月25日,東京:社団法人中国研究所,第40页。

及读者）。其证据就是在由民间译者翻译的新时期文学的译本中，都可以发现译者关于中日友好的言说或者行动实践。如小林在《中国農村百景Ⅲ》中写道："我将在今后继续持续介绍中国现代文学，为中日友好、中日文化交流大声疾呼。"①永田在《ひなっ子》中写道："这部译作是本名副其实的通过文字宣传中日友好的书。"②《现代中国短编小说选》的译者上野写到自己于中日国交正常化的 1972 年开始学习汉语③。《伤痕》的译者之一工藤时任日中友好协会的常任理事。至于林芳所译《人、中年に到るや》的封面画寒梅图，更是老舍的夫人胡絜青应邀特意为日本读者创作的。从以上这些倡导中日友好的言说和实践可以看出，如果没有中日友好的土壤，就不会产生译介新时期小说的日本民间译者，也不会孕育出新时期文学在日本民间翻译传播的硕果。

6. 结语

无论是"出版形式单一"还是"译者职业多元"，都凸显出新时期小说在当时的日本游离于主流文学圈之外这一无法回避的事实。导致这一事实的根本原因是，在拥有深厚文学传统，并与西方现代文学密切交流的日本，羽翼未丰的 80 年代前中期新时期小说无法从文学性的角度来取悦读者。文学作品的根本目标是通过民族特色的表达方式，追求人类共通的审美情趣和道德情操。倘若一部作品只是迎合某一时期某种主流意识形态的话，那么对别国读者而言，这部作品至多不过是一篇文字优美、结构井然的社会学材料。那么，先驱者们译介新时期小说的意义何在呢？笔者认为，新时期小说的译介既是一种对中日两国间友好往来的呼吁方式，又是一种让日本国民了解中国的媒介。这里的中

① 小林栄《中国農村百景Ⅲ》，長野：銀河書房，1984 年，第 304 页。
② 永田耕作《ひなっ子》，北九州：朝陽出版，1984 年，第 242 页。
③ 上野廣生《現代中国短篇小説選》，東京：亜紀書房，1983 年，第 342 页。

国,并非媒体里的中国,而是通过小说这个载体,由小说中人物所思所想、所作所为而映射的现实中国。1980年代前中期的新时期小说之所以在中国社会引起轰动,并非因其文学性和美学价值,而是因其现实主义的创作手法、针砭时弊的写作立场引起了社会大众的共鸣。新时期小说在日本译介传播,使日本国民了解了开放不久而依旧有些神秘的古老邻国人民的真实生活和思想诉求。从这个层面上说,现实主义的写作手法和紧贴时代脉搏的文章主题又恰恰成了新时期小说在日本译介的最大理由。

以1985年为界,由欧美译介而来的人文社科理论与作家们的本土经验相结合,新时期文学在作品主题和写作手法上迎来了颠覆性的变化。文学发展摆脱了在单一母题下的线性秩序,走向各种思潮并存的局面,作品在文学性等文学界的"普世"性评价标准上获得了肯定。日本的中国文学研究界也对此表现出相应关注,在学人们的共同推进下将新时期文学纳入中国现当代文学的整体学科框架中。这样的时代背景下新时期文学的译介形态逐渐由单一的中短篇小说合集扩展为包括长篇小说单行本、译丛、专门性杂志乃至诗集在内的多元化形态。而随着大量中坚学者投身于新时期文学的译介中,非学者型的译者逐渐淡出历史舞台,但他们为中日文学交流所做出的贡献当被铭记。文学只有在摆脱了小圈子内的赏玩而进入更加大众化的阅读世界中才会产生社会性的影响,无疑,民间译者们在1980年代前中期所做的实践对当下的中国文学走出去这一重大命题而言,提供了一种宝贵的参照路径。

Contents

Part I Asian Ethnic Costumes

1. Icon of Asian Ethnic Fashion: Chinese Cheongsam
2. Body Politics: State Power and Stylish Zhongshan Suit in the Republic of China (1912 – 1949)
3. Chinese Elements, Changes in Japanese Clothing, and Identity Recognition
4. Was It a Part of Westernization?
   Adoption of Western-style Fashion Items by Japanese and Iranian Women in the 1930s
5. On the Religious Origin of Chinese Tomb-guarding Figurines of Tang Dynasty: From Figures and Fashions
6. On the Portrait of Characters' Costumes From *The Dream of the Red Chamber* and Their English Translations
7. Costume Culture in Tibet
8. Development and Reflections of China's Chemical Fiber Industry
9. The 40th Anniversary of Reform and Opening-up: Brand Clothing Beyond Time and Space
10. A Talk on the Illustrations of Ethnic Costumes

Part Ⅱ   Language and Culture

11. On the Translation of Japanese Literature

12. The Eastward Spread of "Religion" and the Change of the Concept of *Zongjiao* '宗教'

13. The Translated Words of "Hyakugaku-Renkan" and the Formation of Modern Abstract Concepts

14. A Comparative Analysis of the Features of Chinese and Japanese Brand Naming: A Linguistic Perspective

15. Classical Chinese Poetry in Asia: Diffusion and Influence

16. Why Cultural Exchanges Matter: A Case Study of Dragon Boat Festival Customs

17. Is the "East Asian Cultural Circle" a Fantasy?

18. Exchanges in Literature and Culture in East Asia: Highlights From the Japanese Translation of Chinese Fictions in the Early and Mid-1980s

Abstracts and Keywords

Icon of Asian Ethnic Fashion: Chinese Cheongsam

Yu LIU

Abstract: For more than 100 years, the Western-centric world fashion stage has increasingly edged out various so-called 'non-Western' clothes. Therefore, it has become a world concern for ethnic clothes to survive in the mainstream fashion industry. This study, by taking as an example cheongsam, a typical Chinese women's dress during the period of the Republic of China, attempts to address the way it survives and evolves as an icon of ethnic costumes. Charting out three important historical stages of its development, this paper starts with a comparative study of the mainstream fashion between China and the West in the same period with respect to the fashion design, production techniques, as well as the overall images, and delves into how cheongsam struggles to survive in the mainstream fashion world while preserving the unique ethnic characteristics. Finally, the paper points out that an integration of preferential Western style and traditional ethnic features may prove to be an effective method for the ethnic costumes to remain in the mainstream fashion industry.

Keywords: ethnic costumes, mainstream, China, cheongsam, Westernization

Body Politics: State Power and Stylish Zhongshan Suit in the Republic of China (1912 - 1949)

Yunqian CHEN

Abstract: Costume constitutes one of the important cultural relics in the history of human civilization. As a symbolic system of culture, clothing, in essence, embraces historical and current values. For instance, the iconic Zhongshan Suit, also known as "Sun Yat-sen Jacket", was named after Sun Yat-sen who designed it and wore it for the first time. After Chinese Nationalist Party united China, accompanied by the spreading movement of worshiping Sun Yat-sen, Zhongshan Suit became the uniform for public servants in that era. Promoted by state power, it soon became stylish nationwide and even became the iconic suit of China. Zhongshan Suit carried its political and ideological impacts that shaped the body and mind. It was a costume of special meaning, which manifested itself in both nationality and modernity in the process of building a modern nation-state. To some extent, Zhongshan Suit offered a mirror image of the era in which the Republic of China endeavored to redefine the body politics of Chinese people through promoting national costume.

Keywords: Zhongshan Suit, state power, popularization, body politics

Chinese Elements, Changes in Japanese Clothing, and Identity Recognition

Houquan ZHANG

Abstract: "Industrialization," "rich country, strong army," and "civilization and enlightenment" have become virtually synonymous with Meiji Restoration. However, little attention has been paid to the transformation of the Emperor's enthronement ceremony into a Shinto religious ritual, as a landmark event to bid farewell to Chinese costume culture that had been inherited for over a thousand years. Accordingly, the present paper, approached from the change of enthronement ceremony of Emperor Meiji, a symbol of national will, is intended to address the Japanese rewriting of identity recognition through the lens of his ritual costume when he was enthroned. The paper also manifests that Japan has never given up the pursuit of identity recognition, though by no means has it completely and successfully removed Chinese elements from the royal or public costumes and etiquette, literature, and political thoughts since its early history.

Keywords: Chinese elements, Japanese clothing, identity recognition

Was It a Part of Westernization?
Adoption of Western-style Fashion Items by Japanese and Iranian Women in the 1930s

Emi Goto

Abstract: This paper introduces some examples of adoption patterns of Western-style fashion items in nineteenth- and twentieth-century Asia. In cases of earlier adoptions by male elites, one of the major motivations was to be equal to the advanced peoples and nations of the "West", as well as to unite national consciousness. For them, adopting Western-style fashion was a part of national project for Westernization. On the other hand, if we look at the cases of unofficial adoption movements made by, for example, local women, we find that it is not easy to answer the question "was it a part of Westernization?" The motivations of individuals and related contexts were quite different from the former examples. In Japan, the earthquake, disastrous fire, and growth of public opinion on improving living conditions for women created the Western-style but indigenous clothing item named *appappa*. Unusual summer heat one year was another reason for its wider adoption. In the case of Iran, although the government wished to bring the Westernization of clothing styles to the female population, some women were unhappy about it and helplessly adopted one Western-style item — hat — to compromise with the situation. Both cases can be seen as examples of the adoption patterns of

Western-style fashion items, not by people's desires to be like Westerners, or to take part in Westernization project, but to meet their everyday needs in Westernizing societies.

Keywords: Westernization, Western-style Fashion, Japan, Iran, locals

On the Religious Origin of Chinese Tomb-guarding Figurines of Tang Dynasty: From Figures and Fashions

Xingming LI

Abstract: This paper explores the evolution and corresponding religious elements of Chinese tomb-guarding figurines, especially paired warrior figurines, of Tang Dynasty (618 - 907). From the late Northern Wei dynasty (386-534) to early Tang Dynasty, the images of Dharma Protectors with the religious and cultural characteristics of Central Asia and India appeared in tombs of some Xianbei and Han aristocrats in the north, as well as on the murals or the wall of door way of the tombs of some foreign nations coming to China. Up to the reign of Emperor Gaozong of Tang Dynasty from 649 to 683, tomb-guarding figurines had presented the appearance of Buddhist Dharma Protectors, which distinguished themselves from those of prior dynasties. That is an appealing cultural phenomenon of potential significance. Moreover, this paper attempts to analyze the origin of the tomb-guarding warrior figurines with characteristics of Buddhist Dharma Protectors in Tang Dynasty with a view to addressing how Buddhist cultural factors infiltrate and secularize local funeral culture of China.

Keywords: Tang Dynasty, tomb, Guardian Figurine, Buddhist Dharma Protector

On the Portrait of Characters' Costumes From *The Dream of the Red Chamber* and Their English Translations

Weiyan SHEN

Abstract: Translation is a cross-linguistic and cross-cultural communication. In *The Dream of the Red Chamber*, Cao Xueqin's superb depictions of the characters' costumes play an important role in crafting the characters and plotting the story. All these demonstrate that costumes are indispensable from Chinese traditional cultures in this novel. Accordingly, the study on the translation of costumes may contribute significantly to cultural translation studies of *The Dream of the Red Chamber*. This paper focuses on a few main characters, analyzes the descriptions of their costumes and their role in forging the characters and developing the plots, and then discusses their English translations. It is hoped that this study might shed some light on the study of cultural translations.

Keywords: *The Dream of the Red Chamber*, characters' costumes, translation studies

Costume Culture in Tibet

Jian CHEN

Abstract: Costume culture in Tibet boasts a long history with its uniqueness and appeal. Statistically, more than 200 types of Tibetan clothing have been found, ranking first among China's ethnic minorities. By virtue of distinctive local features, its shape and texture depend to a large extent on the ecological environment in which the Tibetans integrate and the way of production and living in this land.

Keyword: Tibetan, costume culture, local features

Development and Reflections of China's Chemical Fiber Industry

Yimin WANG

Abstract: The paper presents the history of the invention of several essential chemical fibers in the world and the development of China's chemical fiber. The development of chemical fiber has played a crucial role in handling contention for the land competition between cotton and grain production and in strengthening China's national defense. A detailed introduction is also given to the properties and applications of high-tech fibers, high-performance and functional fibers. Finally, the paper discusses the status quo and trend of the development of China's chemical fiber under the new situation. It is contended that "Whoever masters high technology will master the future", and the industry of China's chemical fiber, especially relevant universities and research institutes, should have a clear sense of its historical mission. Only by pursuing reforms and continuous innovation can we adapt ourselves to the new situation and contribute more to the development of our national economy and the building of a strong country with a strong military.

Keywords: China, chemical fiber, history, reflection

The 40th Anniversary of Reform and Opening-up: Brand Clothing Beyond Time and Space

Yixiong YANG

Abstract: This article is based on an outline of the interview with *Oriental Outlook* in 2018. The idea is presented in the article "The growth and transformation of 'trendsetter'" in this journal. On top of that, the lecture adds the case analysis of clothing enterprises and fashion trade.

Keywords: reform and opening-up, brand clothing, fashion trade

A Talk on the Illustrations of Ethnic Costumes

Eri Takenaga

Abstract: My experience of drawing costumes has given me more exposure to folk customs in the world. As regards drawing a fantastic picture of an ethnic costume, it is essential to get prepared for relevant materials, which can be collected from exhibition halls, databases, and libraries. Then the sketches are drawn with a pencil. After being colored, they are processed through Photoshop to generate the first sketches. So far, more than 100 illustrations of ethnic costumes have been completed.

Abstract: ethnic costumes, illustration, folk customs

On the Translation of Japanese Literature

Jinghua TAN

Abstract: This paper sketches out the history of Chinese and Japanese modern and contemporary literature translations for over a century, and compares several key features in the literature translation of Mo Yan's and Murakami Haruki's works. It puts forward some reflections and suggestions on popularizing Chinese literature to the world, with respect to the selection of translators, the attitude of the author towards the translator, the publication of the translation and the translatability of the works.

Abstract: reform and opening-up, Japanese modern and contemporary literature translation, literary history research, translation theory

The Eastward Spread of "Religion" and the Change of the Concept of *Zongjiao* '宗教'

Changshun NIE

Abstract: Western "religion" has long been rendered as such terms as *jiao* '教' and *jiaofa* '教法', since its introduction to China and Japan. The translated word *Zongjiao* '宗教' was born in Japan in the early Meiji period and was diffused to China in the late Qing Dynasty. *Zongjiao* '宗教' was originally an ancient Chinese term referring to the teachings of Buddhism. Later its concept has changed due to the translation of "religion". In this process, the term *Zongjiao* '宗教' not only transmitted the Western concept of "religion", but also engendered or was involved in the discussions of related Eastern topics, thus being loaded with Eastern connotations. The process of the eastward spread of "religion" and the change of the concept of *Zongjiao* '宗教' is a cultural activity that involves China, the West, and Japan.

Keywords: religion, *zongjiao* '宗教', conceptual history, cultural exchange

The Translated Words of "Hyakugaku-Renkan" and the Formation of Modern Abstract Concepts

Houquan ZHANG

Abstract: Such doublets as "technology" and "art", and "deduction" and "induction" traceable to the system of modern western concepts, were mentioned in NISHI Amane's lecture "Hyakugaku-Renkan". These corresponding terms have not only made their way into academia to this day, but into daily talk of modern Japanese. The translated words of "Hyakugaku-Renkan" by NISHI Amane are mainly characterized by the evolution of the word interpretation of Western concepts from the previous "sentence form" to the more concise "lexicalized form", from unrelated Japanese vernacular verbal morpheme '学ぶ' to phonetically similar Chinese morpheme '～学（が く）', and the conceptual differentiation from "li" to "physics" and "psychology" based on the criticism of the Confucian concept "li".

Keywords: translated words, abstract concept, "Hyakugaku-Renkan"

A Comparative Analysis of the Features of Chinese and Japanese Brand Naming: A Linguistic Perspective

Lei WANG

Abstract: There is a dearth in the literature unveiling the differences of brand naming between China and Japan given that most previous studies are Western-centered. This paper, from the linguistic perspective, presents a critical literature review of the studies on the Chinese and Japanese brand naming, involving four linguistic domains, namely, phonetics, semantics, morphology and graphology. It seeks to probe the linguistic features of the Chinese and Japanese brand naming with a view to verification or revision in the context of Western-based practice. It is hoped that this paper might complement and develop the current research on brand naming, and provide some reference for Chinese and Japanese international marketers against the backdrop of frequent economic and commercial Sino-Japanese exchanges.

Keywords: brand naming, linguistics, comparative analysis, China, Japan

Classical Chinese Poetry in Asia:
Diffusion and Influence

Xi ZHANG

Abstract: Classical Chinese poetry is a precious legacy of China and the world. In its diffusion, Chinese poetry has exerted a profound impact on the poetry of many Asian countries including Japan, Vietnam and Korea. The Taoist aesthetics, represented by "observation of objects as themselves" and "eclipse of subjective entities", is reflected particularly in the Japanese poetry. Its poetry anthology "Manyoshu", Chinese-style poetry anthology "Wind Algae" and its Five-Mountain poetry reflecting Hanshan's style of writing, as well as Japanese Haiku, all have been heavily nourished by classical Chinese poetry. A full understanding of the distinctiveness of classical Chinese poetry and the way it spreads worldwide helps to boost our national pride and shine a light on the more effective diffusion of traditional Chinese culture.

Keywords: classical Chinese poetry, Japanese poetry, Tao Aesthetics, Haiku

Why Cultural Exchanges Matter: A Case Study of Dragon Boat Festival Customs

Dunda CAI

Abstract: This paper takes as an example the Dragon Boat Festival customs in China, Korea and Japan to discuss why cultural exchanges matter. First, mutual respect should be maintained to the cultures between different countries and nations. No matter big or small, each country equates with culture in diversity and development. Second, mutual understanding should be enhanced. We should have a correct understanding of our own country, and an objective understanding of other countries and even the world. Mutual understanding will lead to mutual respect. Third, communication with each other is encouraged. Lack of communication breeds misunderstanding, which might be grounds for distrust of the other side and even disrespect. Therefore, it is of vital importance to communicate with each other. Communication is like visiting relatives. Thanks to more frequent exchanges, understanding will be deepened. mutual, which might imply fewer conflicts and more compromise.

Keywords: cultural exchange, mutual respect, mutual understanding, mutual communication

Is the "East Asian Cultural Circle" a Fantasy?

Jingbo XU

Abstract: In the 6-8 century, about Sui and Tang Dynasties (581-907) in China, there was an "East Asian cultural circle" enveloping China, the Korean Peninsula, the Japanese archipelago and northern Vietnam. The core contents were: (1) farming civilization (farming life, villages based on clan blood relations, the formation of tribal countries, the corresponding ritual sacrifices, etc.); (2) Chinese characters and the language; (3) Confucianism and part of Taoism; (4) Chinese translation of Buddhism or partially Sinicized Buddhism; (5) the political and legal system in the form of the decree system; and (6) arts mostly originating from China (including architecture, gardening, calligraphy, painting, etc.). Based on these cultural phenomena, regions outside China also gradually formed their own unique culture in the later process of civilization, rendering East Asian culture circle more mosaic. In the era of great navigation, especially in the 19th century, East Asian cultural circle experienced a strong culture shock from Western civilization, and finally collapsed. Nevertheless, the East Asian region still enjoys vibrant common traditional cultural resources. Today, how to tap and utilize these resources to build an East Asian community has become a topic worthy of consideration.

Keywords: East Asian culture, China, Korean Peninsula, Japan, Vietnam, Ryukyu

Exchanges in Literature and Culture in East Asia: Highlights from the Japanese Translation of Chinese Fictions in the early and mid-1980s

Ruosheng SUN

Abstract: The Chinese Literature dating from 1976 defines "Chinese New-period Literature" in this paper. In 1979, China re-entered the world market. For Japan, how to understand China, which had been closed for decades, became a necessary call for geo-political and economic engagement between the two countries. In this historical context, "Chinese New-period Literature" was translated into Japan and became a window for Japanese sinologists and ordinary people to understand China. By referencing Bibliography of Chinese Literature: New-period Literature (1978-2000), Development and Status Quo of Chinese Modern Literature Research: Bibliography of Chinese Literature in Japanese (1977-1986), and the retrieval system of Japan's National Diet Library, the author sorts out the translation and introduction of "Chinese New-period Literature" in the early and mid-1980s (until 1985), and concludes with two key features, namely, "the singlemindedness of publication format, the multiplicity of translators' occupations"

in the translation. The factors that contribute to the two
features are also discussed.

Keywords：Chinese New-period Literature，communication
between Chinese-Japanese Literature，Translation

作 者 简 介

刘瑜,东华大学服装与艺术设计学院教授

陈蕴茜,南京大学历史学院教授

张厚泉,上海财经大学外国语学院教授,原东华大学外语学院教授

后藤绘美,东京外国语大学亚非语言文化研究所助教,原东京大
　　学东洋文化研究所准教授

李星明,复旦大学文史研究院教授

沈炜艳,东华大学外语学院副教授

陈坚,东华大学服装与艺术设计学院讲师

王依民,东华大学材料学院教授

杨以雄,东华大学服装与艺术设计学院教授

竹永绘里,美术画家

谭晶华,上海外国语大学日本文化经济学院教授

聂长顺,武汉大学中国传统文化研究中心教授

王蕾,东华大学外语学院副教授

张曦,东华大学外语学院副教授

蔡敦达,同济大学外语学院教授

徐静波,复旦大学日本研究中心教授

孙若圣,东华大学外语学院副教授

吴蕾,东华大学外语学院副教授(第四章英汉翻译及摘要、关键词
　　的汉英翻译与校对)

郭鸿杰,上海财经大学外国语学院教授(英文审校)

图书在版编目(CIP)数据

亚洲服饰与语言文化/张厚泉主编.—上海:复旦大学出版社,2023.2
ISBN 978-7-309-16053-6

Ⅰ.①亚… Ⅱ.①张… Ⅲ.①服饰文化-文化语言学-亚洲-文集 Ⅳ.①TS941.743-53
②H0-53

中国版本图书馆 CIP 数据核字(2021)第 269576 号

亚洲服饰与语言文化
张厚泉 主编
责任编辑/宋文涛

复旦大学出版社有限公司出版发行
上海市国权路 579 号 邮编:200433
网址:fupnet@ fudanpress.com http://www.fudanpress.com
门市零售:86-21-65102580   团体订购:86-21-65104505
出版部电话:86-21-65642845
常熟市华顺印刷有限公司

开本 890×1240 1/32 印张 10.75 字数 251 千
2023 年 2 月第 1 版
2023 年 2 月第 1 版第 1 次印刷

ISBN 978-7-309-16053-6/T·711
定价:68.00 元